COURS

ÉLÉMENTAIRE

DE COSMOGRAPHIE

RÉDIGÉ D'APRÈS LES PROGRAMMES OFFICIELS

A L'USAGE DES ÉLÈVES DES LYCÉES ET DES COLLÉGES,

DES ASPIRANTS AU BACCALAURÉAT ÈS SCIENCES,

DES CANDIDATS AUX ÉCOLES SPÉCIALES

P$_{AR}$ B. AMIOT

PROFESSEUR DE MATHÉMATIQUES SPÉCIALES AU LYCÉE NAPOLÉON.

QUATRIÈME ÉDITION
revue et corrigée.

—

Ouvrage autorisé par le Conseil de l'Instruction publique.

—

PARIS.

IMPRIMERIE ET LIBRAIRIE CLASSIQUES

D$_E$ JULES DELALAIN

IMPRIMEUR DE L'UNIVERSITÉ

RUES DES ÉCOLES, VIS-A-VIS DE LA SORBONNE.

—

M DCCC LIX.

Tout contrefacteur ou débitant de contrefaçons de cet ouvrage sera poursuivi conformément aux lois; tous les exemplaires sont revêtus de ma griffe.

Jules Delalain

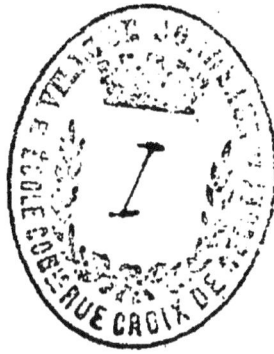

COURS

DE COSMOGRAPHIE.

Géométrie usuelle, Cours théorique et pratique, précédé des premiers principes de l'Algèbre, de la théorie des équations, des puissances et racines, des proportions et progressions et des logarithmes, et suivi d'éléments de Trigonométrie rectiligne et de Statique, le tout accompagné de problèmes, par *M. G. F. Olivier*, ancien professeur de mathématiques au collége de Troyes : 9ᵉ édition; 1 vol. in-8", avec figures.

Éléments de Géométrie descriptive, rédigés conformément au programme d'enseignement des lycées et à celui d'admission à l'École spéciale militaire, par *M. Urbain Artus*, professeur de mathématiques au collége Sainte-Barbe ; 1 vol. in-8°, accompagné d'un cahier de planches gravées.

Cours élémentaire de Cosmographie, rédigé conformément aux nouveaux programmes officiels, à l'usage des élèves des sections scientifique et littéraire des lycées et des candidats aux écoles spéciales, par *M. B. Amiot*, professeur de mathématiques au lycée Napoléon : 4ᵉ édition ; ouvrage autorisé par le conseil de l'instruction publique; 1 vol. in-8°, avec figures et carte astronomique.

Cours élémentaire de Physique, rédigé conformément au programme de la section scientifique du plan d'études des lycées et à celui d'admission à l'école spéciale militaire de Saint-Cyr, à l'usage des élèves des lycées et colléges et des candidats aux écoles spéciales, par *M. J. Peyré*, professeur de physique à l'école spéciale militaire de Saint-Cyr : 3ᵉ édition ; ouvrage autorisé par le conseil de l'instruction publique ; 1 vol. in-8°, avec figures.

Cours de Mécanique, rédigé conformément au programme de la classe de mathématiques spéciales, à l'usage des candidats à l'école polytechnique et à l'école normale, par *M. F. A. Beynac*, professeur de mathématiques à Paris, ancien maître de conférences au lycée Louis-le-Grand ; 1 vol. in-8°, avec gravures intercalées dans le texte.

Cours d'Arithmétique commerciale, présentant toutes les opérations pratiques usitées dans le commerce, avec de nombreux exercices, par *M. Th. Bertrand*, professeur de comptabilité à Paris ; 1 vol. in-12.

Cours de Tenue des Livres, en partie double et en partie simple, contenant la définition du commerce et de ses différentes acceptions, la théorie ou les principes raisonnés de la comptabilité commerciale, la pratique ou la comptabilité simulée d'une maison de commerce, la législation relative au commerce, par *M. Th. Bertrand*, professeur de comptabilité à Paris : 2ᵉ édition revue et augmentée; ouvrage autorisé par le conseil de l'instruction publique ; 1 vol. in-12.

Lectures choisies sur les Sciences, extraites des ouvrages scientifiques de Descartes, Colbert, Pascal, Buffon, Lagrange, Bailly, Laplace, Monge, Delambre, Cuvier, etc., rédigé conformément au plan d'études pour les élèves de troisième, de seconde et de rhétorique, par *M. Achille Comte*, ancien professeur au lycée Charlemagne; 1 fort vol. in-8".

AVIS

Les premières éditions de notre *Traité élémentaire de Cosmographie* étaient antérieures au programme actuel de l'enseignement scientifique des lycées : aussi en différaient-elles sous quelques rapports. Dans la troisième édition, nous avions ajouté tout ce qui était exigé par les diverses indications du nouveau programme, mais nous avions conservé notre ordre primitif. Dans celle-ci, nous avons complétement modifié l'ordre et l'enchaînement des matières, de telle sorte que c'est réellement un *nouveau cours* que nous publions aujourd'hui.

Entièrement conforme à l'esprit et à la lettre du nouveau programme, ce cours est purement descriptif et présente toutes les matières exigées dans l'ordre exact du programme. Toutefois la rédaction n'a été modifiée qu'autant que l'exigeait le changement d'ordre. Nous avons aussi conservé les notions de physique indispensables à ceux de nos lecteurs qui seraient étrangers à cette science, ainsi que certains développements et compléments que nous croyons nécessaires si l'on veut se former une idée exacte de l'ensemble des résultats dont se compose l'astronomie actuelle et des procédés qui ont servi à les établir. Tout ce qui est prescrit par le programme est imprimé en caractères ordinaires. Quant aux développements accessoires, nous les avons imprimés en plus petits caractères, et distingués par des italiques dans la table des matières.

PROGRAMMES OFFICIELS.

PROGRAMME D'ÉTUDES DES LYCÉES.

(Les chiffres renvoient aux pages où chaque question est développée.)

SECTION SCIENTIFIQUE, CLASSE DE RHÉTORIQUE,

Nᵒˢ 1, 2, 3, 4, 5, 6, 7.

Étoiles, 2.—Distances angulaires, 3. — Sphère céleste, 4.— Mouvement diurne apparent des étoiles, 4. — Culmination. Plan méridien, 6.— Axe du monde. Pôles, 9. — Étoiles circumpolaires. Étoile polaire, 9.— Hauteur du pôle à Paris, 9. — Parallèles; équateur, 9. — Jour sidéral, 10. — Mouvement de rotation de la terre autour de la ligne des pôles, et d'occident en orient, 14. — Différence des étoiles en ascension droite, 19. — Déclinaisons, 19. — Description du ciel, 33. — Constellations et principales étoiles, 34. — Étoiles de diverses grandeurs, 40. — Combien on en voit à l'œil nu, 40. — Étoiles périodiques; temporaires; colorées, 40, 42. — Étoiles doubles. Leurs révolutions, 42. — Distance des étoiles à la terre, 44.— Voie lactée, 47. — Nébuleuses. Nébuleuses résolubles, 48, 45.

Nᵒˢ 8, 9, 10, 11.

De la terre. Phénomènes qui donnent une première idée de sa forme, 50. — Pôles. Parallèles. Équateur, 54. — Méridiens, 55. — Longitude et latitude géographiques, 56. — Valeurs numériques des degrés mesurés en France, en Laponie, au Pérou, et rapportés à l'ancienne toise. Leur allongement à mesure qu'on s'approche des

Nᵒˢ 21, 22, 23, 24, 25.

PROGRAMMES DU BACCALAURÉAT ÈS SCIENCES.

BACCALAURÉAT COMPLET.

N° 3.

N° 5.

BACCALAURÉAT RESTREINT.

N° 3.

N° 5.

N° 11.

TABLE DES MATIÈRES.

LIVRE DEUXIÈME. DE LA TERRE.

LIVRE TROISIÈME. DU SOLEIL.

§ 1er.

§ 2.

§ 3.

LIVRE CINQUIÈME. DES PLANÈTES ET DES COMÈTES.

§ 1ᵉʳ.

§ 2.

FIN DE LA TABLE.

COURS

DE COSMOGRAPHIE.

NOTIONS PRÉLIMINAIRES.

1. Cosmographie. La *cosmographie* est, comme l'indique son nom, une simple description des corps célestes, de leurs positions relatives, de leurs mouvements, et, en général, des divers phénomènes qu'ils peuvent nous présenter.

2. Phénomène. On appelle *phénomène* tout changement survenu dans l'état d'un corps. Ainsi le mouvement d'un corps précédemment en repos, ou le repos d'un corps qui était en mouvement, sont des phénomènes.

3. Repos et mouvement. Un corps est dit *en repos,* lorsque chacune de ses parties occupe constamment la même position, et en *mouvement,* quand toutes ses parties ou seulement quelques-unes d'entre elles changent successivement de position. On distingue le repos et le mouvement absolu, ainsi que le repos et le mouvement relatif.

4. Repos absolu. Un corps serait en repos absolu, si ses différentes parties occupaient constamment les mêmes points de l'espace. Il est probable qu'aucune particule matérielle ne jouit réellement d'un repos absolu. Mais il nous est impossible de juger du repos absolu comme du mouvement absolu des corps, attendu que l'espace est infini, partout identique à lui-même, et que ses différentes parties n'ont rien qui les distingue entre elles.

5. Repos relatif. Un corps est dit en repos relatif par rapport à un autre corps, lorsqu'il conserve la même position relativement à ce corps ; tandis qu'au contraire le premier corps a un mouvement relatif par rapport au second, si la position de ces deux corps change avec le temps, si, par exemple, le second s'éloigne ou se rapproche successivement du premier. Lorsqu'on peut apprécier la distance de deux corps, on parvient aisément à déterminer leur mouvement relatif.

6. Inertie. On appelle *inertie* de la matière cette propriété d'après laquelle aucune particule matérielle ne peut se mouvoir par elle-même si elle est en repos, ni s'arrêter si elle est en mouvement.

7. Force, pesanteur. On nomme *force* toute cause capable de mettre un corps en mouvement, ou de détruire le mouvement dont un corps est animé. Ainsi, qu'on abandonne une pierre à elle-même, on la voit aussitôt se précipiter vers la terre : la cause de la chute des corps se nomme *pesanteur,* et nous verrons que cette force agit sur toutes les molécules matérielles non-seulement à la surface de la terre, mais encore dans les espaces célestes les plus reculés.

Qu'un corps soit lancé verticalement, nous le voyons d'abord s'élever rapidement, en vertu de l'impulsion qu'il a reçue; mais bientôt sa vitesse diminue, et il finit par s'arrêter complétement. Il y a deux causes à cette diminution de mouvement : la pesanteur, qui sollicite constamment ce corps à se rapprocher de la terre, et aussi la résistance de l'air atmosphérique au milieu duquel a lieu le mouvement. En effet, le corps que nous considérons ne se meut qu'en déplaçant successivement, et à chaque instant, un volume d'air égal au sien. Or, pour déplacer cet air, il lui cède une partie de son mouvement, et à force d'en céder il finit par n'en plus avoir.

Mais si un corps était lancé dans un vide parfait et n'était d'ailleurs soumis à l'action d'aucune force, le raisonnement prouve et l'expérience confirme qu'il continuerait indéfiniment de se mouvoir, et cela toujours avec la même vitesse.

LIVRE PREMIER.

DES ÉTOILES.

§ 1.

8. Étoiles. Supposons un observateur placé en un lieu élevé, dans un pays découvert où rien ne limite la vue. Peu après le coucher du soleil, il voit apparaître successivement quelques points brillants dont le nombre augmente à mesure que la nuit avance, et devient infini, pour ainsi dire, quand l'obscurité est complète. Si ces points brillants, qu'on nomme *astres* ou *étoiles*, ne sont point visibles le jour, c'est uniquement à cause de la vivacité de la lumière du soleil, qui rend la leur insensible : en effet, on voit les étoiles en plein jour avec une bonne lunette, ou même en se plaçant au fond d'un puits ou d'une cave obscure percée à la partie supérieure.

Distances angulaires. Concevons deux droites menées de l'œil de l'observateur à deux astres quelconques, l'angle compris entre ces droites est dit la *distance angulaire* des deux astres. On juge des positions relatives des différents astres par leurs distances angulaires. Pour la plupart des astres ces distances restent invariables, ou du moins les changements qu'elles éprouvent sont extrêmement faibles

1.

et si lents, qu'il faut des siècles pour les constater. On nomme ces astres *étoiles fixes*, pour les distinguer des planètes, dont les distances angulaires, soit entre elles, soit avec les étoiles, subissent au contraire des changements que quelques jours suffisent pour rendre sensibles.

9. Sphère céleste. Il n'y a probablement pas deux astres également éloignés de nous ; cependant l'effet que les étoiles produisent sur nos yeux est exactement le même que si elles étaient toutes fixées à la surface d'une immense sphère qui aurait son centre à l'œil de l'observateur. Nous raisonnerons donc comme si cette sphère existait réellement, et nous la nommerons la *sphère céleste*.

La droite indéfinie menée de l'œil de l'observateur à un astre *perce* la sphère céleste en un point que l'on nomme la *position apparente* de l'astre. L'arc de grand cercle compris sur la sphère céleste entre les positions apparentes de deux astres est la mesure de leur distance angulaire.

10. Horizon. Le plan de la surface de la terre suffisamment prolongé coupe la sphère céleste suivant un grand cercle que l'on appelle *horizon*. Il est bon de remarquer que le plan de l'horizon se confond avec la surface libre des eaux tranquilles dans le lieu de l'observation.

11. Mouvement diurne apparent. En continuant d'observer attentivement le spectacle du ciel, on reconnaît bientôt que, comme le soleil et la lune, tous les astres, en conservant sensiblement leurs mêmes positions relatives, s'avancent progressivement jusqu'à un certain point, qui est le plus élevé de leur course, pour s'abaisser ensuite et disparaître enfin au-dessous de l'horizon. Ce mouvement, commun à tous les astres, qu'ils exécutent tous dans le même sens et sensiblement dans le même temps, se nomme le *mouvement diurne apparent*.

12. Lever et coucher. On appelle *lever d'un astre* le moment où il paraît à l'horizon, et *coucher*, celui où il disparaît au-dessous de l'horizon.

Chaque jour, presque à la même heure, on voit les mêmes étoiles se lever à la même place. En comparant entre elles les observations du lever et du coucher de différentes étoiles, on reconnaît que le temps employé par chacune pour décrire la partie visible de sa course est constamment le même pour une même étoile, mais varie considérablement d'une étoile à une autre. Si l'observateur est tourné de manière à regarder la partie du ciel occupée par le soleil à midi, il verra des étoiles se coucher presque aussitôt après leur lever, tandis qu'en se tournant vers la région opposée, il verra des étoiles qui ne se couchent jamais et qui décrivent dans le ciel des cercles plus ou moins grands, de sorte que les unes restent presque immobiles, tandis que les autres viennent, pour ainsi dire, toucher le plan de l'horizon. Concluons de ces observations que les astres qui ont un lever et un coucher passent par-dessous la terre, et décrivent sous notre horizon le complément du cercle que nous leur voyons parcourir au-dessus : d'où il résulte que la terre, au lieu de se prolonger indéfiniment, comme semble l'indiquer une première apparence, est complétement isolée dans l'espace.

Étudions de plus près le mouvement diurne, et commençons par poser quelques définitions indispensables.

13. Verticale. On nomme *verticale* d'un lieu la perpendiculaire au plan de l'horizon en ce lieu. C'est la droite que décrit un corps pesant en tombant librement d'une hauteur quelconque, et par conséquent sa direction est donnée par un fil à l'extrémité duquel est attaché un corps pesant et qu'on nomme *fil à plomb*. On appelle *plan vertical* tout plan mené par la ligne verticale.

14. Azimut. Supposons maintenant notre observateur placé sur une tour circulaire dont le mur d'appui, qui s'élève justement à la hauteur de son œil, est terminé par un cercle dont le plan est parallèle à celui de l'horizon et que nous appellerons *cercle azimutal (planche I, fig. 1)*. Au centre de ce cercle est placé un piquet dont l'extrémité est située dans le même plan. Pour un observateur ayant l'œil à l'extrémité du piquet O et regardant le midi, le lever d'un astre aura lieu quand cet astre commencera à paraître vers la gauche au-dessus du cercle azimutal, et son coucher, quand il viendra à disparaître vers la droite par derrière ce même cercle.

Cela posé, notons le point E du cercle qui correspond au lever d'une certaine étoile, puis le point E', qui correspond au coucher de la même étoile; joignons les deux points E et E' au centre O, et divisons l'angle EOE' en deux parties égales par la droite MM'. La même observation, répétée sur autant d'étoiles que l'on voudra, donnera toujours la même droite MM' comme bissectrice commune de tous les angles EOE', FOF', GOG'...., obtenus par les points de lever et de coucher de ces étoiles. L'angle MOE se nomme l'*azimut* de l'étoile qui se lève en E.

15. Culmination. Plan méridien, méridienne, passage méridien. Concevons actuellement que par la droite MM', ainsi déterminée, nous menions un plan vertical indéfini; il s'agit d'observer l'instant où les différents astres, en vertu de leur mouvement diurne, viendront passer dans ce plan. Cet instant se nomme la *culmination* de l'astre.

Pour cela, concevons un demi-cercle en cuivre de même rayon que le cercle azimutal; appliquons-le par son diamètre sur la ligne MM', puis faisons-le tourner autour de ce même diamètre jusqu'à ce que son plan soit vertical, ce dont on s'assurera avec le fil à plomb, et fixons-le dans cette position MCM'. Nous serons sûrs qu'une étoile sera dans le plan vertical indéfini mené par MM' à l'instant où elle sera cachée, pour l'observateur ayant l'œil en O, par notre cercle MCM'. On trouve que tous les astres mettent exactement le même temps pour s'élever de l'horizon jusqu'à notre plan vertical MM' que pour redescendre de ce plan à l'horizon.

Ce plan vertical MM' divise donc en deux parties parfaitement égales le cours de tous les astres, et en particulier, quand il renferme le centre du soleil, il est midi. Pour cette raison, on nomme *méridien* le plan vertical MCM', et la ligne MM' suivant laquelle le méridien coupe le plan de l'horizon est dite la *méridienne*. L'instant où un astre est dans le méridien se nomme le *passage méridien*, ou simplement le passage de cet astre.

16. Passages supérieur et inférieur. Tous les astres qui ont un lever et un coucher n'ont qu'un seul passage, c'est-à-dire ne traversent le méridien qu'une seule fois par 24 heures. Mais si, tournant le dos au midi, nous observons les étoiles qui restent toujours sur l'horizon (12), nous les voyons passer deux fois par 24 heures dans le méridien. Ces étoiles ont deux passages : l'un, qui est le point le plus élevé de leur cours, est dit le *passage supérieur,* et l'autre, qui est le plus bas, est dit le *passage inférieur.* Il est à remarquer qu'il s'écoule exactement le même temps entre chacun de ces deux passages consécutifs.

17. Cercles décrits par les étoiles. Si l'on marque sur le cercle méridien MCM' les deux points C et C' qui correspondent aux deux passages d'une même étoile, et qu'on mène la droite POP', bissectrice de l'angle COC', on reconnaît que cette droite POP' est la même, quelle que soit l'étoile dont on se serve pour la déterminer.

Cette droite une fois déterminée, concevons une tige POP' (*fig.* 2) fixée exactement dans la même position, et, en un point O de cette tige, plaçons un cercle gradué IL sur le centre et dans le plan duquel peut tourner une alidade GK. Admettons encore que le cercle et l'alidade puissent aussi tourner autour de la tige fixe POP'. Cela posé, commençons par donner à notre alidade une direction rectangulaire avec la tige POP', puis faisons tourner le cercle IL jusqu'à ce que nous apercevions une certaine étoile à travers les pinnules G et K de l'alidade : nous verrons que, pour qu'on puisse suivre la marche de cette étoile dans le ciel, il faut que l'alidade reste constamment à angle droit sur la tige POP'. Donc le rayon vecteur mené de l'œil de l'observa-

teur à cette étoile décrit un plan perpendiculaire à la ligne
fixe POP′, et l'étoile elle-même semble décrire un cercle
situé dans ce plan et ayant son centre à l'œil de l'observateur.

18. Inclinons maintenant l'alidade GK d'un angle G′OP
sur l'axe fixe POP′, et visons une étoile : nous verrons que,
pour pouvoir suivre son cours, il faut conserver à l'alidade
constamment la même inclinaison sur l'axe fixe POP′. Donc
le rayon vecteur mené de l'œil de l'observateur aux différentes positions successivement occupées par l'étoile, en
vertu de son mouvement diurne, décrit dans l'espace un
cône droit circulaire dont l'axe est la droite PP′.

Quant à l'étoile, prouvons qu'elle décrit un cercle dont
le plan est perpendiculaire à la ligne PP′ et dont le centre
est sur cette droite. En effet, soient E, E′, E″... (*fig.* 3) différentes positions de l'étoile ; abaissons de l'une d'elles une
perpendiculaire EC sur PP′, et joignons le pied C de cette
perpendiculaire aux autres points E′, E″.... Les différents
triangles ECO, E′CO, E″OC...., sont égaux comme ayant
les angles en O égaux, compris entre côtés respectivement
égaux, savoir : OC commun, et OE=OE′=OE″= etc...,
attendu que la distance de l'étoile reste invariable. Or, le
premier triangle EOC est rectangle en C : donc aussi toutes
les lignes CE′, CE″...., sont perpendiculaires sur POP′, et
de plus elles sont égales. Donc toutes ces mêmes lignes CE,
CE′, CE″...., sont situées dans un même plan perpendiculaire à PP′ en C, et tous les points E, E′, E″, sont sur une
même circonférence située dans ce plan et ayant son centre
en C. Donc, etc., etc.

La même observation et le même raisonnement s'étendent à tous les astres, et, comme les plans des cercles qu'ils
décrivent sont tous perpendiculaires à la même droite PP′,
ils sont parallèles entre eux.

Nous arrivons donc à cette conclusion générale que : *tous
les astres semblent décrire, sans changer leurs positions relatives, des cercles parallèles autour d'une droite qui passe
par l'œil de l'observateur,*

19. Axe du monde, pôles. La droite fixe autour de laquelle s'exécute le mouvement diurne est un diamètre de la sphère céleste (9), et on la nomme *axe de rotation* ou *axe du monde*.

Les points où l'axe du monde perce la sphère céleste s'appellent *pôles du monde*. L'un de ces points est au-dessus et l'autre au-dessous de l'horizon. Pour un observateur placé en Europe, le pôle qui est au-dessus de l'horizon se nomme *pôle nord, boréal* ou *arctique*, et l'autre *pôle sud, austral* ou *antarctique*.

20. Étoiles circumpolaires, étoile polaire, hauteur du pôle à Paris. Les étoiles qui restent constamment au-dessus de notre horizon sont appelées *étoiles circumpolaires*; elles semblent décrire autour du pôle des cercles d'autant plus petits qu'elles sont plus rapprochées de ce point. Celle qui en est le plus près se nomme *étoile polaire*.

L'angle POM' (*fig. 4*) que fait l'axe du monde POP' avec la méridienne MM' est dit la hauteur du pôle. A Paris, cet angle est de 48° 50' 13''.

21. Zénith, nadir. Si nous concevons de même la verticale d'un lieu prolongée jusqu'à la sphère céleste, elle la coupe en deux points opposés : l'un, au-dessus de l'horizon, se nomme le *zénith*, et l'autre, au-dessous, le *nadir*.

22. Équateur et parallèles célestes. Le plan mené par l'œil de l'observateur perpendiculairement à l'axe du monde coupe la sphère céleste suivant un grand cercle qu'on nomme *équateur céleste*.

L'équateur divise la sphère céleste en deux parties égales, qu'on appelle l'une *hémisphère boréal* et l'autre *hémisphère austral*.

Les petits cercles parallèles à l'équateur sont dits les *parallèles célestes*.

23. Méridien d'un lieu, points cardinaux. On appelle *méridien céleste* tout grand cercle dont le plan passe par l'axe du monde.

Le méridien d'un lieu est celui dont le plan contient la verticale en ce lieu (15), et c'est de ce dernier qu'il sera question quand nous dirons simplement le méridien.

Le plan du méridien contenant l'axe (*fig.* 4) qui est perpendiculaire au plan de l'équateur, et la verticale ZN qui est perpendiculaire au plan de l'horizon MHM'H', est lui-même perpendiculaire à la fois à ces deux plans, et par suite à leur intersection HH'. Donc cette droite HH', étant perpendiculaire au plan du méridien, sera aussi perpendiculaire à la ligne méridienne MM', passant par son pied dans ce plan. Les quatre points où la méridienne MM' et la perpendiculaire HH' rencontrent la sphère céleste sont nommés les *quatre points cardinaux*, que l'on distingue par les noms suivants :

Point nord, extrémité de la méridienne située du côté du pôle nord ;

Point sud, extrémité opposée de la même ligne ;

Point est, extrémité de la perpendiculaire à la méridienne que l'on a à sa droite quand on regarde le nord ;

Point ouest, extrémité opposée de la même ligne.

Les quatre points cardinaux sont aussi appelés *septentrion*, *midi*, *orient* ou *levant*, *occident* ou *couchant*.

Si l'on conçoit deux droites qui divisent en parties égales les angles de la méridienne et de la perpendiculaire, on obtient les points intermédiaires aux quatre points cardinaux : ce sont le *nord-est*, le *nord-ouest*, le *sud-est*, le *sud-ouest*.

En divisant de nouveau chacun de ces angles en deux parties égales, puis encore chaque angle en deux nouvelles parties égales, on obtient trente-deux rayons qui forment ce qu'on appelle la *rose des vents* (*fig.* 5).

24. Uniformité du mouvement diurne. Jour sidéral. La machine que nous avons décrite au n° 17 peut servir à constater que le mouvement diurne est *uniforme*, c'est-à-dire que chaque étoile effectue en des temps égaux des parties parfaitement égales de sa révolution. Pour cela on ajoute à cette machine (*fig.* 2), qu'on appelle alors *équato-*

rial ou *machine parallactique*, un cercle fixe et gradué, dont le plan est perpendiculaire à la tige POP' et dont le centre C est situé sur cette même tige. Une aiguille CF, tournant avec l'alidade GK et suivant le cercle fixe C en même temps que l'étoile observée exécute sa révolution diurne, montre que les arcs décrits en temps égaux sont toujours égaux, quelle que soit l'étoile. Ainsi le mouvement diurne est parfaitement uniforme.

Lorsqu'on observe avec toute la précision que comportent les instruments astronomiques (*voyez* n° 45) l'heure du passage d'un grand nombre d'astres dans le méridien, on reconnaît que, pour le soleil, la lune, les planètes et les comètes, la durée qui sépare deux passages consécutifs varie un tant soit peu d'un jour au jour suivant, tandis que pour les étoiles fixes cette durée est exactement la même et qu'elle reste complétement invariable pour toutes les époques de l'année. Bien plus, on est parvenu à vérifier que, depuis Hipparque, qui vivait deux cents ans avant notre ère, la durée qui sépare deux passages consécutifs d'une même étoile au méridien n'a pas varié d'un centième de seconde. C'est cette durée que les astronomes prennent pour unité de temps et qu'on nomme *jour sidéral*. Ainsi *le jour sidéral est le temps qui s'écoule entre deux passages consécutifs d'une même étoile au méridien*. On suppose qu'il s'agit toujours du même passage, du passage supérieur par exemple, pour les étoiles qui en ont deux (16). Le jour sidéral se divise en vingt-quatre parties égales qu'on nomme *heures sidérales*, l'heure en soixante *minutes sidérales, etc.*

25. Immense éloignement des étoiles. Les distances angulaires des étoiles conservent exactement la même valeur, de quelque lieu de la terre qu'on les mesure. Elles devraient augmenter cependant quand on se rapproche de ces astres et diminuer quand on s'en éloigne ; s'il n'en est rien, c'est qu'en effet les distances terrestres, quelque grandes qu'on les suppose, sont complétement inappréciables quand on les compare aux distances qui nous séparent des étoiles, ou, en d'autres termes, ces distances sont comme infinies par rapport aux plus grandes distances terrestres.

Un autre fait, que toutes les observations s'accordent pareillement à confirmer, c'est que l'axe du monde est toujours une seule et même droite passant par l'œil de l'observateur, en quelque lieu de la terre qu'il soit placé : c'est qu'en effet la terre tout entière n'est qu'un simple point placé au centre de la sphère céleste comparativement aux distances qui nous séparent des étoiles.

26. Apparences et résultats réels des observations. Les phénomènes célestes ne nous offrent d'abord que de simples apparences mêlées de toutes sortes d'illusions, d'autant plus difficiles à redresser que le sens de la vue est abandonné à lui-même et privé du contrôle des autres sens. Cependant l'observation attentive des faits et leur comparaison raisonnée nous permettent de discerner ce qu'il y a de trompeur dans les premières apparences et de nous élever à la connaissance exacte des résultats dégagés de toute erreur d'illusion. Ainsi la terre se présente à nous tout d'abord comme une surface plane illimitée, sur laquelle le ciel semble reposer de toutes parts. Mais bientôt la simple inspection du mouvement diurne nous apprend qu'elle est complétement isolée (12), résultat que les voyages ont d'ailleurs pleinement confirmé. Ainsi Magellan, qui le premier a entrepris de faire le tour entier de la terre, s'embarqua en Portugal, s'avança continuellement à l'occident, et côtoyant vers le sud quand il y était forcé par des continents, mais sans jamais cesser de se diriger à l'occident, il retrouva enfin l'Europe, et ses compagnons vinrent débarquer au port même d'où ils étaient partis, comme s'ils fussent venus d'orient. Depuis on a répété bien des fois ce mémorable voyage et même on a fait le tour de la terre en divers sens : il n'y a que la direction par les régions polaires qui ne peut être suivie, un climat trop rigoureux rendant ces régions inabordables.

27. Toutes les difficultés qu'on pourrait encore opposer à admettre l'isolement de la terre ne peuvent tenir qu'à l'habitude où nous sommes de juger des objets par l'aspect qu'ils semblent nous offrir, quoiqu'il soit aisé de se rendre compte de leur véritable état. Ainsi expliquons d'abord pourquoi le ciel semble s'appuyer tout autour de nous sur la surface terrestre. Notre œil est toujours placé à une certaine hauteur verticale AB (*fig.* 29); car s'il était en A, à la surface même de la terre, notre vue serait limitée à ce seul point dans la direction horizontale. Soit BL une ligne quelconque de l'horizon sensible, tangente en L à la surface terrestre et rencontrant un certain astre en I; tout objet placé sur la direction de cette ligne produira sur notre vue exactement le même effet, à quelque distance qu'on le suppose, et nous ne pouvons en estimer l'éloignement que par l'angle visuel ou en le comparant avec d'autres objets interposés. Nous jugeons ainsi de la distance AL par les objets terrestres; mais depuis le point L jusqu'à l'astre I, nous n'avons aucun terme de comparaison, et, d'ailleurs, nous manquons de toute notion sur la grandeur de l'astre, et, par suite, sur l'angle visuel. Nous l'estimons donc placé précisément en L, et comme la même apparence se produit tout autour de la verticale, nous jugeons la sphère céleste, qui n'est autre chose que l'ensemble des positions par nous attribuées aux astres, limitée à la même ligne que l'horizon, et, par conséquent, appuyée de toutes parts sur la surface terrestre.

Comment, se demande-t-on aussi, un corps complétement isolé peut-il se maintenir de lui-même au milieu des espaces célestes; et comment ensuite les objets qui ont une position diamétralement opposée par rapport à nous, nos antipodes par exemple, peuvent-ils se soutenir à la surface de la terre et ne pas *tomber* dans l'espace, suivant le prolongement de notre verticale?

Rappelons d'abord que, d'après cette propriété de la matière que nous avons nommée inertie, aucun corps ne peut se mettre en mouvement suivant une direction donnée, s'il n'est sollicité dans cette direction par une force. Or, partout la pesanteur est dirigée suivant la verticale, et sollicite vers le centre de la terre les objets soumis à son action. Par conséquent, nos antipodes sont, comme nous, retenus à la surface du globe terrestre par la pesanteur, qui exerce sur eux et sur les objets qui les entourent une action parfaitement semblable à celle que nous lui voyons produire autour de nous.

28. Mouvement de rotation de la terre autour de la ligne des pôles, et d'occident en orient. Quant au globe terrestre, loin de ne pouvoir se maintenir de lui-même au milieu des espaces célestes, pour qu'il puisse se mouvoir dans une certaine direction, il faut qu'il soit sollicité dans cette direction par une force quelconque, et rien ne prouve, en effet, qu'il jouisse d'un repos absolu. Le mouvement diurne, que nous avons attribué jusqu'ici à l'ensemble des astres, ne pourrait-il pas, au contraire, n'être qu'une simple apparence due à la rotation de la terre sur elle-même, tandis que la sphère céleste jouirait d'une immobilité complète?

Le mouvement diurne des astres n'est effectivement qu'un mouvement relatif par rapport aux plans supposés fixes, soit de l'horizon, soit du méridien de l'observateur. Or, admettons que les astres n'aient aucun mouvement et que la terre tourne en vingt-quatre heures autour de la droite idéale de ses pôles; un plan mené par cette droite, et lié invariablement à la terre, tournera avec elle et viendra passer successivement par tous les astres pendant la durée d'une révolution; le lever d'une étoile aura lieu quand notre horizon s'abaissera au-dessous d'elle; son coucher, quand il s'élèvera au-dessus, et son passage méridien, à l'instant où le plan de notre méridien viendra la rencontrer.

Concevons à ce moment une droite TH (*fig. 22*), menée du centre de la terre à l'étoile H, et admettons que cette droite tourne avec le méridien, en faisant constamment le même angle avec l'axe PP'; elle décrira un cône droit, dont l'intersection HLK avec la sphère céleste sera un cercle passant par l'étoile, ayant son centre sur l'axe de rotation et dont le plan sera perpendiculaire à cet axe. Le cercle HLK est celui que l'étoile H nous semble décrire par le mouvement diurne, et nous n'apprécions ce mouvement que par la manière dont varie l'arc HL, compris entre l'étoile et notre méridien. Or, cet arc variera exactement de la même manière, si l'étoile reste fixe et que notre méridien tourne avec la terre de l'ouest à l'est. Donc, en général, *tous les effets observés du mouvement diurne resteront exactement les mêmes, si nous admettons que les astres soient immobiles et que la terre tourne de l'ouest à l'est, c'est-à-dire en sens contraire de la rotation précédemment attribuée aux étoiles.*

29. Tous les faits jusqu'ici décrits s'expliquent également bien par la rotation de la sphère céleste ou par celle de la terre. Mais voyons d'abord quelle est la plus probable de ces deux hypothèses. Nous savons déjà que les astres ne sont point fixés à une surface matérielle, comme ils le paraissent; qu'ils sont au contraire complétement indépendants les uns des autres et situés à des distances immenses. Il faudrait donc, si la terre était immobile, que certains astres, ceux qui sont voisins de l'équateur par exemple, fussent animés de vitesses prodigieuses pour décrire de si grands cercles en vingt-quatre heures, tandis que d'autres, ceux qui sont tout près des pôles, auraient une vitesse à peine appréciable, et cependant ils exécuteraient tous leurs révolutions exactement dans le même temps et en conservant les mêmes positions relatives! Il paraît bien difficile de concevoir un tel ensemble dans une aussi grande multitude de corps absolument isolés les uns des autres. Dans la seconde hypothèse, tout s'explique au contraire par la rotation d'un corps unique, et, quelque considérable que la terre soit pour nous, elle n'est en réalité qu'un globule à peine sensible par rapport à l'ensemble des astres.

La seule difficulté que présente le mouvement de la terre, c'est qu'il paraît en contradiction avec le témoignage de nos sens, car nous ne nous en apercevons en rien, et nous

voyons tourner le ciel autour de nous. Observons d'abord
que, lorsqu'un mouvement quelconque nous emporte, nous
le sentons d'autant moins qu'il est à la fois plus rapide et
plus régulier : ce n'est pas le mouvement lui-même que
nous sentons, mais les secousses qu'il nous fait éprouver.
Pour se convaincre de ce fait, il suffit de comparer ce qu'on
éprouve en voiture sur un terrain raboteux, en chemin de
fer ou en bateau sur une eau calme. Dans ce dernier cas
surtout, on sent si peu le mouvement du navire que souvent, se croyant en repos, on l'attribue aux objets environ-
nants :

> Provehimur portu, terræque urbesque recedunt.

D'ailleurs, lorsque nous comparons deux objets, l'un en
repos et l'autre en mouvement, nous attribuons toujours le
mouvement à celui qui nous semble le plus petit. Ainsi,
quand le vent chasse rapidement des amas de nuages entre
lesquels nous apercevons la lune ou les étoiles, ce sont les
astres qui nous paraissent en mouvement. Admettons,
d'après cela, que la terre éprouve un mouvement régulier
et sans aucune espèce de secousse ; nous ne pourrons le
sentir, et, nous croyant en repos au milieu des objets terrestres soumis tous au même mouvement, nous l'attribuerons forcément aux astres, qui nous paraissent en effet très-
petits relativement aux objets qui nous entourent et à la
terre elle-même.

30. Le pendule a fourni dernièrement à M. Foucault un
moyen aussi simple qu'ingénieux de démontrer rigoureusement la rotation de la terre sur son axe. On nomme pendule (*fig.* 33) un corps pesant A suspendu à l'extrémité
d'une tige ou d'un fil vertical CA. Si l'on écarte ce corps
de la verticale, qu'on l'amène dans la position CA' et
qu'on l'abandonne à lui-même, il revient en A, s'élève
en A'', puis revient en A', et ainsi de suite pendant un
temps d'autant plus long que le pendule est plus pesant et
le frottement du point de suspension moins considérable.

On nomme *oscillation* l'arc complet A'A″ décrit par le pendule, et *demi-oscillation* la moitié AA' de ce même arc. Le plan A'CA″ est dit *plan d'oscillation*, et il est déterminé par la verticale et la tangente à l'arc A'A″ au point A, tangente que l'on peut substituer à l'arc dans le cas où les oscillations sont très-petites.

Cela posé, concevons un pendule d'une grande longueur, suspendu en C sur la verticale d'un lieu quelconque A, et admettons que nous l'écartions de la verticale de manière qu'il soit en B dans le plan méridien CTT'. Si la terre était immobile, la vitesse du pendule serait dirigée suivant la droite BA et les oscillations s'exécuteraient continuellement dans le plan CTT'. Mais, tandis que le pendule fait sa demi-oscillation, la terre tourne d'une petite quantité α, de sorte que le point A vient en A' et la verticale CAO prend la position C'A'O. Le pendule, au lieu de décrire BA, se trouve transporté de B en A'; de sorte que tout se passe comme s'il avait réellement décrit la droite A'B' parallèle à AB. Le plan d'oscillation prend donc la position C'SS', la droite SS' étant parallèle à TT'. La même chose se reproduit à chaque demi-oscillation, de manière que, après un temps quelconque, la terre ayant tourné d'un angle AIA₁, le plan d'oscillation se trouve toujours déterminé par la verticale A₁O et la droite S₁A₁S′₁ parallèle à TT' menée par le point A'.

Or la méridienne du point A₁ est la droite TA₁ tangente au méridien PA₁P'. Donc les oscillations du pendule, qui en A, se faisaient suivant la méridienne AT, se feront en A₁ suivant une droite S₁S′₁ qui coupe la méridienne sous un angle S′₁A₁T₁ égal à l'angle T'TT₁ que la méridienne a décrit autour de l'axe du monde. On a vu pendant longtemps un immense pendule suspendu dans la coupole du Panthéon et marquant ainsi sur le sol la quantité exacte dont la terre, ou plutôt la méridienne de Paris, tournait successivement autour de l'axe terrestre [1].

---

1. Soit a l'angle AIA₁, dont la terre tourne en un certain tepms t, et α l'angle T₁A₁S′₁ ou son égal T₁TT' que décrit pendant le même temps le plan d'oscillation du pendule sur l'horizon. Il est facile de déterminer le rapport de

31. Plan et angle horaire d'une étoile. Quoique le mouvement diurne, tel que nous l'avons décrit aux n°s 11
et suivants, ne soit en réalité qu'une apparence due au
mouvement de rotation de la terre, nous continuerons souvent d'admettre l'hypothèse de la révolution de la sphère
céleste. Il en résultera quelquefois plus de simplicité sans
erreur possible, puisque dans chaque cas on remontera facilement au véritable état des choses et que d'ailleurs, tous
les résultats de l'observation sont identiquement les mêmes
dans l'hypothèse et dans la réalité.

Concevons donc le méridien céleste (23) passant par
une étoile donnée E : le plan de ce méridien, qui coupe
le méridien de l'observateur suivant l'axe du monde, est
dit *le plan horaire*, et l'angle compris entre ces deux
plans, *l'angle horaire* de l'étoile E. Cet angle est mesuré
par l'arc d'équateur céleste, ou par l'arc d'un parallèle
quelconque compris entre les deux méridiens correspondants. Lorsqu'un astre quelconque s'approche du méridien en s'élevant successivement sur l'horizon, son angle
horaire va en diminuant; il est nul au moment du passage de l'astre et il va continuellement en augmentant
après le passage. Le plan horaire d'une étoile quelconque

ces deux angles. En effet, on a $a = \dfrac{AA_\prime}{IA}$ et $\alpha = \dfrac{AA_\prime}{AT}$; car, si l'on développait

sur un plan le cône décrit par AT, l'angle au sommet $ATA_\prime$ aurait pour
mesure un arc décrit avec AT pour rayon et d'une longueur égale à $AA_\prime$.

On a donc $\dfrac{\alpha}{a} = \dfrac{AI}{TA}$. Mais, dans le triangle AIT, on a $AI = AT \cos TAI$, et

comme $TAI = 90° — IAO$, et que $IAO = AOT = $ latitude A, on a, en désignant par λ cette latitude,

$$\alpha = a \sin \lambda.$$

Au pôle, $\lambda = 90°$, d'où $\alpha = a$; à l'équateur, $\lambda = 0$ et $\alpha = 0$. Ainsi, au pôle
la droite d'oscillation du pendule ferait avec la méridienne un angle qui va-
rierait de 15° à l'heure. Observons toutefois que la formule précédente ne
s'applique, avec toute rigueur, qu'au pôle, parce que nous avons négligé,
dans le raisonnement, la force centrifuge. La loi des oscillations du pendule,
quand on tient compte de toutes les forces auxquelles il est soumis, est fort
compliquée; mais quelle qu'en soit l'expression exacte, les résultats de l'observation n'en établissent pas moins rigoureusement la rotation de la terre.

fait ainsi d'un mouvement uniforme (24) le tour entier de la sphère céleste en 24 heures sidérales et, par conséquent, l'angle horaire qui correspond à une heure, c'est-à-dire celui que l'on observe une heure après le passage méridien de l'étoile, est de 360° : 24 = 15°. Chaque étoile décrit donc en vertu du mouvement diurne, chacune dans son cercle de révolution, 15° en 1^h, 1° en 4' de temps et 1' en 4'' de temps. Ainsi il est facile de déterminer la position exacte du plan horaire d'une étoile, à un instant quelconque, lorsque l'on connaît l'heure de son passage au méridien. Par exemple, qu'une étoile passe au méridien à 6 heures du soir, à 10^h 45' son plan horaire fera avec le méridien un angle de 15° × 4,75 = 71°,25 = 71° 15'.

32. Différence des étoiles en ascension droite, déclinaisons.

Tout astre peut être défini par la position qu'il occupe sur la sphère céleste, et pour que cette position soit elle-même déterminée il suffit de connaître deux distances angulaires ou *éléments* qu'on nomme *l'ascension droite et la déclinaison de l'astre*. Concevons, tracés sur la sphère céleste, l'équateur EGE' (*fig.* 22) et un *demi-méridien* PdP' que nous supposerons d'abord déterminé par une certaine étoile connue, *étoile origine*, et que nous appellerons *le méridien fixe*. Soit un astre quelconque L, dont le plan horaire coupe l'équateur en G ; le demi-grand cercle PGP' sera le méridien de l'astre L, l'arc EG en sera l'ascension droite et l'arc GL la déclinaison. Il est bon d'observer que l'étoile origine qui détermine notre méridien fixe étant tout à fait arbitraire, l'ascension droite EG n'est point une *valeur absolue*. Nous verrons plus tard comment les astronomes déterminent un méridien céleste fixe à partir duquel ils sont convenus de compter toutes les ascensions droites. Dès lors l'arc EG est la différence des ascensions droites de l'étoile origine et de l'astre L ou, en d'autres termes, c'est la différence de ces deux astres en ascension droite.

Quoi qu'il en soit, nous pouvons concevoir le méridien fixe comme coïncidant avec le premier méridien céleste et le supposer déterminé par une certaine étoile. Nous dirons alors que *l'ascension droite d'un astre est l'arc d'équateur compris entre le méridien de cet astre et le méridien céleste,* cet arc étant compté depuis 0° jusqu'à 360° de l'ouest à l'est, c'est-à-dire en sens contraire du mouvement diurne. *La déclinaison est l'arc du méridien céleste, compté de 0° à 90°, compris entre l'astre et l'équateur.* Comme l'astre peut être dans l'hémisphère boréal ou dans l'hémisphère austral, on dit, dans le premier cas, que la déclinaison est boréale, et dans le second qu'elle est australe.

Il est évident que tous les astres situés sur le même demi-méridien céleste ont la même ascension droite, et que tous ceux qui sont sur un même parallèle ont la même déclinaison. Donc, donner l'ascension droite et la déclinaison d'un astre, c'est donner deux cercles de la sphère céleste, passant l'un et l'autre par l'astre, et par conséquent le contenant en leur point d'intersection ; d'ailleurs, ce point est unique, puisque nous ne considérons que le demi-méridien : ainsi l'astre est complétement déterminé.

33. Pour mesurer l'ascension droite d'un astre, on note d'abord l'instant précis où l'étoile qui fixe le premier méridien céleste passe dans le méridien de l'observateur; on note ensuite l'instant du passage de l'astre en question. Le temps qui s'écoule entre ces deux passages, réduit en degrés à raison de 15° pour une heure, est précisément l'arc d'équateur compris entre le premier méridien, qui s'est avancé vers l'ouest, et le méridien de l'astre, qui se trouve à l'est du premier : c'est donc bien l'ascension droite cherchée.

Quant à la déclinaison, elle se déduit de la distance zénithale de l'astre et de la hauteur du pôle sur l'horizon. En effet, soit L (*fig.* 23) l'astre placé dans son méridien ELPH entre le zénith Z et le pôle P; on a : *déclinaison* EL = ZE + *distance zénithale* ZL. Or, soit HH' l'horizon, les arcs EP et ZH étant égaux chacun à un cadran, si l'on en retranche ZP, il reste ZE = PH = *hauteur du pôle.* On a donc

Déclinaison de L = *hauteur du pôle* + *distance zénithale de* L.

Si l'étoile était entre l'équateur et le zénith en L′, on aurait visiblement :

Déclinaison de L′ = *hauteur du pôle* — *distance zénithale de* L′.

34. Tous ces résultats supposent des observations faites avec quelque rigueur. Mais les procédés que nous avons décrits jusqu'à présent sont bien loin d'offrir le degré de précision qu'on obtient aujourd'hui dans les observations astronomiques. Nous ne pouvons entrer ici dans tous les détails de ces observations; cependant quelques-unes sont tellement importantes, que nous devons au moins donner une idée des instruments essentiels et de leurs principaux usages.

35. Lumière. Il s'agit d'abord de définir avec rigueur, et non par de grossiers alignements, les directions des droites menées du centre de notre œil aux différents astres et à chaque point d'un même astre. Les lunettes astronomiques nous offrent cet avantage, ainsi que nous allons l'expliquer.

Mais commençons, en vue de ceux de nos lecteurs qui n'auraient pas encore étudié la physique, par établir quelques principes d'optique, que nous aurons d'ailleurs souvent besoin d'invoquer dans la suite de ce traité.

La lumière peut être définie *la cause de la visibilité des objets extérieurs.* On nomme corps lumineux tout corps qui brille d'une lumière propre : tels sont le soleil, les étoiles, la flamme d'une bougie, etc. ; nous verrons que la lune et quelques autres astres ne sont point lumineux, et ne font que nous renvoyer la lumière qu'ils ont reçue du soleil.

Tout corps et même tout point lumineux envoie également de la lumière dans tous les sens : ainsi, une bougie placée au centre d'une sphère éclairerait également tous les points de la surface.

L'expérience prouve que la lumière se propage en ligne droite avec une immense vitesse : nous établirons qu'elle parcourt environ 70,000 lieues ou 310,000 kilomètres à la seconde.

36. Rayon et faisceau de lumière. On appelle *rayon lumineux* une suite d'éléments d'une finesse presque idéale ou mathématiqué, successivement émis dans une même direction rectiligne : c'est la droite suivant laquelle la lumière se propage d'un point à un autre.

On nomme *faisceau* ou *pinceau* de lumière la réunion de plusieurs rayons émanés d'un même point.

L'*intensité* d'une lumière est la quantité de rayons contenus dans le faisceau qui correspond à une unité de surface du corps éclairé. Pour une même lumière, l'intensité décroit comme le carré de la distance augmente.

37. Angle visuel. Nous jugeons de la position d'un point lumineux suivant la manière dont notre œil est affecté par la lumière qui en émane. L'expérience prouve que nous jugeons toujours un point lumineux placé sur le prolongement en ligne droite de l'élément du rayon lumineux le plus voisin de l'œil.

On appelle *angle visuel* d'un objet AB (*fig.* 6) l'angle AOB formé par les rayons qui vont de ses points extrêmes A et B à l'œil O. C'est par l'angle visuel que nous estimons la grandeur des objets quand nous connaissons leur distance, et leur distance quand nous connaissons leur grandeur. Si l'un de ces deux éléments est affecté d'une erreur, l'autre est aussi nécessairement fautif. Ainsi, tout le monde a remarqué que la lune, à son lever, nous parait beaucoup plus grande que quand elle approche du méridien : c'est que, dans le premier cas, les objets terrestres interposés nous font estimer la distance considérable, tandis que, dans le second, l'absence de tout terme de comparaison nous fait croire cette distance beaucoup moins grande. Comme il y a erreur dans l'évaluation de la distance, il en résulte une erreur inévitable dans celle de la grandeur.

38. Lumière diffuse, réfléchie et réfractée; aurore, crépuscule. Lorsqu'un rayon lumineux vient à rencontrer un corps, il se décompose généralement en trois parties : l'une est irrégulièrement réfléchie et se nomme *lumière diffuse;* la seconde est réfléchie suivant une direction et d'après une loi fixes : on la nomme *lumière réfléchie;* enfin, une troisième partie pénètre dans l'intérieur du corps et se nomme *lumière réfractée.* Ces trois parties existent quelquefois ensemble; ainsi, qu'un trait de lumière solaire tombe obliquement sur un verre poli : 1º l'œil placé dans une certaine direction voit l'image du soleil dans le prolongement de cette direction; 2º le point où frappe le rayon solaire est visible dans toutes les directions, mais il parait beaucoup plus brillant quand on le regarde dans la direction du rayon réfléchi; 3º une portion de la lumière incidente traverse le verre. Il arrive souvent que l'une ou même deux de ces parties du rayon lumineux n'existent pas, ou du moins sont insensibles.

On appelle *corps opaque* tout corps qui ne se laisse que peu ou point traverser par la lumière, et *corps transparents* ou *diaphanes* ceux que la lumière traverse plus ou moins complétement.

La lumière diffuse est la plus considérable en général ; c'est par elle que nous voyons les divers objets terrestres, que nous sommes éclairés par les astres, quand ils sont cachés par des nuages ou des édifices, ainsi qu'avant leur lever et après leur coucher. Dans ces divers cas, l'air atmosphérique est éclairé et nous renvoie, à l'état de lumière diffuse, celle qu'il a reçue des astres.

On nomme *aurore* le jour qui précède le lever du soleil, et *crépuscule* celui qui suit le coucher. L'aurore commence et le crépuscule finit au moment où le soleil atteint un plan parallèle à celui de l'horizon situé à une distance de ce dernier vue sous un angle de 18º. A Paris, lorsque les jours ont atteint leur plus grande durée, l'un suit immédiatement l'autre.

39. Réflexion de la lumière. Lorsqu'un rayon lumineux vient à frapper la surface d'un corps poli, comme un miroir, il se réfléchit régulièrement et nous offre, dans une certaine direction, une image des points ou du corps d'où émane la lumière. La loi de la réflexion consiste en ce que le rayon incident AI (*fig.* 7) et le rayon réfléchi IB sont dans un même plan avec la perpendiculaire NI à la surface du miroir, et font des angles égaux AIN = BIN avec cette perpendiculaire, qu'on appelle la *normale*. Il en résulte que l'œil placé en B voit l'image de A en A' sur le prolongement de BI par derrière le miroir.

40. Réfraction de la lumière. Lorsqu'un rayon de lumière traverse un corps transparent, il ne continue pas généralement de se propager en ligne droite; il forme une ligne brisée au point où il rencontre la surface du corps transparent, continue son chemin en ligne droite dans l'intérieur de ce corps pour se *briser* de nouveau au point où il en sort. On nomme *lumière réfractée* tout rayon qui est ainsi brisé en passant d'un milieu dans un autre, et ce phénomène s'appelle la *réfraction* de la lumière.

Tout rayon qui pénètre dans un corps transparent, suivant la normale à la surface, n'éprouve aucune déviation et continue de suivre, dans l'intérieur du corps, la droite suivant laquelle il vient le rencontrer.

Mais si un rayon lumineux (*fig.* 8) AI pénètre obliquement dans l'intérieur d'un corps CDGE, au lieu de suivre la droite AIB, il suivra la brisée AIB' : en général, le rayon réfracté IB' est dans le plan AIN du rayon incident AI et de la normale NN' à la surface réfringente; il se rapproche de la normale quand il passe d'un milieu plus rare dans un milieu plus dense : par exemple, du vide dans l'air, de l'air dans le verre ou dans l'eau...., tandis qu'il s'éloigne de la normale en passant d'un milieu plus dense dans un plus rare, comme de l'eau ou du verre dans l'air. La déviation est d'autant plus considérable que le rayon tombe plus obliquement sur la surface réfringente.

41. Lentilles, axe et foyer. Ces principes posés, concevons une pièce de verre (*fig.* 9) AB terminée par deux calottes sphériques ayant même base, et tournant l'une et l'autre leurs convexités extérieurement. La ressemblance de cette espèce de verre avec une *lentille* lui en a fait donner le nom, et on l'appelle aussi *lentille biconvexe* pour la distinguer des lentilles d'une autre forme dont nous n'avons pas à nous occuper ici. Soient C et C' les centres des deux sphères dont BAI et BAK sont des calottes; la droite CC', qui est dite l'*axe* de la lentille, est visiblement normale aux deux surfaces qui la terminent.

Faisons tomber sur une lentille convexe (*fig.* 10) un faisceau de rayons lumineux parallèles à l'axe : celui qui suit la direction même de l'axe ne subit aucune réfraction, puisqu'il rencontre à angle droit les deux faces de la lentille. Quant aux autres, ils coupent tous ces deux mêmes faces plus ou moins obliquement, et se réfractent d'autant plus qu'ils sont plus éloignés de l'axe.

Or, le calcul prouve et l'expérience confirme que, si l'on suppose la base commune des deux calottes d'un rayon très-petit comparativement aux rayons des deux sphères dont elles font partie, tous les rayons S vont sensiblement se couper en un même point F situé sur l'axe SIK de la lentille. Ce point F est dit le foyer de la lentille. Il est visible que plus la lentille est convexe, c'est-à-dire plus les rayons des sphères sont petits, plus la réfraction est considérable, et par conséquent plus le foyer F est rapproché de la lentille.

Réciproquement, si l'on plaçait au foyer F un point lumineux, chaque rayon du faisceau qui viendrait frapper la lentille éprouverait deux réfractions et sortirait parallèle à l'axe.

42. Soit un point lumineux L placé en dehors, mais très-près de l'axe (*fig.* 11 *et* 12) : le faisceau lumineux émané de ce point, et reçu par la lentille, contiendra un certain rayon LL′ qui traversera la lentille en deux points où les deux faces sont parallèles, et par conséquent continuera sa route en ligne droite, la deuxième réfraction détruisant tout l'effet de la première. Cette droite LL′ est dite l'*axe secondaire* relatif au point L. Les autres rayons du faisceau émané de L iront tous se couper sensiblement en un même point de l'axe secondaire LL′ et formeront en L′ l'image de L. Suivant que le point L sera plus près ou plus loin de la lentille que le foyer, le point L′ sera du même côté ou de côté différent.

Concevons maintenant un objet LM (*fig.* 13) de faibles dimensions placé en avant d'une lentille; le point L formera son image en L′ sur l'axe secondaire LL′, le point M en M′ sur l'axe MM′, et tous les points intermédiaires entre ceux-ci, de manière que l'on aura en L′M′ l'image renversée de LM.

Si l'on supposait l'objet LM (*fig.* 14) placé entre la lentille et le foyer F, les rayons issus de L, par exemple, couperaient l'axe secondaire LL′ en un point L′ situé en deçà de l'objet, et par suite l'image aurait une position telle que L′M′ et serait plus grande que l'objet.

43. Lunette astronomique. Une *lunette astronomique* consiste essentiellement en deux lentilles convergentes, ayant leurs axes sur une même droite (*fig.* 15). L'une AB, d'un foyer très-long, se nomme *objectif*, parce qu'elle est toujours tournée du côté de l'astre, et l'autre CD, d'un foyer très-court, se nomme *oculaire*, parce qu'elle s'applique à l'œil de l'observateur. Le foyer F de la première et le foyer F′ de la deuxième doivent tomber entre les deux lentilles et très-près l'un de l'autre. Supposons la lunette dirigée vers un astre LM; comme la distance est toujours très-grande, les rayons sont sensiblement parallèles, et par suite l'objectif forme à son foyer une image renversée L′M′. Cette première image, vue à travers l'oculaire CD, forme elle-même une deuxième image M″L″, que l'on peut éloigner ou rapprocher, suivant la distance de la vision, en avançant ou en reculant l'oculaire, de manière toutefois que son foyer F′ reste au delà du foyer F de l'objectif. L'œil, placé tout près de l'oculaire CD, voit l'image M″L″ sensiblement sous l'angle M″OL″, tandis qu'il verrait l'astre sous un angle LIM, le premier de ces angles étant visiblement plus grand que le deuxième. On comprend pourquoi les lunettes astronomiques grossissent les objets.

On en a qui grossissent jusqu'à un millier de fois. Cet agrandissement des dimensions apparentes, que l'on réunit, moyennant certains détails de construction, avec une grande intensité d'illumination et une netteté de visibilité parfaite, nous permet d'apercevoir et d'étudier des détails que l'œil seul n'aurait jamais pu soupçonner. Mais tel n'est pas l'unique avantage des lunettes astronomiques.

44. Réticule, champ, axe, optique. Les diverses parties de l'instrument étant invariablement assujetties dans un *tube* ou *tuyau* métallique, concevons qu'à la distance précise où se forme la petite image M'L', c'est-à-dire au foyer de l'objectif, on fixe deux fils rectilignes d'une extrême finesse, qui se coupent à angle droit, et dont l'ensemble se nomme *micromètre* ou *réticule*.

Admettons que le point d'intersection des fils soit placé exactement sur l'axe optique de la lunette, il interceptera et empêchera de parvenir à l'œil le rayon de lumière qui, avant de pénétrer dans l'instrument, suivait le prolongement extérieur de l'axe optique. Donc, en supposant toutes les pièces de l'instrument, ainsi que les fils, invariablement fixées dans le tube, la direction du rayon, qui est intercepté par le point d'intersection des fils micrométriques, a une position rigoureusement invariable par rapport aux parois solides du tube, de sorte qu'en mesurant les mouvements de ce tube, ce qui est possible puisqu'il s'agit d'un objet matériel, on en déduit réellement le mouvement du rayon lumineux intercepté par le croisement des fils. On parvient ainsi à déterminer avec une précision presque géométrique la direction de la droite qui va du centre de l'œil à tel point que l'on veut de la surface d'un astre donné.

On appelle *champ* d'une lunette astronomique l'étendue du ciel que peut embrasser l'œil de l'observateur placé à l'objectif. Nous appellerons aussi *axe optique* le rayon lumineux intercepté par le point d'intersection des fils micrométriques, lequel peut bien ne pas coïncider rigoureusement avec l'axe optique véritable; il suffit qu'il en diffère assez peu pour que les réfractions dans l'objectif n'en altèrent pas sensiblement la direction.

45. Lunette des passages. Une des observations qui servent de base à toute la théorie des mouvements célestes, c'est celle du passage des astres dans le plan du méridien. L'instrument dont on se sert pour cette observation se nomme *lunette méridienne* ou *des passages*. Il consiste en une grande lunette astronomique .

AB (*fig.* 16) de 2 à 3 mètres de longueur, munie d'un réticule dont l'un des fils est horizontal et l'autre vertical. Elle est suspendue en son milieu par deux bras égaux GH, GK, et perpendiculaires à l'axe optique. Ces bras sont terminés par deux tourillons HM et KL parfaitement cylindriques et égaux, qui reposent sur deux coussinets de métal polis et enchâssés dans deux piles de maçonnerie aussi inébranlables que possible. Ajoutez quelques pièces accessoires, comme une lampe destinée à éclairer les fils micrométriques, pour les observations de nuit; des contre-poids qui, soulevant la lunette et l'empêchant de porter entièrement sur les appuis, rendent le mouvement de rotation plus libre, et vous aurez une idée de la lunette méridienne.

46. Axe de rotation, méridien de l'observateur. On nomme *axe de rotation* la droite qui joint les centres des deux tourillons, et autour de laquelle s'exécute la rotation de la lunette. L'instrument des passages doit remplir trois conditions essentielles : il faut, 1º *que l'axe de rotation soit horizontal*; 2º *que l'axe optique soit rigoureusement perpendiculaire à l'axe de rotation; 3º enfin que, dans les mouvements de la lunette, l'axe optique décrive exactement le méridien.*

1º Pour obtenir et vérifier à chaque instant l'horizontalité de l'axe de rotation, on suspend à demeure un niveau à bulle d'air aux deux tourillons, et, l'un des deux points d'appui restant fixe, on élève ou l'on abaisse légèrement l'autre au moyen d'une vis convenablement disposée.

2º Quelque soin que l'artiste mette dans la construction de l'instrument, il n'est guère possible que l'axe optique soit tout d'abord rigoureusement perpendiculaire à l'axe de rotation; mais on peut toujours supposer cette condition à peu près remplie. Cela étant, on dirige la lunette vers l'horizon et l'on place dans le lointain une mire M (*fig.* 17), dont on fait coïncider le milieu avec le point de croisement des fils micrométriques; on retourne ensuite la lunette de sorte que les deux tourillons changent mutuellement de point d'appui : s'il arrive alors que l'on retrouve le milieu de la mire M en coïncidence exacte avec le point d'intersection des fils, on en conclut que les deux angles MOA et MOB sont égaux; par conséquent, l'axe optique est bien perpendiculaire sur l'axe de rotation. Dans le cas contraire, je suppose qu'après le retournement de la lunette l'axe optique soit dans la direction C'D', et que l'on voie la mire M un peu à gauche. En avançant légèrement le réticule au moyen d'une vis disposée à cet effet, on amènera l'axe optique à diviser à peu près en deux parties égales l'angle DOD′ formé par les deux directions précédentes ; on placera ensuite la mire en M′ sur la nouvelle direction de l'axe optique ; puis on retournera de nouveau la lunette, et, par un petit nombre d'essais successifs, on parviendra toujours à rendre l'axe optique rigoureusement perpendiculaire à l'axe de rotation.

3° Puisque l'axe optique est perpendiculaire à l'axe de rotation et que celui-ci est horizontal, le premier décrit évidemment un plan vertical ; il reste à faire en sorte que ce plan vertical soit bien le méridien. Pour cela, admettons qu'on ait d'abord déterminé approximativement la méridienne par la bissection de l'angle azimutal (14), et qu'on ait placé la lunette de manière que la direction d'un fil à plomb appliqué sur le milieu de l'objectif rencontre cette méridienne, puis dirigeons la lunette vers une étoile qui offre les deux passages dont nous avons parlé au n° 16. Le méridien divise la circonférence que décrit cette étoile en vertu de son mouvement diurne en deux arcs parfaitement égaux, et de plus les deux parties très-petites ab et $a'b'$ de la circonférence, où s'effectuent les deux passages, peuvent être considérées comme deux portions de lignes droites horizontales. Si donc l'axe optique de notre lunette est exactement dans le méridien, l'étoile suivra dans le champ de la lunette, à son passage supérieur comme à son passage inférieur, la direction du fil horizontal, et le temps qui s'écoulera entre le premier et le deuxième de ces passages sera parfaitement égal au temps qu'elle mettra pour revenir du passage inférieur à un second passage supérieur. Lorsque ces conditions ne seront pas remplies, on fera mouvoir, avec une vis de rappel convenablement disposée, l'un des bras de la lunette sans altérer l'horizontalité de l'axe de rotation, et par quelques essais on parviendra à déterminer la position voulue.

Comme ces essais sont très-longs, une fois la lunette méridienne parfaitement orientée, on place dans le lointain une borne ou mire, qui détermine la direction de la méridienne et sert à remettre l'instrument, si par quelque cause il venait à se déranger.

La direction de la méridienne est aussi celle de l'ombre projetée par une tige verticale à l'instant où il est midi précis. Ce procédé peut être employé pour obtenir la méridienne avec un premier degré d'approximation. Mais pour nous *un astre sera dans le méridien de l'observateur à l'instant précis où son centre*

*coïncidera avec le point de croisement des fils micrométriques
d'une lunette des passages parfaitement réglée.*

47. Distance zénithale d'un astre. Pour déterminer complètement la place qu'occupe un astre dans le ciel, il ne suffit pas de
connaître la position de son plan horaire, il faut encore savoir
en quel point de ce plan se trouve l'astre. Pour cela, on mesure l'arc de méridien compris entre un point fixe, le zénith par
exemple, et l'astre au moment de son passage. Cet arc ou bien
l'angle correspondant, compris entre la verticale et le rayon visuel mené de l'œil de l'observateur au centre de l'astre à l'instant
du passage dans le méridien, se nomme la *distance zénithale
de l'astre*. On pourrait la déterminer au moyen d'une aiguille
qui, placée sur l'axe de rotation de la lunette méridienne, décrirait un cercle gradué perpendiculaire à ce même axe.

48. Mural. Mais cette observation ayant un haut degré d'importance, on a, pour la faire, un instrument spécial, appelé
mural (fig. 18), qui consiste essentiellement en un quart de
cercle gradué, fixe et de très-grand rayon, sur le centre duquel
peut librement tourner une lunette astronomique, munie d'un
réticule dont l'un des fils est horizontal et l'autre vertical. Plusieurs conditions indispensables sont imposées à cet instrument :
1° *l'axe optique de la lunette doit décrire un plan parfaitement
parallèle à celui du limbe gradué*, afin que l'angle marqué sur
le limbe par une *alidade* mobile avec la lunette soit rigoureusement égal à l'angle décrit dans l'espace par l'axe optique lui-
même ; 2° *ce plan ne doit différer que très-peu du méridien*,
3° *il faut, pour chaque position de l'axe optique, pouvoir déterminer l'angle qu'il fait avec la verticale.*

1° Le plan du limbe pourra être rendu d'une verticalité parfaite au moyen du fil à plomb et des vis par lesquelles il est
scellé au mur d'appui, qui est déjà lui-même sensiblement vertical. L'axe optique sera donc parallèle au plan du limbe si, en
faisant tourner convenablement la lunette, on peut amener
l'axe à être exactement vertical. Soit pour cela une certaine
étoile dont le cercle de révolution diurne passe par le zénith ; on
pourra déterminer, avec la lunette des passages supposée parfaitement réglée, l'instant de son passage au méridien, qui sera
celui où elle occupera exactement le zénith. Si donc, en dirigeant à ce moment la lunette du mural sur cette étoile, on la
voit, à l'instant précis de son passage, coïncider avec le point
de croisement des fils micrométriques, on sera certain que l'axe

optique sera vertical, et par conséquent parallèle au plan du limbe. Dans le cas contraire, l'obliquité peut être supposée très-petite, et il suffira d'un léger déplacement du réticule pour amener l'axe optique au parallélisme demandé.

2° On vérifiera, comme pour la lunette des passages, ou avec la mire placée dans le méridien, si l'axe optique du mural décrit bien le plan du méridien. Mais ici cette condition n'est pas absolument de rigueur. En effet, lorsqu'un astre atteint le méridien, il décrit pendant un instant un arc qui diffère extrêmement peu d'une droite, et dont tous les points sont sensiblement à la même distance du zénith. Il suffit donc de mesurer la distance zénithale d'un astre au moment où il est très-près du méridien : le résultat ne diffère pas d'une manière appréciable de celui qu'on trouverait à l'instant précis du passage.

3° Il s'agit de lire sur le cercle gradué l'angle que fait l'axe optique de la lunette avec la verticale. Pour cela, on a soin d'abord, en fixant le limbe au mur d'appui, de faire en sorte que le centre et le point de division 0° soient exactement sur une même verticale. On vérifie à chaque instant cette condition au moyen d'un fil à plomb, qui doit battre constamment sur un point A, marqué de telle sorte que la droite déterminée par ce point et le point de suspension B du fil soit exactement parallèle au diamètre CO.

Si maintenant l'axe optique de la lunette passait exactement par le centre du limbe, et si, de plus, l'alidade marquait le point même de division où l'axe rencontre la circonférence, il suffirait de lire le nombre de degrés, minutes, etc., ainsi déterminé, pour avoir l'angle de l'axe optique avec la verticale. Mais ces deux conditions sont en général impossibles à remplir, et le seraient-elles à un instant donné, que les légères variations auxquelles on ne peut tout à fait soustraire l'instrument finiraient bientôt par en altérer la rigueur. Il faut donc pouvoir déterminer l'angle cherché sans que l'axe optique passe nécessairement par le centre du limbe, ni par le point même de division indiqué par l'alidade.

Soit KI (*fig.* 19) l'axe optique, et H le point de division marqué par l'alidade : je mène la droite CL parallèle à KI, l'arc cherché serait OL, tandis qu'on lit OH. L'arc HL, dont le résultat se trouve diminué, est dit l'*erreur de collimation*, et reste évidemment le même, quelle que soit la position de la lunette sur le limbe. Il suffit donc de déterminer une fois pour toutes l'erreur de collimation. Pour cela, le limbe étant supposé prolongé à gauche de O en G, je retourne l'instrument, et les mêmes conditions de pose étant de nouveau remplies, je vise le lendemain la même étoile. La lunette ayant tourné autour du centre fixe C, l'axe optique prend la position K'I', et l'alidade vient marquer le point H' de telle sorte, que l'on a

$$O'L' = OL \text{ et } L'H' = LH.$$

Or, on a aussi :

$$HL = OL - OH \text{ et } H'L' = O'H' - O'L';$$

par conséquent, ajoutant ces deux égalités en ayant égard aux deux précédentes, on trouve

$$HL + H'L' \text{ ou } 2HL = O'H' - OH, \text{ d'où}$$

Erreur de collimation $HL = \dfrac{1}{2}(O'H' - OH)$.

En ajoutant de même les deux égalités

$$OL = HL + OH \text{ et } O'L' = O'H' - H'L',$$

on a

$$2OL = OH + O'H', \text{ d'où}$$

$$OL = \dfrac{1}{2}(OH + O'H'),$$

et par suite, l'arc OL sera connu tout comme si on l'avait observé directement.

Du reste, une fois l'erreur de collimation déterminée, on corrigera de cette erreur chacune des observations faites avec le mural. On ajoutera la valeur de HL, si, comme ici, O'H' est plus grand que OH ; on la retrancherait dans le cas contraire.

49. La lunette des passages et le mural, qui, avec une bonne pendule à secondes, sont les instruments réellement essentiels de tout observatoire, peuvent être remplacés par divers instruments portatifs dont les indications, quoique moins précises, sont d'une exactitude suffisante dans beaucoup de circonstances. Le *cercle répétiteur de Borda* donne avec assez de rigueur les distances zénithales ; le *théodolite* fournit à la fois les distances zénithales et les passages. En mer, la mobilité du vaisseau ne permettant pas, même pour un instant, d'établir un plan fixe, on se sert du *sextant*, instrument avec lequel on détermine assez approximativement la hauteur des astres au-dessus de l'horizon. Nous ne décrirons point ici ces divers instruments : on comprendra beaucoup mieux leur construction et leurs usages en les voyant que par des descriptions qui manquent nécessairement de clarté quand elles sont faites sur des figures. Toutefois, nous admettrons dorénavant que l'on peut, dans tous les cas possibles, mesurer, sinon avec une rigueur absolue, ce qui est toujours impossible, du moins avec un haut degré d'approximation, *l'heure du passage dans le méridien et la distance zénithale d'un astre quelconque.*

50. Appliquons ces principes à la détermination de la hauteur du pôle sur l'horizon. S'il y avait une étoile exactement au pôle, ce que l'on reconnaîtrait à une *fixité complète*, puisqu'elle occuperait l'un des points mêmes sur lesquels tourne la sphère céleste, il suffirait de déterminer la distance zénithale de cette étoile à une époque quelconque : le complément de cette distance à 90° serait visiblement la distance cherchée.

Mais aucune étoile n'occupant exactement le pôle, on observe au mural une étoile *circumpolaire* quelconque (*fig.* 20) à son passage supérieur E, puis à son passage inférieur E' : ce qui donne les deux distances zénithales ZE et ZE'. Or, cette étoile décrit un cercle autour de la droite PP' : on a donc PE = PE'.

D'ailleurs, on a évidemment

$$ZP = ZE + PE \text{ et } ZP = ZE' - PE',$$

d'où en ajoutant

$$2PZ = ZE + ZE',$$

et par suite

Distance zénithale du pôle $PZ = \frac{1}{2}(ZE + ZE')$.

On trouve ainsi pour l'observatoire de Paris que la distance zénithale du pôle = 41° 9' 47", et, par suite, que la hauteur du pôle au-dessus de l'horizon

$$= 90° - (41° 9' 47")$$
$$= 48° 50' 13".$$

§ 2.

Description du ciel. — Constellations et principales étoiles. — Étoiles de
diverses grandeurs; combien on en voit à l'œil nu. — Étoiles périodiques, temporaires, colorées. — Étoiles doubles; leurs révolutions. —
Distance des étoiles à la terre. — Voie lactée. — Nébuleuses, nébuleuses
résolubles.

51. Description du ciel. Supposons qu'on observe un
grand nombres d'étoiles et qu'on inscrive à mesure dans un
registre leurs ascensions droites et leurs déclinaisons, ou, ce
qui revient au même, les heures de leurs passages au méridien et leurs distances au pôle : on aura ce qu'on appelle
un *catalogue d'étoiles.* Mais il faut pouvoir désigner les étoiles et les distinguer entre elles. Comme elles sont beaucoup
trop nombreuses pour qu'on puisse leur donner à chacune
un nom particulier, on a imaginé de les réunir par groupes
qu'on appelle *constellations* ou *astérismes;* chaque constellation reçoit un nom emprunté à la fable, à l'histoire, etc.,
mais d'ailleurs entièrement arbitraire et n'offrant aucun
rapport entre la disposition des étoiles qui la composent et
la forme de l'objet dont elle prend le nom. Souvent cependant on dessine cet objet sur le groupe d'étoiles, qui prennent alors chacune le nom de la partie qu'elles occupent.
Si, par exemple, cet objet est un animal, une des étoiles de
la constellation est dite la patte, une la tête, une autre le
cou, etc. On désigne aussi les étoiles d'une même constella-
tion par des lettres grecques α, β, γ..., ou italiques a, b, c...,
ou même par des numéros d'ordre.

52. Globe céleste. Planisphères. Pour apprendre à reconnaître les étoiles, il faut avoir une représentation du ciel
étoilé, qui peut être faite soit sur un globe appelé *globe céleste,* soit sur des cartes qu'on nomme *planisphères.*

Concevons une sphère de carton (*fig.* 22) sur laquelle on
ait tracé deux grands cercles perpendiculaires pour représenter, l'un le premier méridien céleste, et l'autre l'équa-

teur. Connaissant l'ascension droite et la déclinaison d'une étoile, il est facile d'en marquer la position sur notre globe. En effet, sur l'équateur, à partir de E, on prend un arc EG = l'ascension droite donnée, et l'on trace un demi-grand cercle passant par les pôles et par le point G; ensuite, à partir de G, on prend un arc GL = déclinaison donnée : le point L ainsi obtenu est, sur le globe, la position que l'astre occupe dans le ciel. Si l'on répète la même construction pour un grand nombre d'étoiles, on aura un globe céleste qui offrira une représentation exacte du ciel étoilé.

Il est impossible, au contraire, de représenter exactement sur une carte, qui est essentiellement une figure plane, une portion quelconque de la sphère céleste, qui est toujours une surface courbe : aussi les planisphères ne donnent point les positions véritables des différentes étoiles, mais *leurs projections* sur un plan. Or, il y a diverses manières de projeter un point sur un plan, et par suite il existe divers systèmes de planisphères.

Un des plus usités consiste à représenter les méridiens par une suite de droites qui se coupent toutes au pôle sous des angles égaux à ceux que forment les cercles horaires entre eux, et à représenter l'équateur et ses parallèles par des circonférences concentriques dont le centre est au pôle. La figure 1 du *Planisphère* représente dans ce système les principales constellations boréales : celles qui sont voisines du pôle sont très-exactement figurées, mais vers l'équateur les dimensions sont dilatées dans le sens des circonférences et resserrées dans le sens des rayons.

Aussi, pour les constellations éloignées du pôle, on suit d'autres procédés. Dans la figure 2 du *Planisphère* l'équateur est représenté par une droite, et les méridiens par des perpendiculaires à cette ligne. Les degrés d'ascension droite sont marqués en haut et en bas, et ceux de déclinaison sur les parties latérales.

53. Constellations et principales étoiles. Un des moyens les plus simples de se servir, soit d'un globe céleste, soit de planisphères, pour reconnaître les étoiles, consiste à en former des alignements. Pour cela, supposons que l'on connaisse déjà quelques étoiles principales, et tendons un fil passant sensiblement par trois étoiles dont deux soient connues ; en faisant le même alignement sur une carte, on aura le nom de la troisième étoile alignée. Remarquons toutefois que le mouvement diurne déplaçant successivement toutes les étoiles, la droite qui passe par un certain nombre d'entre elles, tout en conservant une position invariable sur la sphère céleste, peut avoir toutes sortes de directions par rapport à l'horizon.

Supposons maintenant que par une belle nuit d'automne ou de printemps nous observions le ciel, ayant le nord en face et l'est à droite, il nous sera facile de reconnaître toutes les étoiles qui composent les deux constellations appelées *la grande* et *la petite Ourse* ainsi que l'étoile polaire (20).

La grande Ourse qu'on nomme aussi le Chariot (*fig.* 21) se compose de sept étoiles, dont quatre forment un quadrilatère presque rectangle ; deux sont situées à peu près sur la diagonale de ce quadrilatère ; enfin la septième forme avec les précédentes une ligne brisée en se rapprochant un peu des quatre premières. Les deux étoiles α et β sont dites *les gardes*. Si l'on conçoit une ligne droite passant par les gardes de la grande Ourse et prolongée indéfiniment dans le ciel, ce qui est facile au moyen d'un fil tendu suivant une direction convenable et placé devant l'œil, on reconnaît que cette ligne va traverser une constellation, composée de sept étoiles comme la première et offrant à peu près la même disposition, mais plus petite et à peu près renversée : cette constellation se nomme *la petite Ourse*.

L'étoile polaire est celle qui forme l'extrémité de la queue de la petite Ourse ; elle est presque sur le prolongement de la ligne des gardes de la grande Ourse, et d'ailleurs elle est la plus brillante de toutes celles qui occupent cette région du ciel. Remarquons enfin que toutes les étoiles de la grande et de la petite Ourse sont de celles qui ne passent jamais au-dessous de l'horizon de Paris.

L'étoile polaire est toujours très-près du pôle; elle en est éloignée *actuellement* de 1° 37′ 52″. On peut s'en servir pour déterminer approximativement la méridienne et par suite les quatre points cardinaux; c'est ce qu'on appelle *s'orienter*. En effet, que l'on tende un fil à plomb à une certaine distance de l'œil, de manière que la verticale marquée par le fil semble *recouvrir* l'étoile polaire, le point où cette verticale prolongée coupera le plan de l'horizon appartiendra à la méridienne, et, comme cette ligne passe aussi par l'œil de l'observateur, on en aura sensiblement la direction.

54. Passons à la description de quelques-unes des principales constellations. La ligne droite qui va de la première ε de la queue de la grande Ourse à l'étoile polaire, prolongée d'une quantité égale, va traverser *Cassiopée*, groupe de cinq étoiles tertiaires, très-remarquable par sa forme en Y.

Entre la petite Ourse et Cassiopée on reconnaît facilement *Céphée*, qui se compose de trois étoiles tertiaires, formant un arc de cercle dont le centre est vers β de Cassiopée.

La droite, qui va des gardes α, β de la grande Ourse à la polaire, traverse, au delà de Cassiopée, *Pégase*, qui est un carré formé de quatre étoiles secondaires. Le carré de la grande Ourse et celui de Pégase sont de deux côtés opposés du pôle et viennent passer au méridien à douze heures environ d'intervalle.

Sur le prolongement de la diagonale du carré de Pégase au-dessous de Cassiopée, se trouve *Andromède*, dont les trois étoiles principales sont équidistantes et forment une ligne un peu brisée. L'une d'elles est commune à Andromède et à Pégase.

En prolongeant la ligne des deux dernières β, γ d'Andromède, on rencontre *Persée*, qui d'abord forme un arc concave vers la grande Ourse, puis se réfléchit vers le midi en suivant une droite composée de trois étoiles qui sont dans un même plan horaire. α de Persée et la dernière η de la queue de la grande Ourse viennent passer au zénith de Paris à 11 heures d'intervalle à peu près.

L'arc de Persée conduit à la *Chèvre*, belle étoile primaire qui fait partie du *Cocher*, constellation en forme d'un grand pentagone un peu irrégulier.

Entre le Cocher et le pôle se trouve la *Girafe*, et entre le Cocher et la grande Ourse, le *Lynx*; ces deux constellations sont peu apparentes.

Entre la grande et la petite Ourse on voit une longue file d'étoiles de diverses grandeurs, formant une courbe qui se replie deux fois sur elle-même : c'est le *Dragon*, dont la *tête* est composée de quatre étoiles tertiaires disposées en trapèze sur la droite qui va de Céphée à Cassiopée.

A peu près sur le prolongement de la queue de la grande Ourse se trouve une étoile primaire très-brillante, *Arcturus*, qui fait partie du *Bouvier*; cette constellation présente une espèce de pentagone placé entre Arcturus et le Dragon.

La droite qui passe par Arcturus et η du Bouvier vient traverser *Hercule*, quadrilatère d'étoiles tertiaires.

Presque sur la même ligne, un peu plus près de la tête du Dragon, se trouve la *Lyre*, constellation composée d'une belle étoile primaire, *Wega*, et de trois étoiles tertiaires qui forment un triangle isocèle. Wega, Arcturus et la polaire forment un grand triangle rectangle dont l'angle droit a pour sommet Wega.

Entre la Lyre et Pégase se trouve le *Cygne*, qui consiste en une grande croix s'étendant de la Lyre jusqu'à la tête de Céphée et de la tête de Pégase au corps du Dragon.

Si nous dirigeons nos observations plus spécialement vers la partie du ciel qui contient l'équateur, et jusque vers l'horizon du côté du midi, nous apercevons un grand nombre de constellations qui viennent passer successivement sur notre horizon. Indiquons les principales.

La ligne qui va du pôle à la Girafe traverse une espèce de parallélogramme oblique situé auprès et un peu à l'est du Cocher : c'est la constellation des *Gémeaux*, dont les deux têtes sont Castor et Pollux, belles étoiles, l'une primaire et l'autre secondaire.

Si l'on prolonge la droite des gardes de la grande Ourse au pôle, on trouve, du côté opposé, le *Lion*, grand trapèze composé de quatre belles étoiles, dont deux primaires, α le cœur ou *Régulus* et β la queue.

La grande diagonale αγ du carré de la grande Ourse rencontre la *Vierge*, dont une belle étoile primaire α, ou l'*Épi*, forme un triangle équilatéral avec la queue du Lion et Arcturus.

Entre le Bouvier et Hercule se trouve la *Couronne*, et un peu plus près de l'équateur, *Ophiucus* et le *Serpent*; ces deux constellations sont entrelacées et embrassent un vaste espace; la tête du Serpent forme une sorte d'Y renversé, très-près de la Couronne.

Au-dessous du Serpent on voit la *Balance*, qui offre deux étoiles secondaires α, β, nommées les Plateaux, et tout auprès, le *Scorpion*, remarquable par une belle primaire nommée *Antarès*, ou le cœur du Scorpion. La ligne des plateaux de la Balance tend vers la Lyre; et la Lyre, Antarès et Arcturus forment un grand triangle isocèle dont Arcturus est le sommet.

En suivant la direction d'un parallèle, et un peu à l'ouest d'Antarès, on voit le *Sagittaire*, formant un trapèze oblique, à la droite duquel est une file d'étoiles en ligne courbe imitant un arc convexe, vers le Scorpion.

Plus loin, toujours sur la direction du même parallèle, se trouve le *Poisson austral*, qui renferme une belle primaire, *Fomalhaut*. Cette constellation s'élève peu sur l'horizon de Paris.

La ligne qui va de Fomalhaut à Wega de la Lyre traverse le *Verseau*: c'est un triangle très-aplati, dont la base se prolonge en ligne droite vers le Scorpion, et vient, de l'autre côté, rejoindre une longue ligne sinueuse de petites étoiles s'étendant jusqu'à Fomalhaut.

Du Verseau part une longue file d'étoiles qui va se réunir

en α à une autre file, laquelle remonte jusqu'à Andromède : c'est la constellation des *Poissons,* qui est peu apparente.

Au-dessous d'Andromède se trouve le *Bélier ;* sa tête est formée de deux étoiles tertiaires α, β, dont la direction conduit à la *Mouche,* petit triangle situé entre Andromède et le Bélier.

La ligne qui du pôle passe entre la Chèvre et Persée, sans rencontrer aucune étoile remarquable, va aboutir à une primaire un peu rougeâtre, *Aldébaran* ou l'œil du *Taureau,* qui termine un V oblique formé de cinq étoiles. Au-dessous du Taureau sont les *Hyades,* groupe d'étoiles plus petites, mais très-visibles, et au-dessus, du côté de Persée, les *Pléiades,* formant un groupe de six étoiles très-serrées, dont une tertiaire.

Au-dessous du Cocher, sur le prolongement de la diagonale βδ de la grande Ourse, se trouve *Orion,* la plus belle de toutes les constellations par le nombre d'étoiles brillantes qui la composent. Elle offre un grand quadrilatère, dont deux sommets opposés sont deux primaires, α ou l'*épaule droite* et β ou *Rigel ;* les deux autres sont deux secondaires, et au milieu sont trois étoiles secondaires serrées et rangées en ligne droite : on les nomme le *Baudrier d'Orion,* les *trois Rois,* le *Râteau,* le *Bâton de Jacob, etc.*

La ligne du Baudrier, prolongée, va passer par la plus belle étoile du ciel, *Sirius* ou α du *grand Chien ;* elle est l'angle d'un grand quadrilatère dont la base, voisine de l'horizon à Paris, est adjacente à un triangle : ces cinq étoiles sont secondaires.

Entre le grand Chien et les Gémeaux, un peu à l'est d'Orion, se trouve le *petit Chien,* qui contient une primaire nommée *Procyon* ou α du petit Chien, etc.

Cette région du ciel qui est sur notre horizon, dans les nuits d'hiver, est peuplée d'une multitude d'étoiles brillantes : ainsi, vers neuf ou dix heures du soir, en février et mars, on peut apercevoir en même temps jusqu'à douze primaires, avec un grand nombre de secondaires.

Nous ne ferons point ici la description des constellations

australes, qui restent constamment invisibles pour nous;
mais on peut voir la configuration et les noms des principales sur la figure 3 du *Planisphère*.

**55. Étoiles de diverses grandeurs. Combien on en voit à
l'œil nu.** Les étoiles se distinguent encore, d'après leur
éclat, en étoiles de *première grandeur* ou *primaires*, de
deuxième grandeur, de *troisième grandeur*, etc., etc. Au-dessous de la sixième grandeur elles ne sont plus visibles sans
lunettes. On voit à l'œil nu environ 5000 étoiles, dont
4000 passent au-dessus de l'horizon de Paris. On en compte
environ 15 de la première grandeur, 70 de la deuxième,
190 de la troisième, 425 de la quatrième, 1100 de la cinquième et 3200 de la sixième. Les étoiles de la première
grandeur ont reçu des noms particuliers : *Sirius*, l'*épaule
droite d'Orion*, son *pied gauche* ou *Rigel*, l'*œil du Taureau*
ou *Aldébaran*, la *Chèvre*, la *Lyre*, *Arcturus*, *Antarès* ou le
cœur du Scorpion, l'*épi de la Vierge*, le *cœur de l'Hydre*, la
queue du Lion, le *cœur du Lion* ou *Régulus*, *Canopus*, *Fomalhaut* et *Acharnar*. Cette distinction des étoiles par ordre
de grandeur, ne reposant que sur la plus ou moins grande
intensité de leur éclat, n'a rien de bien rigoureux, et d'ailleurs elle est d'assez peu d'importance.

56. Étoiles périodiques. Certaines étoiles qu'on nomme
étoiles périodiques éprouvent des accroissements et des dimi-
nutions périodiques d'éclat, au point de devenir progressivement de plus en plus obscures et de disparaître totalement
pour reparaître ensuite et reprendre un éclat croissant jusqu'à un maximum, puis disparaître de nouveau et ainsi de
suite. Ainsi β de Persée est ordinairement visible comme
une étoile de seconde grandeur ; elle conserve cet éclat pendant 2 jours 14 heures, après lesquels elle commence tout
à coup à devenir moins brillante ; et pendant environ 3 heures 1/2 elle est réduite à la quatrième grandeur. Elle commence ensuite à s'accroître, et au bout de 3 heures 1/2 elle
a repris son éclat ordinaire. Elle accomplit ainsi toutes ses
variations dans une période de 2 jours 20 heures 48′ envi-

ron. Beaucoup d'autres étoiles offrent des changements analogues, ou même encore plus marqués, et dans des périodes
dont la durée varie depuis deux jours jusqu'à plusieurs
années.

Ainsi o de la Baleine emploie environ 334 jours à exécuter
ses variations. Pendant 15 jours elle offre tout l'éclat d'une
belle étoile de seconde grandeur; ensuite on la voit décroître successivement pendant 3 mois pour disparaître entièrement pendant près de 5 mois; puis elle croît de nouveau pendant 3 mois et reprend enfin son plus grand éclat
qu'elle conserve 15 jours, et ainsi de suite. Telles sont en
général les variations que présente cette étoile; mais quelquefois elle ne suit pas la même période. Hévélius rapporte
qu'elle disparut entièrement pendant quatre ans, de 1672
à 1676.

Voici, d'après Herschel, le tableau de quelques-unes des
principales étoiles périodiques.

NOMS DES ÉTOILES.	PÉRIODES.	VARIATIONS de grandeur.
β de Persée.	2 j. 20 h. 48'	2 à 4
δ de Céphée.	5 8 37	3, 4 à 5
β de la Lyre.	6 9	3 à 4, 5
o de la Baleine.	334 21	2 à 0
χ du Cygne.	396	6 à 11
34 du Cygne	18 ans.	6 à 0

Pour expliquer les phénomènes que nous offrent les étoiles périodiques, certains astronomes admettent qu'un ou
plusieurs corps opaques circulent autour de ces astres, et,
venant périodiquement s'interposer entre eux et nous, interceptent plus ou moins complétement leur lumière : ce
seraient des espèces de planètes circulant autour de leurs
soleils.

57. Étoiles temporaires, colorées. On a aussi plusieurs exemples d'étoiles qui, après avoir brillé d'un éclat plus ou moins vif, ont complétement disparu du ciel. En comparant les anciens catalogues avec l'aspect actuel du ciel on reconnaît que plus de cent étoiles ont entièrement disparu. Souvent aussi on a vu apparaître tout à coup des étoiles qui, après avoir brillé quelque temps d'un très-vif éclat, ont fini par s'éteindre sans laisser aucune trace. Ainsi en 1572, Tycho-Brahé vit apparaître tout à coup, dans la constellation Cassiopée, une étoile aussi brillante que Sirius ; elle continua de croître jusqu'à devenir visible en plein jour, puis, un mois après, elle commença à décroître et disparut enfin complétement en 1574, 16 mois après son apparition.

En 1848 M. Hind a découvert, dans le Serpentaire, une étoile nouvelle de cinquième grandeur à la place même qui avait été occupée par une étoile perdue.

Les étoiles sont généralement blanches : cependant quelques-unes sont plus ou moins colorées, la plupart en rouge, comme α d'Orion, Arcturus, Aldébaran ; d'autres offrent une teinte jaune, la Chèvre et α de l'Aigle ; quelques-unes sont verdâtres, etc.

Certaines étoiles ont offert de grands changements soit dans leur éclat, soit dans leur couleur. Ainsi η du Navire, qu'on ne trouve même pas notée dans les anciens catalogues, est notée par Halley, en 1680, comme de quatrième grandeur ; par Lacaille, en 1772, comme de deuxième grandeur, et actuellement elle est aussi brillante que les plus belles étoiles de première grandeur.

Il y a d'autres étoiles au contraire dont l'éclat va en diminuant. Ainsi α de l'Hydre, β du Lion, β de la Balance, ont passé de la première grandeur à la seconde.

La coloration de quelques étoiles est également variable. Par exemple Sirius, qui est aujourd'hui très-blanche, était autrefois d'un rouge prononcé.

58. Étoiles doubles, leurs révolutions. On nomme étoiles doubles des étoiles qui, vues au télescope, se résolvent en deux, quelquefois même en trois astres parfaitement distincts. Ces étoiles sont trop fréquentes, leur rapprochement est trop grand et elles diffèrent trop peu les unes des autres pour qu'on puisse les considérer comme un pur effet du hasard. On compte aujourd'hui plusieurs centaines d'étoiles doubles et le nombre en augmente tous les jours.

William Herschel, qui le premier a remarqué les étoiles doubles, observa qu'elles changent avec le temps de position relative et que ces changements ne peuvent être expliqués par de simples apparences dues au mouvement de la terre. Il remarqua, dans un grand nombre de cas, un changement régulier et progressif, toujours dirigé dans le même sens. Enfin en 1803, après vingt-cinq années d'observations suivies, il annonça qu'*il existe des étoiles doubles, qui tournent l'une autour de l'autre dans des orbes réguliers.* Il nomma ces groupes *étoiles binaires,* pour les distinguer de certaines étoiles doubles dont le rapprochement ne serait qu'apparent, leur distance mutuelle étant fort considérable ; tandis que les étoiles d'un système binaire sont tellement rapprochées l'une de l'autre, que la distance qui les sépare doit être considérée comme insensible comparativement à leur éloignement de la terre.

Plus tard M. Savary, ayant soumis au calcul diverses valeurs observées du rayon vecteur qui joint l'étoile mobile à l'étoile fixe et des angles compris entre ces divers rayons vecteurs, a prouvé que l'on satisfait aux résultats de toutes les observations en admettant que l'étoile mobile tourne autour de l'étoile fixe suivant les mêmes lois qui règlent les mouvements des planètes autour du soleil. On est ainsi parvenu à calculer la durée de la révolution et la forme de l'orbite d'un grand nombre d'étoiles doubles, entre lesquelles nous citerons les suivantes :

Étoiles.	Durée de la révolution.
γ de la Vierge.	153,8 ans.
ξ de la grande Ourse.	61,6
η de la Couronne.	66,3
ζ d'Hercule.	36,4

Comme on le voit, la durée de la révolution des étoiles doubles est très-variable. Il y en a pour lesquelles elle est de deux mille ans. On remarque généralement que l'étoile mobile est plus faible que l'étoile fixe autour de laquelle elle tourne; pour quelques-unes cependant, γ de la Vierge par exemple, l'intensité de la lumière des deux étoiles est à peu près la même.

On a aussi observé des étoiles triples et même quadruples. Ce sont des groupes dans lesquels deux ou trois étoiles tournent autour d'une autre qui reste fixe. Ainsi ζ du Cancer comprend une étoile principale et deux étoiles mobiles qui tournent autour de la première, l'une en cinquante-quatre ans et l'autre en cinq cents ans. Dans ψ de Cassiopée il y a trois étoiles de différentes grandeurs; la moyenne tourne autour de la plus grande et la plus petite autour de la moyenne.

59. Distance des étoiles à la terre. Les distances angulaires qui séparent les étoiles d'un même système binaire ne surpassent jamais un très-petit nombre de secondes. Elles sont de 3″,45 pour γ de la Vierge, de 2″,44 pour ξ de la grande Ourse, etc. Il ne faut pas en conclure que ces étoiles soient très-rapprochées les unes des autres, car nous avons déjà vu (25) que leur éloignement de la terre est immense. En effet, la distance des étoiles à la terre est si grande que la lumière, qui parcourt, comme nous le verrons, 70,000 lieues à la seconde, met plus de trois ans à nous parvenir des étoiles les plus rapprochées. Ce nombre immense donne une limite en deçà de laquelle ne se trouve aucune étoile, mais elles sont généralement beaucoup plus éloignées encore. Ainsi M. Bessel est parvenu à déterminer la distance d'une étoile du Cygne de sixième grandeur, marquée 61 dans les catalogues, et l'a trouvée supérieure à 600,000 fois la distance du soleil à la terre : la lumière met plus de 10 ans à parvenir de cette étoile jusqu'à nous.

Nous avons déjà dit (55) que l'on classe ordinairement les étoiles en divers ordres de grandeur, d'après le plus ou le moins d'éclat dont elles brillent, et que l'on en voit

environ 5,000 à l'œil nu. Mais quand on se sert de lunettes ou de télescopes on en aperçoit une multitude tout
à fait innombrable, et les astronomes ont continué d'é-
tendre la classification jusqu'à la quinzième ou seizième
grandeur. Comme nous ne voyons pas le disque réel des
étoiles, et que nous ne jugeons de leur éclat que par l'im-
pression qu'elles produisent sur nos yeux, leur grandeur
apparente doit dépendre de la distance qui nous en sépare,
de la grandeur absolue de leur surface brillante et de l'éclat
intrinsèque de cette surface. Quoique la science manque de
données positives sur chacun de ces points, il est certain
que la diminution de la lumière émise par une étoile d'un
certain ordre, comparée avec celles des ordres précédents,
tient en grande partie à un éloignement plus considérable.
En partant d'observations très-délicates, Herschel a été
conduit à admettre que les étoiles de première grandeur
pourraient être transportées à 12 fois leur distance actuelle
sans cesser d'être visibles à l'œil nu. Or, parmi les nombreuses étoiles du sixième ordre, il y en a vraisemblablement
d'aussi grandes que la Chèvre, la Lyre, etc., et par conséquent elles seraient à une distance de la terre telle, que
leur lumière mettrait plus de 36 ans à nous parvenir.

Les mêmes considérations établissent que les étoiles visibles seulement dans les télescopes de moyenne puissance
sont tellement éloignées, que leur lumière ne peut nous
parvenir en moins de 1,000 ans, et qu'enfin la lumière des
dernières étoiles visibles avec les télescopes les plus puissants serait plus de 2,700 ans à nous arriver, toujours avec
la même vitesse de 31,000 myriamètres par seconde. Ainsi,
quand on observe ces astres, c'est leur état passé depuis
plus de 2,700 ans que l'on constate : car la lumière par laquelle nous en jugeons ne peut nous le faire connaître que
tel qu'il existait au moment de son départ.

60. Nébuleuses résolubles. Ces phénomènes s'accordent
parfaitement avec les conséquences que l'on a déduites de
la manière dont les étoiles sont réparties dans le ciel. Il

suffit de jeter les yeux, par une belle nuit, sur la voûte
céleste, pour remarquer çà et là des groupes d'étoiles très-
rapprochées les unes des autres, tandis qu'ailleurs des
espaces fort étendus ne nous en présentent pas une seule.
Certains groupes, comme les Pléiades, quoique composés
d'étoiles bien distinctes pour les personnes qui ont une
bonne vue, ne présentent à celles qui ont la vue courte
qu'*une masse confuse de lumière*. Le Cancer offre un groupe
d'étoiles tellement condensées, que la vue humaine ne parvient pas à les séparer, mais qui deviennent très-distinctes
quand on les observe dans un télescope. Les astronomes ont
découvert dans toutes les régions du ciel un grand nombre
de taches diffuses, que l'on nomme en général *nébuleuses*.

Beaucoup de ces taches diffuses, étudiées avec de puissants télescopes, se sont décomposées en étoiles distinctes,
comme le groupe du Cancer; ce sont donc des *agglomérations d'étoiles*, que l'on nomme aussi *nébuleuses résolubles*,
pour les distinguer des véritables nébuleuses, de celles dont
on n'a jamais pu parvenir à opérer une semblable décom-
position.

Les nébuleuses résolubles affectent différentes formes;
mais celle qui domine paraît être circulaire ou ovale. Elles
sont composées d'un très-grand nombre d'étoiles : on est
parvenu à s'assurer qu'une nébuleuse globulaire, dont le
diamètre est d'environ 10 minutes, ne renferme pas moins
de 20,000 étoiles. On a aussi constaté que les étoiles dont
se composent les nébuleuses globulaires sont d'autant plus
resserrées qu'elles sont plus rapprochées du centre.

Les nébuleuses résolubles ne sont pas uniformément répandues dans toutes les régions du ciel. Elles sont généralement disposées en couches, et les espaces qui les environnent renferment ordinairement peu d'étoiles. En général,
les espaces les plus pauvres en étoiles sont voisins des nébuleuses les plus riches. Il semble que ces astres obéissent à
une certaine force de condensation qui expliquerait leur
rapprochement plus grand vers le centre des nébuleuses
globulaires et le vide des régions environnantes.

61. Voie lactée. La *voie lactée* n'est elle-même qu'une immense nébuleuse résoluble. On appelle ainsi, comme on sait, une zone lumineuse blanchâtre qui fait le tour entier de la sphère céleste, et la coupe sensiblement suivant un grand cercle. Elle offre une bifurcation aiguë d'où résulte un arc secondaire qui, après être resté séparé de l'arc principal dans l'étendue d'environ 120°, se confond de nouveau avec lui (voy. PLANISPHÈRE, *fig.* 1 et 3). William Herschel, à qui nous devons une étude complète de la voie lactée, a constaté que le champ de son télescope, qui embrassait une étendue d'environ 15′ ou le quart de la surface apparente du soleil, renfermait à la fois 300, 400, 500 et même 588 étoiles, quand l'instrument était dirigé sur certaines parties de la voie lactée, tandis que dans les autres régions du ciel il en renfermait au plus 4 ou 5, ou même une seule, et quelquefois aucune. Les étoiles sont si nombreuses dans certaines parties de la voie lactée, que l'œil, appliqué à l'oculaire du télescope, voyait, dans le court intervalle d'un quart d'heure, le nombre prodigieux de 11,600 étoiles!

L'aspect général de la voie lactée, sa forme, sa composition stellaire déduite des observations télescopiques, s'expliquent fort simplement en supposant avec Herschel que des millions d'étoiles, à peu près également espacées entre elles, forment une couche comprise entre deux surfaces presque planes, parallèles et rapprochées, mais prolongées à d'immenses distances; que la couche d'étoiles est ainsi très-mince, comparativement aux incalculables distances où elle s'étend dans le sens des deux surfaces planes qui la contiennent; que notre soleil, que l'astre autour duquel circule la terre, et dont elle ne s'écarte guère, est une des étoiles composantes de ce groupe. Ces suppositions admises, on comprend qu'un rayon visuel dirigé dans le sens des immenses dimensions de la couche y rencontrera partout une multitude d'étoiles, ou du moins qu'il en passe tellement près qu'elles semblent se toucher; que dans le sens de l'épaisseur, au contraire, le nombre des étoiles visibles sera comparativement beaucoup moindre, et précisément dans le rapport de la demi-épaisseur aux autres dimensions de la couche. On conçoit que si la puissance d'un télescope permet d'atteindre en tout sens les dernières limites de la couche stellaire, le nombre des étoiles contenues dans le champ visuel de l'instrument sera, pour chaque observation, intimement lié avec la longueur de la ligne comprise entre l'œil de l'observateur et la limite terminale de la couche. Par conséquent, le rapport des longueurs de ces lignes dans chaque sens pourra être déduit du nombre des étoiles correspondantes. Herschel, ayant ainsi *jaugé* notre nébuleuse dans tous les sens, est parvenu à ce résultat, qu'elle est 100 fois plus étendue dans une direction que dans une autre, et il en a dressé une figure dont la coupe offre la forme ABCDE (*fig.* 102). L'arc secondaire forme une seconde couche qui se rattache à la couche principale, en faisant avec elle un très-petit angle près de la région S, occupée par le soleil, et ne se prolonge pas au delà. Ainsi notre système serait englobé dans cette immense nébuleuse, où le soleil figurerait comme une insignifiante étoile, et la terre comme un grain de poussière.

Quant aux nébuleuses non résolubles en étoiles distinctes, elles forment des amas de matière diffuse répandus dans le ciel et occupant des espaces très-étendus. Elles n'offrent aucune régularité dans leurs formes, et présentent toutes les figures fantastiques qu'affectent des nuages tourmentés par des vents violents et contraires. Leur lumière est généralement très-faible, uniforme et comme laiteuse ; çà et là seulement on remarque quelques espaces un peu plus brillants que le reste, qui semblent une condensation, une augmentation de densité en certains points. On a déduit de là que cette condensation, s'effectuant graduellement, conduit comme dernier terme à des apparences sidérales, et que nous assistons enfin à la formation de véritables étoiles.

62. Étoiles nébuleuses, lumière zodiacale. Terminons par quelques mots sur les *étoiles nébuleuses* observées par Herschel : il nomme ainsi des étoiles proprement dites, entourées de nébulosités dépendant d'elles, faisant corps avec elles. Il en a découvert plusieurs qui paraissent parfaitement distinctes des nébuleuses proprement dites, et qu'il considère comme des astres brillants entourés d'atmosphères immenses, lumineuses par elles-mêmes. Il suppose qu'en se condensant graduellement, ces atmosphères peuvent, à la longue, se réunir aux étoiles centrales et accroître leur éclat. Du reste, ces atmosphères doivent avoir une immense étendue, car il y en a qui sous-tendent un angle de 150″ au moins : ce qui donne, pour la distance de la limite extrême de la matière laiteuse à l'étoile centrale, plus de 150 fois la distance du soleil à la terre. Si le centre de l'étoile coïncidait avec celui du soleil, son atmosphère engloberait l'orbe d'Uranus et irait 8 fois au delà.

La lumière zodiacale ne forme-t-elle pas aussi de notre soleil une véritable étoile nébuleuse? On appelle *lumière zodiacale* une lueur de forme conique ou lenticulaire, que l'on peut apercevoir, dans une belle soirée, peu après le coucher du soleil, vers les mois d'avril et de mai, ou peu avant son lever, à six mois d'intervalle. Elle s'étend obliquement de l'horizon jusqu'à une grande hauteur dans le ciel, en suivant à peu près la direction de l'écliptique. La distance apparente de son sommet au soleil varie, suivant les circonstances, de 40° à 90°, et la largeur de sa base de 8° à 30°. Elle est extrêmement faible et mal terminée dans nos climats; mais on la distingue beaucoup mieux dans les régions intertropicales, et il n'est pas possible de la confondre avec un météore atmosphérique. Elle est évidemment de la nature d'une atmosphère subtile, de forme lenticulaire, entourant le soleil et s'étendant au delà de l'orbite de Mercure et même de celle de Vénus.

LIVRE DEUXIÈME.

DE LA TERRE.

§ 1.

De la terre. — Phénomènes qui donnent une première idée de sa forme.
— Pôles. — Parallèles. — Équateur. — Méridiens. — Longitudes et latitudes géographiques. — Valeurs numériques des degrés mesurés en
France, en Laponie, au Pérou et rapportés à l'ancienne toise. — Leur
allongement à mesure qu'on s'approche des pôles. — Rayon et aplatissement de la terre. — Longueur du mètre.

**63. Phénomènes qui donnent une première idée de la forme
de la terre.** Nous avons déjà vu (26) que la terre est isolée
dans l'espace et qu'elle n'est qu'un point comparativement
aux distances célestes (25). Mais elle est immense relativement à nous et il nous importe d'en connaître la forme et
l'étendue. Il est facile de constater tout d'abord que la surface des mers est partout celle d'un corps arrondi entièrement convexe. En effet, si deux portions de surface se cou-
paient en M (*fig.* 24), le navigateur allant de A vers B,
cesserait brusquement, au moment du passage en M′, d'a-
percevoir les objets situés sur la face MA; s'il y avait, au
contraire, quelque part une concavité AMB (*fig.* 25), un objet
vu en A semblerait d'abord s'élever à mesure qu'on s'en
éloignerait dans la direction AMB, pour ne disparaître que
longtemps après, lorsqu'on aurait entièrement franchi la
concavité AMB. Or, l'expérience prouve que rien de semblable ne s'observe jamais en aucun lieu.

Mais supposons à la surface des mers une forme arrondie
convexe; pour un observateur placé en A (*fig.* 26), sur une

hauteur AB, un navire CD ne paraîtra jamais s'élever en s'éloignant, et restera entièrement visible jusqu'à ce qu'il dépasse le point I, où le rayon visuel BI touche la surface de la mer ; une fois ce point dépassé, la partie inférieure du navire disparaîtra peu à peu, de manière qu'à un certain moment, lorsqu'il sera en C'D', on ne verra plus que la mâture, et celle-ci ne disparaîtra enfin complétement que long-temps après que le bas du navire sera tout à fait invisible. Telle est, en effet, la manière dont disparaît toujours un navire qui s'éloigne et dont disparaissent également les objets élevés du rivage aux yeux des navigateurs. La surface des mers est donc bien celle d'un corps arrondi convexe.

Les continents ont aussi la même forme, car lorsqu'on découvre de très-loin une haute montagne, on ne voit d'abord que le sommet, et à mesure que l'on s'en approche la partie visible augmente progressivement. Et d'ailleurs la forme générale des continents diffère partout très-peu de celle de la mer, dont elle n'est en quelque sorte que la continuation ; car les eaux s'insinuent dans les terres par un grand nombre d'ouvertures, et nulle part on ne voit les rivages extrêmement élevés au-dessus du niveau des eaux. D'ailleurs les continents sont entrecoupés de fleuves, souvent d'une grande longueur, qui suivent généralement, pour aller se jeter dans la mer, une pente si douce que le reflux se fait sentir à de très-grandes distances. Ainsi, à quelques inégalités près, la forme générale des continents est bien la même que celle des mers, et il s'agit de prouver que cette dernière est, sinon rigoureusement, du moins à fort peu près sphérique.

64. Horizon rationnel, sensible. Dépression de l'horizon.
Pour cela, supposons qu'un observateur s'élève verticalement à une certaine hauteur AB (*fig.* 27) au-dessus de la surface de la mer, par exemple au haut du mât d'un navire ; la vue s'étendra d'autant plus loin que la hauteur sera plus considérable, et sera limitée tout autour par une ligne CDE très-distincte qui séparera la partie visible de la surface de la mer de celle qui restera invisible.

4.

Le plan KK′ mené par le point B parallèlement au plan de l'horizon HH′ en A est dit *l'horizon rationnel du point* B, tandis que l'ensemble des droites menées de ce point aux divers points de la ligne CDE forme *l'horizon sensible* du même point B. On mesure facilement les angles des rayons visuels BC, BD.... avec la verticale AB, et l'on trouve que tous les angles sont égaux tout autour de B. Le complément de ces angles à 90°, qui est l'inclinaison de l'horizon sensible sur l'horizon rationnel, se nomme la *dépression de l'horizon.*

L'observation a montré que plus on s'élève, plus la dépression devient forte; mais qu'en un même point elle est la même tout autour de la verticale, et cela quel que soit le lieu de l'observation et aussi à quelque hauteur que l'on se soit élevé.

65. Sphéricité du globe terrestre. En admettant comme rigoureux ces résultats de l'observation, il est facile de démontrer géométriquement : 1° que tous les points de la ligne CDE sont également distants du point B; 2° que cette ligne est un cercle dont le plan est perpendiculaire à la verticale BA prolongée et dont le centre est sur cette ligne; 3° on déduit de là que toutes les verticales se coupent en un même point qui est également distant des divers points de la surface terrestre, et par conséquent cette surface est une sphère.

1° Je suppose en effet que l'on eût BC < BD, et je prends B*d* = BD; puis sur le prolongement de AB je choisis un point B′ tel que le rayon visuel B′C′, tangent à la surface terrestre, coupe BC prolongé en un point I situé entre C et *d*; je mène pareillement B′D′ coupant BD en H, et j'ai les deux triangles BB′H et BB′I égaux comme ayant le côté BB′ commun adjacent à des angles respectivement égaux, savoir les angles en B′ comme formés autour d'une même verticale B′A par les rayons visuels B′D′, B′C′, et ceux en B comme suppléments d'angles qui sont égaux pour la même raison. On a donc BH = BI, et par suite $Bd > BH$ et *a fortiori* $> BD$, ce qui est contraire à l'hypothèse. Donc, etc.

2° Tous les points de la ligne DCE étant sur un même cône droit circulaire et à la même distance du sommet B, on démontrera, comme au n° 18, qu'ils appartiennent tous à une circonférence dont le plan est perpendiculaire à l'axe, qui est ici la verticale BA prolongée, et dont le centre est sur cette même droite.

3° Soient CD et EG (*fig.* 28) deux cercles formés ainsi par les horizons déprimés des points B et B′, KH leur ligne d'intersection, et CD, EG, leurs diamètres perpendiculaires à KH; le plan mené par CD et EG, étant perpendiculaire à KH, sera perpendiculaire à chacun des deux plans des cercles, et par conséquent contiendra les deux verticales AB et A′B′, puisqu'elles passent respectivement par les centres des deux cercles et sont perpendiculaires à leurs plans. Donc ces deux verticales étant, dans un même plan, perpendiculaires à deux droites qui se coupent, se coupent elles-mêmes. Soit O leur point d'intersection. Je dis qu'il est également distant de tous les points de nos deux cercles : en effet, soit M un point quelconque du cercle CD; je le joins, ainsi que H, au point O et au centre I du cercle, et j'ai les deux triangles MIO, HIO égaux comme rectangles en A, et ayant IO commun et $IM = IH$: donc $MO = HO$; on prouverait de même que $OM′ = OH$. Donc, etc. D'ailleurs les deux cercles CD et EG ayant été pris tout à fait arbitrairement sur la surface du globe terrestre et les mêmes raisonnements pouvant être appliqués à toutes les positions possibles de l'horizon déprimé, il faut bien conclure que *le globe terrestre est une sphère dont le centre est en O, point où se coupent toutes les verticales.*

66. Hâtons-nous de faire observer que cette conséquence, pour être tout à fait rigoureuse, exigerait que la mesure de la dépression de l'horizon pût être faite partout avec une exactitude complète. Or, les mesures d'angles ne sont jamais que des résultats plus ou moins approchés, et même aux causes générales d'indécision il faut ajouter ici le défaut de précision du point où l'on observe et du point observé. Aussi nous verrons bientôt que la terre n'est pas rigoureusement sphérique ; mais ce qui précède établit qu'elle diffère assez peu d'une sphère pour paraître parfaitement sphérique à un observateur qui la contemplerait d'un point quelconque de l'espace. Nous admettrons donc *la sphéricité du globe terrestre comme une première approximation*, et nous verrons ensuite que cette approximation suffit dans la plupart des circonstances, en même temps que nous déterminerons la correction qu'on y doit apporter pour avoir toute l'exactitude possible.

67. Axe et pôles terrestres. La terre étant considérée comme parfaitement sphérique, nous admettrons que son centre coïncide avec celui de la sphère céleste ; par conséquent l'axe de rotation diurne, c'est-à-dire la droite qui joint les deux pôles célestes, passe par le centre de la terre. Cette droite, qu'on nomme *axe terrestre*, est distincte de l'axe de rotation passant par l'œil de l'observateur, et ne paraît se confondre avec ce dernier au pôle qu'à cause de l'immense éloignement des étoiles par rapport aux dimensions terrestres (59).

Les points où l'axe terrestre coupe la surface de la terre sont appelés *pôles terrestres ;* on les distingue également en pôle terrestre boréal et pôle terrestre austral, suivant leur position par rapport aux pôles célestes de même nom.

68. Équateur et hémisphères terrestres. Le plan mené par le centre de la terre perpendiculairement à l'axe terrestre coupe la surface de la terre suivant un grand cercle qu'on appelle *équateur terrestre* ou *ligne équinoxiale*. L'équateur divise la terre en deux hémisphères, qu'on appelle l'un *hémisphère boréal* et l'autre *hémisphère austral*. Le plan de l'équateur terrestre, prolongé indéfiniment, coupe la sphère céleste suivant un grand cercle, qui est l'*équateur céleste rationnel*. Le plan de l'équateur considéré précédemment (22) passe par l'œil de l'observateur, et par conséquent diffère en général du plan de l'équateur rationnel, lequel passe toujours par le centre de la terre. Mais tous ces plans doivent être considérés comme coupant la sphère céleste suivant un seul et même cercle, car ils sont parallèles, et leur distance, au plus égale au rayon terrestre, est tout à fait insensible à la distance des étoiles.

69. Hauteur d'un astre au-dessus de l'horizon sensible. L'horizon rationnel d'un point A prolongé jusqu'aux étoiles peut toujours aussi être considéré comme passant par le centre de la terre. Mais il n'en est plus de même de l'horizon sensible d'un point B (*fig.* 29) qui n'est pas situé à la surface même de la terre. En effet, ce dernier n'est plus un plan parallèle à HH', mais un cône tangent à la surface terrestre, et la hauteur d'un astre P, par exemple, au-dessus de l'horizon sensible de B est égale à la hauteur du même astre PBK au-dessus de l'horizon rationnel augmentée de la dépression KBI de l'horizon sensible. On a construit des tables qui, pour une élévation donnée, font connaître la dépression de l'horizon correspondante, de sorte que, pour avoir la hauteur d'un astre au-dessus de l'horizon rationnel, on observe la hauteur au-dessus de l'horizon sensible et l'on retranche du résultat la dépression donnée par la table.

70. Méridiens terrestres. Le plan mené par l'axe et par un point A de la surface terrestre coupe cette surface suivant un grand cercle qui est dit le *méridien du lieu* A. Ce plan contenant la verticale AO est lui-même vertical, et par conséquent il coïncide avec le méridien de l'observateur placé en A. Chaque lieu a son méridien terrestre ; tous les lieux qui ont midi au même instant sont sur le même méridien, et réciproquement, deux lieux situés sur des méridiens différents comptent midi à des instants différents.

71. Parallèles terrestres. On nomme *parallèles terrestres* les petits cercles déterminés sur la terre par des plans parallèles à celui de l'équateur. Ces plans prolongés jusqu'à

la sphère céleste la coupent suivant des cercles qui ne sont
point des parallèles célestes, mais bien autant d'équateurs
sensibles qui, à la distance des étoiles, se confondent avec
l'équateur rationnel (59). Si l'on conçoit un cône ayant
pour sommet le centre T (*fig.* 30) de la terre, et pour base
un parallèle terrestre IK, ce cône prolongé jusqu'à la sphère
céleste la coupera suivant un cercle AB qui sera un parallèle céleste. Ainsi les parallèles terrestres et les parallèles
célestes sont situés deux à deux sur un même cône, qui a
pour sommet le centre de la terre et pour axe l'axe de rotation diurne.

72. Longitudes et latitudes géographiques. Le procédé
qu'on emploie pour fixer la position d'un lieu sur la terre
est le même que celui dont on se sert pour déterminer une
étoile sur la sphère céleste (52). Ainsi, un lieu quelconque
L (*fig.* 22) sera complétement déterminé si l'on connaît le
demi-méridien PLP′ et le parallèle HLK. Or, le demi-méridien PLP′ sera connu quand on donnera l'*arc d'équateur*
EG, compris entre ce méridien et un méridien fixe PEP′,
que l'on appelle *premier méridien*. Quant au parallèle HLK,
il suffit, pour le déterminer, de l'arc LG ou de l'arc EH
de tout méridien compris entre l'équateur et le parallèle
en question. L'arc d'équateur EG est la *longitude* du lieu L
et l'arc de méridien GL en est la *latitude*.

On nomme généralement *longitude d'un lieu l'arc d'équateur compris entre le premier méridien et le demi-méridien
du lieu.* Les longitudes se comptent de 0° à 180°, à l'est et
à l'ouest du premier méridien; elles sont dites dans le premier cas *longitudes orientales*, et dans le second, *longitudes
occidentales*.

On appelle *latitude d'un lieu l'arc de méridien compris
entre ce lieu et l'équateur.* Les latitudes se comptent de 0°
à 90° à partir de l'équateur, et sont *boréales* ou *australes*,
suivant que le lieu considéré est dans l'hémisphère boréal
ou dans l'hémisphère austral.

Il s'agit d'expliquer comment on peut déterminer par

l'observation la latitude et la longitude d'un lieu quelconque de la terre.

73. Détermination de la latitude. Commençons par la latitude, et prouvons que *la latitude d'un lieu quelconque est égale à la hauteur du pôle au-dessus de l'horizon de ce lieu.*

En effet, soit A (*fig.* 23) un lieu de la terre, HH' son horizon rationnel, OeE la trace de l'équateur sur le méridien pAp', OAZ la verticale en A, et pp'P l'axe de la terre. Les deux angles EOP et ZOH étant égaux comme droits, si l'on en retranche la partie commune ZOP, les restes seront égaux et l'on aura EOZ=POH. Or, l'angle ZOE ou l'arc correspondant Ae est la latitude du lieu A, tandis que POH est la hauteur du pôle au-dessus de l'horizon de ce même lieu. Donc, etc.

On aura donc la latitude d'un lieu en déterminant la hauteur du pôle au-dessus de l'horizon de ce lieu, ce que nous avons appris à faire (50) par l'observation des étoiles circompolaires. On peut aussi mesurer directement cette hauteur en mer surtout où l'on distingue facilement la ligne de contact de la surface terrestre et de l'horizon sensible; mais il faut alors tenir compte de la dépression de l'horizon.

74. Détermination de la longitude. Quant aux longitudes, il y a plusieurs procédés pour les déterminer; mais ils reposent tous sur un même principe, qu'il s'agit d'abord d'exposer. Soit pBp' le premier méridien et pAp' le méridien du lieu A, la longitude de ce lieu sera l'angle dièdre Bpp'A, et cet angle peut être considéré comme mesuré par l'arc de la révolution diurne d'un astre quelconque compris entre les deux méridiens pBp' et pAp' supposés prolongés jusqu'à la sphère céleste. Admettons, par exemple, qu'un observateur placé en A sache qu'une étoile, qu'il observe actuellement dans son méridien, n'arrivera que deux heures plus tard dans le plan du premier méridien pBp'; puisque les étoiles décrivent 15° à l'heure en vertu de leur mouve-

ment diurne, le méridien de A fait avec le premier méridien
un angle de $15° \times 2 = 30°$, et par conséquent la longitude
de A est de 30°. De plus, elle est orientale, puisque les astres arrivent dans ce méridien plus tôt que dans le premier
méridien.

En général, soit t le nombre d'heures, minutes et secondes sidérales qui exprime l'avance ou le retard du passage d'une certaine étoile au méridien d'un lieu sur le passage de cette même étoile au premier méridien, le temps t,
exprimé en degrés, minutes, etc., à raison de 15° pour 1 h.,
sera la longitude du lieu de l'observation, et cette longitude
sera orientale ou occidentale, suivant que t exprimera une
avance ou un retard.

75. En France, on adopte maintenant pour premier méridien celui de l'observatoire de Paris. Autrefois, on comptait
les longitudes à partir du méridien de l'île de Fer, la plus
occidentale des Canaries; le bourg principal de cette île
est à 19° 53' 45" à l'occident de Paris. On avait eu l'idée
de reculer encore un peu à l'ouest le premier méridien,
afin que la longitude de Paris fût exactement de 20°, et
cette détermination a été généralement adoptée pendant
longtemps.

En Angleterre, le premier méridien est celui de l'observatoire de Greenwich, dont la longitude, par rapport à celui
de Paris, est de 2° 20' 9" occidentale. Du reste, pour avoir
la longitude d'un lieu par rapport à un premier méridien
donné, il suffit évidemment de connaître la longitude de
ce lieu par rapport à tout autre méridien, ayant lui-même
une longitude connue par rapport au premier méridien en
question.

76. Supposons que l'on ait en deux lieux différents A et
B, deux pendules sidérales réglées sur une même étoile,
c'est-à-dire marquant chacune 0ʰ 0' 0" à l'instant du passage de cette étoile dans le méridien correspondant; ces
deux pendules ne seront d'accord que si les deux lieux A
et B sont sur le même méridien, c'est-à-dire ont la même

longitude. Dans le cas contraire, l'une des deux pendules retardera sur l'autre du temps que met l'étoile pour aller de l'un à l'autre des deux méridiens. Les heures que marque chacune de nos deux pendules à un même instant sont dites *heures locales* de A et de B, et par suite : *la différence des longitudes de deux lieux quelconques est égale à la différence des heures locales traduite en degrés, à raison de 15° pour 1 h.* Tout se réduit donc, pour avoir la longitude de A, celle de B étant connue, à déterminer la différence des heures que marquent à un même instant, en A et en B, deux pendules sidérales réglées sur une même étoile.

77. Cette détermination est facile lorsque les deux lieux A et B sont assez peu éloignés l'un de l'autre pour que de chacun l'on puisse apercevoir un même point intermédiaire de la surface terrestre. En effet, on allume en ce point un grand feu que l'on cache subitement par l'interposition de quelque corps opaque, ou bien l'on y brûle une certaine quantité de poudre à canon, ce qui produit une lueur instantanée qui, pendant la nuit, peut être vue jusqu'à 50 ou 60 lieues de distance. Dans tous les cas on produit un signal que deux observateurs, placés l'un en A et l'autre en B, peuvent apercevoir au même instant physique, et à cet instant chacun d'eux note l'heure exacte de la pendule. La différence des heures ainsi obtenues donne celle des longitudes demandées. On peut déterminer de cette manière successivement, et les unes par rapport aux autres, les longitudes des points importants de tout un pays.

Le télégraphe électrique offre aujourd'hui un excellent moyen de déterminer les longitudes de tous les lieux qui sont reliés par des lignes télégraphiques. En effet, la vitesse des signaux électriques est telle que l'on peut considérer comme ne formant qu'un seul et même instant le moment du départ et celui de l'arrivée d'un signal, quelle que soit la longueur de la distance franchie. Que deux observateurs, situés en des lieux différents, règlent donc leurs pendules sur une même étoile et que l'un envoie un signal à l'autre en notant le premier l'heure exacte du départ et l'autre celle de l'arrivée : en se communiquant leurs résultats ils auront la différence des heures locales et par suite la différence des longitudes des deux stations. C'est ainsi que les directeurs des observatoires de Paris et de Greenwich ont trouvé pour la latitude de l'un de ces points par rapport à l'autre, $2°\ 20'\ 9'',4$ au lieu de $2°\ 20'\ 24''$ que l'on comptait auparavant.

78. Quand il s'agit de lieux fort éloignés les uns des autres, on peut remplacer les signaux terrestres par divers phénomènes astronomiques qui offrent des apparitions instantanées, dont l'heure précise, pour le méridien de Paris par exemple, est connue à l'avance. Il suffit alors d'observer un tel phénomène dans un lieu quelconque, et de déterminer l'heure exacte en ce lieu au même instant : la différence entre cette heure et celle de Paris donne la longitude du lieu. Nous étudierons plus tard certains phénomènes de cette espèce très-faciles à observer (les éclipses des satellites de Jupiter, les occultations d'étoiles par la lune, etc.), dont l'heure précise pour l'observatoire de Paris est publiée plusieurs années à l'avance par le *Bureau des longitudes* dans la *Connaissance des Temps*.

79. Un autre moyen, sinon aussi rigoureux, du moins beaucoup plus simple, de parvenir au même résultat consiste à se servir de *chronomètres*, appelés aussi *garde-temps* ou *montres marines*. On est parvenu, dans ce but, à en construire de si parfaits, qu'ils varient à peine d'une seconde pendant toute une année. Admettons qu'un voyageur muni d'un tel chronomètre le règle au point de départ B, de manière à lui faire marquer $0^h\ 0'\ 0''$ à l'instant du passage d'une certaine étoile dans le méridien de ce lieu. Plus tard, quand il sera parvenu en un lieu quelconque A, le chronomètre, dont nous supposons la variation nulle ou connue, donnera toujours l'heure du lieu de départ B. Il suffit donc de déterminer l'heure du passage de l'étoile observée en B dans le méridien du lieu A pour avoir la différence des heures, d'où dépend celle des longitudes.

En mer, on ne peut observer directement les passages méridiens des astres, mais on mesure avec le sextant leur hauteur au-dessus de l'horizon, et l'on en déduit facilement par le calcul l'heure du passage méridien.

Quelque bien réglé qu'on suppose un chronomètre, on ne peut pas compter aveuglément sur les indications qu'il fournit, car les secousses inséparables d'une longue navigation peuvent toujours en altérer la marche. Mais les observations astronomiques fournissent le moyen de le vérifier et de le régler aussi souvent qu'on le juge utile.

80. Une conséquence curieuse et actuellement facile à expliquer du mouvement diurne, c'est que si deux voyageurs partaient ensemble d'un même lieu et revenaient en même temps, après avoir fait le tour entier de la terre en se dirigeant toujours l'un à l'occident et l'autre à l'orient, le premier compterait un jour de moins et le second un jour de plus que les habitants restés au lieu de départ. En effet, chaque voyageur compte les jours par le passage des astres aux méridiens des lieux qu'il occupe successivement. Or, à mesure qu'on s'avance vers l'ouest, le chronomètre retarde d'une heure pour chaque distance parcourue de 15° en longitude. On a donc un retard de 12 h. à 180°, et d'un jour entier à 360°, c'est-à-dire qu'au retour on a compté, d'après les divers méridiens successivement traversés, un jour de moins que le chronomètre n'en a marqué, ou bien que n'en ont compté les habitants du lieu fixe dont l'heure a été conservée par le chronomètre. La même chose a lieu évidemment en sens contraire pour le voyageur qui s'avance constamment vers l'orient. Ainsi les compagnons de Magellan croyaient être au 6 septembre en rentrant dans le port d'où ils étaient partis, tandis que l'on y comptait le 7 : ils avaient donc bien perdu un jour.

81. Détermination du rayon terrestre. Il nous est maintenant facile de faire comprendre comment on a pu parvenir à déterminer le rayon de la terre en la supposant exactement sphérique. En effet, soient deux lieux A et B (*fig.* 37) situés sur un même méridien et dont la différence des latitudes, arc BE — arc AE = AB, soit exactement 1°, tout se réduit à évaluer la distance AB en unités de longueur, en toises par exemple ; car la circonférence entière du méridien contenant 360°, on en aura la longueur en toises en multipliant par 360 le nombre de toises contenu dans l'arc AB. Et, d'ailleurs, on démontre en géométrie que π représentant le nombre abstrait $\dfrac{22}{7}$, ou plus exactement $\dfrac{355}{113}$, ou encore 3,1415926, la circonférence d'un cercle, dont le rayon contient un nombre de toises représenté par R, a pour longueur 2π. R toises, et, par suite, la longueur de la circonférence étant connue, on aura celle du rayon en la divisant par 2π.

82. Première mesure d'un degré de méridien. Les anciens astronomes, et notamment ceux de l'école d'Alexandrie, ont tenté de grands efforts pour mesurer un degré de méridien terrestre ; mais les procédés d'observation dont ils pouvaient disposer étaient trop imparfaits pour que leurs résultats pussent offrir quelque exactitude. La première mesure de quelque valeur, quoique obtenue par des procédés encore peu rigoureux, est due à Fernel, qui la déduisit de la distance de Paris à Amiens. Il supposa ces deux villes sur le même méridien, ce qui a lieu, en effet, sans erreur bien sensible, puisque la longitude d'Amiens est de. 0° 2′ 4″.
D'ailleurs, on a latitude d'Amiens. . . . = 49° 53′ 41″,
et celle de Paris. . . . . = 48° 50′ 13″,
dont la différence est de . . . . 1° 3′ 28″.

Ainsi l'arc de méridien compris entre Paris et Amiens est de 1° 3′ 28″, et par conséquent diffère très-peu de 1°. Du reste, Fernel partit de Paris pour Amiens, et comptant exactement les tours de roue de sa voiture, il s'avança vers le nord jusqu'à ce que la différence des latitudes fût aussi exactement que possible de 1°. Il trouva ainsi, pour la longueur du degré d'Amiens, 57070 toises, nombre très-peu différent de celui que des procédés beaucoup plus rigoureux ont fourni depuis.

En divisant ce nombre par 25, on trouve 2282, de sorte que, d'après cette évaluation, la *lieue terrestre*, ou de 25 au degré, serait de 2282 toises, tandis qu'on lui attribue, d'après d'autres mesures, une valeur moyenne de 2280 toises. D'après cela, le degré de méridien étant de 25 lieues, le méridien entier sera de $25 \times 360 = 9000$ lieues, ou de $2282 \times 9000 = 20538000$ toises. Quant au rayon terrestre, on l'obtiendra en divisant 9000 par $2\pi = 6,283185$; ce qui donne $\dfrac{9000}{6,283185} = 1432^t,5$ ou bien 3266100 toises environ.

83. La condition d'opérer sur un arc de méridien exactement égal à 1° serait souvent très-difficile à remplir, mais elle n'est nullement nécessaire. En effet, soit d le nombre de degrés, minutes et secondes d'un certain arc AB, et n le nombre de toises contenu dans cet arc, il est évident que la longueur d'un degré sera le quotient de n divisé par d. Ainsi les astronomes anglais Mason et Dixon ayant mesuré directement avec une chaîne, en Pensylvanie, un arc de méridien de 1° 12′ 45″, et ayant trouvé dans cet arc 84147 toises, conclurent pour la longueur du degré correspondant

$$\frac{84147}{1° 28' 45''} = \frac{84147 \times 3600}{5325} = 56888,1 \text{ toises.}$$

La mesure d'un degré de méridien se réduit donc à deux opérations distinctes : l'une consiste à déterminer le nombre de degrés, minutes et secondes compris dans un certain arc de méridien AB (*fig.* 37) ou dans l'angle des verticales correspondantes AC et BC, et l'autre, à mesurer la distance terrestre AB.

Démontrons d'abord que *l'angle cherché* ACB *est égal à la*

*différence des distances zénithales d'un même pôle, observées
successivement en chacune des deux stations* A *et* B. En effet,
les rayons visuels Ap, Bp', menés des points A et B au pôle
P, doivent être considérés comme parallèles (25) à l'axe
CP. D'ailleurs, en menant Aζ parallèle à BZ', on a évidemment angle cherché ACB$=$Z$A\zeta=$ZA$p-$Z$'$Bp'. Or, ZAp et
Z$'$Bp' sont les distances zénithales du pôle P observées en A
et en B. Donc, etc.

84. Principe de la méthode de triangulation.

Quant à
la mesure de la distance AB, on a pu l'obtenir directement
en Pensylvanie, pays de plaines parfaitement unies et non
encore habité à cette époque; mais sur un terrain acci-
denté et recouvert d'habitations, cette détermination directe
est absolument impossible. On forme alors entre les deux
stations A et B (*fig.* 38) un enchaînement de triangles ADC,
CDE, DEF, EFB, dont les sommets, alternativement de
chaque côté de la méridienne, soient des points visibles les
uns des autres, tels que des clochers ou autres hauteurs remarquables. On peut, sans erreur sensible, considérer tous
ces triangles comme rectilignes, à cause de leur peu d'étendue, comparativement à la surface entière de la terre. On
mesure en chaque sommet les angles que font entre eux les
côtés qui viennent y aboutir; on mesure, en outre, la longueur de l'un des côtés partant de l'une des stations, de AD,
par exemple, ainsi que l'angle DAH qu'il fait avec la méridienne. Cela posé, on conçoit que le triangle DAC peut être
construit ainsi que la direction de AH, ce qui donne le côté
DC, le point H de la méridienne et les angles qu'elle fait en
H avec DC; on construira de même CDE et la direction HI,
et ainsi de proche en proche, jusqu'à ce que l'on arrive au
dernier triangle BEF. On déterminera ainsi successivement
les longueurs de AH, HI, IK et KB, dont la somme sera celle
de l'arc AB de méridien.

Au lieu d'effectuer géométriquement la construction de
nos triangles, ce qui offrirait peu d'exactitude, on calcule
par la trigonométrie tous les éléments dont on a besoin, à

un degré d'approximation qui n'a d'autres limites que celles des observations elles-mêmes. D'ailleurs, pour éviter les erreurs résultant des inégalités du terrain, *on rapporte toutes les distances* AH, HI...., *au niveau de la mer*, c'est-à-dire que, concevant une surface sphérique idéale formée par le prolongement des eaux de la mer, on calcule les longueurs des lignes AH, HI...., telles qu'on les mesurerait directement sur cette surface. Pour cela, considérons une distance telle que AH (*fig.* 39), et admettons qu'on ait déterminé en A et en H les hauteurs verticales Aa et Hh au-dessus du niveau de la mer; la distance cherchée ah, ou son égale A′H, sera l'un des côtés du triangle rectangle AA′H, dans lequel on connaîtra l'hypoténuse AH et le côté AA′ $=$ Aa $-$ Hh. On saura donc déterminer A′H, troisième côté de ce triangle.

En suivant ce procédé et en apportant aux différentes parties de l'opération un grand nombre de soins que nous ne pouvons décrire ici, Picard a trouvé pour le degré d'Amiens 57060 toises, résultat assez peu différent de celui de Fernel.

85. Valeurs des degrés en France, etc.

Pour vérifier la sphéricité du globe terrestre, on a mesuré la longueur d'un degré de méridien en divers pays et l'on a trouvé :

En Laponie, par une latit. moy. de 66° — 20′ — 00″		long^r de 1° $=$	57196^t,20
En Angleterre,	id.	54 — 15 — 24	57097^t,22
En France,	id.	49 — 56 — 29	57087^t,70
Id.,	id.	47 — 30 — 46	57069^t,31
Id.,	id.	44 — 41 — 48	56977^t,80
Id.,	id.	42 — 17 — 21	56960^t,46
En Espagne,	id.	40 — 00 — 52	56946^t,89
Au Pérou,	id.	1 — 31 — 00	56775^t

Or, si la terre était exactement sphérique, le méridien serait un cercle parfait et la longueur d'un degré serait partout la même. Les nombres précédents varient assez peu pour que l'on puisse conclure que la terre ne s'écarte pas considérablement de la forme sphérique; mais leurs différences, pourtant assez sensibles et toutes dans le même sens, ne peuvent tenir à des erreurs d'observation, et résultent nécessairement de la forme de la terre, qui n'est pas rigoureusement sphérique.

86. La terre est aplatie vers les pôles et renflée à l'équateur. De ce que la longueur d'un degré de méridien va continuellement en diminuant, depuis le pôle jusqu'à l'équateur, il est facile de conclure que la terre est un sphéroïde, légèrement aplati aux deux pôles et renflé à l'équateur. Commençons par nous faire une idée de ce qu'on appelle *courbure* d'une ligne courbe en un point donné de cette ligne. Pour cela, concevons que par les deux extrémités d'un petit arc AB (*fig.* 40) de la courbe proposée on ait mené deux tangentes AT et BT ; l'angle ATB de ces tangentes diminuera si la courbe, supposée flexible et inextensible, se resserre davantage, se replie sur elle-même sans changer de longueur, et réciproquement. On dit alors que la *courbure* de la ligne en A devient plus considérable, et par conséquent la courbure d'une ligne courbe en un point donné A est d'autant plus grande que l'angle des tangentes, menées aux deux extrémités d'un très-petit arc de longueur constante, est lui-même plus petit.

Soient donc deux points A et A′ d'une même courbe, et deux arcs AB et A′B′ égaux en longueur, mais tels que l'on ait ATB $<$ A′T′B′, la courbure sera plus grande en A qu'en A′, ou bien la courbe sera renflée en A et aplatie en A′.

Cela posé, considérons un méridien terrestre, et soit un arc AB de 1° à l'équateur par exemple ; un arc de même longueur au pôle A′B′ = AB contiendra un peu moins de 1°. Or, l'arc AB peut être considéré sans erreur appréciable, comme confondu avec celui d'un cercle qui aurait pour centre le point O, intersection des perpendiculaires AO et BO aux deux tangentes AT et BT, et pour rayon chacune de ces mêmes perpendiculaires. Donc l'angle AOB = 1°. On verra de même que l'angle A′O′B′, formé par les perpendiculaires A′O′ et B′O′ sur les tangentes A′B′ et B′T′, est $<$ 1°, et par conséquent on aura angle O′ $<$ angle O. Or, dans les deux quadrilatères AOBT et A′O′B′T′, qui ont chacun deux angles droits, on a $O + T = O′ + T′$, d'où résulte angle $T <$ angle T′. Donc le méridien terrestre est aplati au pôle et renflé à l'équateur, et plus généralement la courbure du méridien va continuellement en augmentant depuis l'équateur jusqu'au pôle.

87. Détermination du mètre. Mètre légal. A la fin du siècle dernier, plusieurs astronomes français se sont réunis pour mesurer avec un ensemble de précautions jusqu'alors inconnues tout l'arc de méridien compris entre Dunkerque et Montjouy. Leurs résultats, discutés et comparés à ceux de la théorie sur la forme du globe terrestre, ont conduit une commission, composée de savants de tous les pays alors en relations avec la France, à estimer la longueur du quart du méridien de Paris égale à 5,130,740 toises; la dix-millionième partie de cette longueur, qu'on appela *mètre*, fut adoptée pour base de notre système de mesures.

Le mètre, ainsi déterminé à $3^p,0784440 = 3^p 0^p 11^1,2966$, fut déclaré *mesure légale* des longueurs, et la valeur en fut fixée par un étalon en platine déposé aux archives nationales.

Depuis on a étendu la mesure du méridien à tout l'arc compris entre les parallèles de Greenwich et de Formentera; par des calculs plus approfondis, on a reconnu que la première évaluation est un peu trop faible. Toutefois, le *mètre légal* n'en conserve pas moins toujours exactement la même valeur, qui est fixée d'une manière absolue et définitive. Seulement, on ne peut plus considérer la longueur du quart du méridien comme rigoureusement exprimée par 10,000,000 de mètres; ce rapport doit être augmenté d'environ 856 mètres, et l'on comprend qu'il pourra de nouveau être modifié à mesure que les sciences d'observation permettront, par leurs progrès, de mesurer plus exactement les grandes distances terrestres.

88. Aplatissement de la terre. Revenons aux méridiens terrestres; leur forme générale peut être représentée par

5.

une ligne ovale, telle que PEP'E' (*fig.* 41), dont nous exagérons toutefois l'aplatissement, afin de le rendre sensible. La ligne PP', qui joint les deux pôles, est dite le *diamètre des pôles;* la perpendiculaire EE', sur le milieu de cette droite, est le *diamètre de l'équateur,* et le point O, intersection de ces deux diamètres, est le *centre du sphéroïde terrestre.* Toute ligne allant du centre à la surface est un rayon, et l'on voit que tous les rayons terrestres vont en augmentant depuis le pôle jusqu'à l'équateur. On a trouvé pour le rayon de l'équateur OE = 6377109 mètres et pour celui. du pôle, PO = 6356199 mètres. La différence est de 20910 mètres, et le rapport de cette différence 20910 : 6377109 sensiblement égal à $\frac{1}{305}$ est dit l'*aplatissement* de la terre. On entend par là que si le rayon de l'équateur était divisé en 305 parties égales, le rayon du pôle renfermerait 304 de ces mêmes parties. Pour que cette différence fût représentée par un centimètre, il faudrait que la terre fût figurée elle-même par un globe d'environ 3 mètres de rayon. Il serait difficile de reconnaître l'aplatissement en comparant ce globe à un autre parfaitement sphérique et de même rayon. On peut donc, dans la plupart des applications, continuer à considérer le globe terrestre comme réellement sphérique.

Quant aux inégalités produites par les montagnes, elles sont beaucoup moins sensibles encore. En effet, le mont Blanc, sommet le plus élevé de l'Europe, a 4810 mètres de hauteur et le pic de l'Himalaya, au Thibet, qui est le plus élevé du monde, n'a pas tout à fait 8000 mètres : c'est à peu près les $\frac{3}{8}$ de l'aplatissement, ou $\frac{3}{8}$ de centimètre pour notre globe de 3 mètres de rayon : les rugosités de la peau d'une orange sont beaucoup plus considérables par rapport aux dimensions de ce fruit.

89. Surface de la terre. Pour nous former une idée de l'étendue de la surface entière du globe terrestre, nous pouvons la considérer comme sphérique et admettre que la circonférence d'un grand cercle soit de 40000000 mètres = 400000 hectomètres. Nous avons donc, en désignant par R le rayon, $2\pi R = 400000$ hectomètres, d'où $R^2 = \dfrac{200000^2}{\pi^2}$, et comme la surface d'une sphère de rayon R est égale à $4\pi R^2$, nous avons pour la surface terrestre $4\pi R^2 = \dfrac{160000000000}{3,1415926}$, ce qui donne environ 50933 millions d'hectares. Les trois quarts sont recouverts par la mer, et à peine la moitié du reste est habitée. On estime la population du globe entier à 855 millions d'habitants, ce qui fait moins d'un individu pour 7 hectares de la partie habitée, tandis qu'en France on compte environ cinq habitants pour 8 hectares, et en Belgique, près de deux habitants par hectare.

90. Comment on peut mesurer la distance de deux lieux de la terre. On peut aussi, quand on connaît les longitudes et les latitudes de deux villes, déterminer leur plus courte distance. Pour cela, on évalue d'abord en degrés, minutes, etc., l'arc de grand cercle de la sphère terrestre compris entre elles, puis on le convertit en lieues ou en kilomètres. La terre étant représentée par un globe de carton, et les points qui correspondent aux positions des deux villes étant marqués sur ce globe, on conçoit qu'il est possible de tracer le grand cercle qui passe par ces deux points et de déterminer l'arc correspondant. Mais le calcul le donne avec autant de précision que l'on veut, parce qu'il est un des côtés d'un triangle sphérique, dans lequel on connaît les deux autres côtés et l'angle compris. Quant à la conversion en unités de longueur, elle est facile : ainsi l'arc de grand cercle compris entre Paris et Rome est de 9° 55'. Or, on a cette proportion :

distance de ces deux villes : 10,000 K :: 9° 55' : 90°.

Et, par suite, cette distance $= \dfrac{9\frac{55}{60} \times 10000}{90}$

$$= \dfrac{59500}{54} = 1102 \text{ kilomètres.}$$

Ordinairement, pour tenir compte des sinuosités des routes, on ajoute un quart en sus, ce qui donne à peu près 1377 kilomètres ou 310 lieues pour la distance de Paris à Rome.

§ 2.

Cartes géographiques. — Projection orthographique. — Projection stéréographique. — Mappemonde. — Système de développement en usage dans la construction de la carte de France.

91. Globe terrestre. Si nous considérons la terre comme exactement sphérique (88), nous pourrons, comme nous avons fait pour la sphère céleste, la figurer par un globe de carton. L'équateur et le premier méridien étant représentés par deux grands cercles perpendiculaires, la position d'un lieu quelconque pourra être marquée par le moyen de la longitude et de la latitude, exactement comme on détermine celle d'une étoile par l'ascension droite et la déclinaison (52). Concevons que l'on ait rapporté ainsi sur un globe de carton les lieux principaux de la surface terrestre, ainsi que les points les plus importants des sinuosités des mers, du cours des fleuves, etc.; on pourra achever de dessiner tous ces objets, et le globe ainsi obtenu, appelé *globe terrestre,* offrira une configuration aussi exacte que possible des accidents divers de la surface terrestre.

92. Cartes géographiques. Pour qu'un globe terrestre pût offrir tous les détails d'un pays, il faudrait qu'il eût de très-grandes dimensions; mais alors il cesserait d'être portatif et deviendrait d'un usage fort incommode. Aussi préfère-t-on en général des dessins exécutés sur des feuilles planes, qu'on nomme *cartes géographiques*, et qui donnent, non les positions exactes des divers lieux du globe terrestre, ce qui est impossible (52), mais leurs projections sur un plan.

Il y a plusieurs systèmes de cartes géographiques, qui correspondent aux différentes manières de projeter sur un plan les différents points du globe terrestre. Nous allons exposer successivement les plus usités.

93. Projection orthographique.

Si d'un point donné on abaisse une perpendiculaire sur un plan, le pied de cette perpendiculaire est dit la *projection* orthographique du point, et le plan se nomme *plan de projection*. Concevons qu'après avoir construit un globe terrestre nous menions un plan par le centre, et que nous projetions sur ce plan les points importants, soit d'un hémisphère, soit d'un pays quelconque, nous aurons une certaine représentation de ce pays qui en sera la carte par projection orthographique.

Mais on peut fixer la position d'un lieu par sa longitude et sa latitude, et, par suite, construire immédiatement la carte d'un pays. Supposons, en effet, que le plan de projection soit l'équateur ; les parallèles terrestres se projetteront suivant des cercles concentriques, et les méridiens suivant les diamètres EE′, AA′ ... (*fig.* 31). Divisons le cercle EAE′ en arcs de 10° par exemple, les diamètres menés par les points de division seront les projections des méridiens dont les longitudes sont de 10°, 20°, 30°, etc., FE′ étant la projection du premier méridien. Concevons que, ce dernier cercle ayant été divisé lui-même en arcs de 10°, on ait abaissé des points de division des perpendiculaires sur EE′ : les pieds de ces perpendiculaires seront les projections d'autant de points des cercles de latitude de 10°, 20°, 30°. Or, si nous imaginons que le premier méridien tourne autour de son diamètre EE′ de manière qu'il vienne s'appliquer sur l'équateur EA′E′, les perpendiculaires en question passeront par les points 10°, 20°, 30°, etc., de ce dernier cercle, et leurs pieds resteront invariables. Il suffira donc, pour pouvoir tracer les différents cercles de latitude, d'abaisser, des divers points de division de l'équateur, des perpendiculaires sur le diamètre EE'.

On peut aussi prendre pour plan de projection celui d'un méridien EABE' (*fig.* 31). Dans ce cas, l'équateur a pour projection un diamètre EE', et les parallèles terrestres des droites AA', BB', parallèles à EE' et divisant le cercle EAE' en arcs qui sont égaux à leurs latitudes respectives. Le méridien perpendiculaire au premier se projette suivant le diamètre PP', perpendiculaire à EE', et tous les autres suivant des ellipses ayant toutes pour grand axe commun la droite PP', et pour petits axes respectifs les projections des cordes AA', BB'.... sur le diamètre EE'.

Dans ce mode de projection, les régions situées dans le voisinage du pôle du cercle pris pour plan de projection sont sensiblement représentées en vraie grandeur ; mais celles qui sont dans le voisinage de ce cercle sont extrêmement rétrécies et presque réduites à de simples points.

94. Projection stéréographique. Le système de projection le plus usité est celui qu'on nomme projection stéréographique ou perspective.

Le globe terrestre étant représenté par la sphère O (*fig.* 34), concevons l'œil d'un observateur placé en un point quelconque I de la surface sphérique AII'B, menons le diamètre II', et par le centre O un plan AOB perpendiculaire à ce diamètre. Soit M un point quelconque du globe représenté par notre sphère ; joignons ce point à l'œil I de l'observateur : la ligne IM, prolongée si c'est nécessaire, coupera le plan du grand cercle AOB en un point *m*, qui est dit la *projection perspective* du point M. Le plan du grand cercle AOB se nomme *plan de projection;* le point I, pôle du grand cercle, est dit *point de vue* ou *centre de projection,* et la droite IM *ligne projetante du point* M.

Si l'on conçoit le plan de AB représenté par une feuille de papier, l'ensemble des projections sur ce plan des points

remarquables d'une certaine portion de la surface sphérique offrira l'image de cette surface telle que la verrait effectivement un observateur placé en I : ce sera la *carte géographique perspective* de cette portion de surface terrestre.

La carte ainsi formée se nomme *mappemonde*, lorsque
le plan AB est celui d'un méridien et que l'on a projeté sur
ce plan tout l'hémisphère AI'B, opposé au point de vue I.
Si la projection ne contient que la portion de surface sphérique occupée par un pays, on a la *carte particulière* de ce
pays.

95. Principe de la construction des cartes géographiques.
Nous ne donnerons ici que le principe fondamental de la
construction des cartes géographiques. Il consiste en ce que :
*la projection perspective de tout cercle de la sphère terrestre
est elle-même un cercle* et peut se démontrer géométriquement de la manière suivante.

Commençons par observer que les lignes projetantes,
menées du point de vue I aux différents points d'un cercle
quelconque MCN de la surface sphérique O, forment un cône
oblique circulaire qui a le point I pour sommet et le cercle
MCN pour base; de sorte que la projection du cercle MCN
sur le plan ABO est l'intersection nPm du cône NIM par ce
plan. Or, soit C le centre du cercle NCM, le plan MIN, mené
par les deux droites II' et IC, sera perpendiculaire à la fois
aux deux plans AOB et MCN, comme contenant la droite
II' perpendiculaire au premier et la droite CO perpendiculaire au second. De plus, les deux génératrices opposées
MI et NI, situées dans ce plan, font des angles égaux en M
et en n avec les deux plans MCN et AOB : car l'angle IMN a

pour mesure $\frac{1}{2}$ arc IAN, et BnI, $\frac{1}{2}$ (BI+AN) $= \frac{1}{2}$ (AI+AN)

$= \frac{1}{2}$ IAN.

Pour prouver que la ligne nPm est un cercle, il suffit de
démontrer que si d'un point P quelconque de cette ligne on
abaisse PK perpendiculaire sur nm, on a toujours PK² =

nK $\times$ Km. Or, PK étant perpendiculaire au plan MIN, et par suite parallèle au plan NCM, je puis mener par PK un plan parallèle à MCN, lequel coupera évidemment le cône suivant un cercle GPL : on aura donc PK² = GK $\times$ KL. D'ailleurs, les deux triangles nGK et mKL sont semblables, comme ayant les angles en K opposés au sommet, et KnG = KLm, puisque ces deux angles sont l'un et l'autre égaux à NMI : on a donc $\dfrac{n\text{K}}{\text{KL}} = \dfrac{\text{KG}}{\text{K}m}$; d'où GK $\times$ KL = nK $\times$ Km ; et par suite on a bien PK² = nK $\times$ Km (c. q . f. d.). Ce même raisonnement s'applique à tout cercle de la sphère : donc, etc.

Il est à remarquer que la projection du cercle AOB est ce cercle lui-même, et que celle de tout grand cercle dont le plan contient II′ est un diamètre de AOB.

96. Construction des méridiens et des parallèles terrestres.

Pour la construction d'une carte géographique quelconque, tout se réduit à tracer les projections perspectives des méridiens et des parallèles terrestres. En effet, un lieu quelconque est déterminé par l'intersection d'un demi-méridien et d'un demi-parallèle, et d'ailleurs, une fois les principaux cercles de longitude et de latitude tracés, on rapporte aisément chaque lieu à sa véritable position. Expliquons donc comment on peut tracer les projections perspectives sur le plan d'un méridien : 1° d'un méridien ; 2° d'un parallèle quelconque du globe terrestre.

1° Soit PEP′E′ (*fig.* 35) le méridien dont le plan est pris pour plan de projection ; il aura pour projection un cercle $pep'e'$ égal à lui-même. Soit I le point de vue ; ce point étant le pôle du cercle, PEP′E′ sera sur l'équateur EIE′ et à une distance IE = IE′ = 90° de chaque côté du méridien considéré. Cela posé, soit PDP′D′ un méridien donné quelconque dont il s'agit de trouver la projection. Je remarque d'abord que P et P′, sont deux points de ce méridien qui sont eux-mêmes leurs propres projections : donc déjà le cercle, projection de PDP′, passera par les deux points p, p'. Reste à trouver un autre point de ce même cercle : soient

D et D' les deux points où le méridien donné coupe l'équateur ; les projections de ces deux points seront évidemment les points H et H', où les droites projetantes ID et ID' coupent le diamètre EE' de l'équateur convenablement prolongé. Ainsi, le cercle cherché doit passer par les quatre points P, P', H et H'. Or, je suppose que, la figure étant ainsi construite dans l'espace, on fasse tourner l'équateur EIE' autour de son diamètre EE' ; les points H et H' de cette ligne droite resteront fixes, tandis que le point I viendra s'appliquer en P, en même temps que les points D et D' en d et d' sur le méridien, de manière que l'on ait $Ed = E'd'$ $= ED = E'D' = longitude$ du méridien PDP' par rapport au méridien PEP'. Soit donc pris $ed = e'd' = $ longitude du méridien en question ; en menant les droites pd, pd', on aura en h et h' les projections de H et de H', et par conséquent, le cercle décrit sur hh' comme diamètre passera par p et p', et sera la projection du méridien proposé PDD'P'. L'arc $ph'p'$ sera la projection du demi-méridien PD'P', situé sur l'hémisphère opposé au point de vue I.

2° Soit FGF'G' le parallèle dont on demande la projection ; si je conçois le méridien PIP'I' passant par l'axe II' du méridien pris pour plan de projection, il coupera le parallèle en deux points G, G', qui auront évidemment pour projections respectives les points K et K', où les droites IG, IG' coupent le diamètre POP' prolongé convenablement. Cela posé, concevons que le méridien PIP' tourne autour du diamètre PP' ; les points K, K' resteront fixes, tandis que I vient s'appliquer en E, en même temps que G en F et G' en F', car on a PG = PF = PG' = PF'. Soit donc pris $eg = e'g' = $ la latitude du parallèle dont on veut la projection, on mène eg, $e'g'$, et les quatre points g, g', k et k' appartiennent à la projection cherchée. Donc, si l'on décrit sur kk', comme diamètre, un cercle, il passera par les points g, g', et l'arc $gk'g'$ sera la projection du demi-parallèle F'G'F.

97. Construction d'une mappemonde. Proposons-nous de construire les cercles de longitude et de latitude d'une mappemonde, par exemple de 10 en 10 degrés. Prenant pour plan de projection celui du premier méridien *pee'p* (*fig.* 36), je trace ce cercle, ainsi que les deux diamètres rectangulaires *pp'* et *ee'*; ensuite je divise chaque cadran en 9 arcs égaux, chacun, par conséquent, de 10°. Joignant les points de division du demi-cercle *ep'e'* au point *p*, j'obtiens sur le diamètre *ee'* des points qui appartiennent chacun à l'un des cercles de longitude cherchés : je n'ai donc plus qu'à tracer les différents arcs passant tous par les deux points *p*, *p'*, et par chacun des points de division de *ee'*. Pour obtenir les cercles de latitude, je joins le point *e* à chacun des points de division du demi-cercle *pe'p'*; ce qui détermine autant de points de division sur le diamètre *pp'*; par chacun de ces points et les deux points correspondants du méridien *pep'e'*, je fais passer un arc de cercle et j'obtiens ainsi les projections des demi-parallèles de l'hémisphère terrestre en question. On marque les degrés de longitude sur la droite *ee'* qui est la projection de l'équateur, et ceux de latitude sur le premier méridien *pep'e'*.

98. Système de développement en usage dans la carte de France. Au lieu des projections, on préfère souvent la méthode du développement quand il s'agit d'obtenir la représentation d'une faible portion de la surface terrestre. Concevons un cône circonscrit à la terre suivant un certain parallèle : dans le voisinage de ce cercle nous pourrons considérer une certaine étendue de la surface terrestre comme différant très-peu de celle du cône circonscrit, et si nous développons celui-ci sur un plan, nous obtiendrons une représentation assez exacte de la portion correspondante de la terre.

Pour la construction de la carte de France, on conçoit un cône tangent à la terre suivant le parallèle de 45° AA', qui traverse à peu près la France par le milieu. Soit SA (*fig.* 32) la génératrice de ce cône tangente au méridien PAA'P', qui passe aussi par le milieu de la France. On peut calculer la longueur de l'arc de 1° de ce méridien et la por-

ter sur SA successivement en AB, BC, CD... AB', B'C', C'D'...
Les parallèles terrestres qu'il s'agit de construire diffèrent
peu des sections du cône SAA' faites par des plans perpendiculaires à SO et passant par les points A, B, C... B', C'....
Concevons mené le plan tangent à ce cône suivant la génératrice SA, et développons le cône sur ce plan. Le méridien
moyen PAA'P' se trouvera représenté par la droite sa et le
parallèle AA' par le cercle $aa'a''$ décrit du point s comme
centre avec un rayon $sa = SA$. Quant aux autres parallèles,
ils le seront par des cercles concentriques et passant par
les points b, c, d... b', c', d', tels que l'on ait $ab = AB$,
$bc = BC$. Au lieu de figurer les divers méridiens par les
génératrices du cône, ce qui produirait une altération sensible sur les bords, on les construit par points. Pour cela
on commence par calculer les longueurs de 1° de chacun
des parallèles terrestres que représentent les cercles, a, b,
c... b', c'.... et on porte ces longueurs sur chacun de ces derniers d'abord de chaque côté de la droite sa, puis successivement à la suite les unes des autres. On obtient ainsi des
points tels que m, n, p, q... n', p', q'..., et en les joignant
d'un trait continu on a une *courbe* qui représente le méridien correspondant.

Ces courbes sont perpendiculaires au parallèle moyen
$aa'a''$ et, pour toute l'étendue de la France, elles le sont
presque à tous les autres parallèles. Il en résulte que les
contours sont très-peu altérés, même sur les bords de la
carte, et que les surfaces sont fidèlement reproduites.

La France se trouve ainsi représentée sur 159 feuilles
qui peuvent être réunies en une seule carte de 82 mètres
carrés de superficie. L'échelle de réduction est de $\dfrac{1}{80000}$: la
surface de la France est de 53000000 d'hectares, environ
le 0,001 de la terre.

99. Table des longitudes et des latitudes. Pour terminer ce que nous avions à dire ici de la géographie, nous
donnerons une table des latitudes et des longitudes de quel-

ques villes de France et de plusieurs autres pays. Toutes les latitudes sont boréales, excepté celles du cap de Bonne-Espérance et de Sainte-Hélène, qui sont australes. Quant aux longitudes, elles sont marquées (E.) ou (O.) suivant qu'elles sont orientales ou occidentales.

Noms des villes.	Latitudes.	Longitudes.
Alexandrie.	31°— 12′— 53″	27°— 32′— 35′ (E.)
Alger	36 — 47 — 20	0 — 44 — 10 (E.)
Amiens.	49 — 53 — 48	0 — 2 — 4 (O.)
Amsterdam	52 — 22 — 30	2 — 32 — 54 (E.)
Angers.	47 — 28 — 11	2 — 53 — 28 (O.)
Angoulême.	45 — 39 — 0	2 — 11 — 8 (E.)
Bâle.	47 — 33 — 24	5 — 15 — 30 (E.)
Beauvais	49 — 26 — .0	5 — 15 — 19 (O.)
Berlin	52 — 31 — 13	11 — 3 — 30 (E.)
Besançon.	47 — 13 — 45	3 — 41 — 56 (E.)
Bourges.	47 — 4 — 50	0 — 3 — 42 (E.)
Caen	49 — 11 — 12	2 — 41 — 24 (O.)
Cap de Bonne-Espérance.	33 — 56 — 3 (A.)	16 — 8 — 21 (E.)
Carcassonne. . . .	43 — 12 — 54	0 — 0 — 45 (E.)
Constantinople . . .	41 — 0 — 16	26 — 38 — 50 (E.)
Copenhague	55 — 40 — 53	10 — 14 — 20 (E.)
Dijon	47 — 19 — 25	2 — 41 — 50 (E.)
Dublin.	53 — 23 — 14	8 — 41 — 52 (O.)
Genève	46 — 12 — 4	3 — 48 — 44 (E.)
Greenwich	51 — 28 — 39	2 — 20 — 9 (O.)
Jérusalem.	31 — 47 — 47	32 — 51 — 15 (E.)
Le Mans	48 — 0 — 35	2 — 8 — 19 (O.)
Lille.	50 — 38 — 44	0 — 43 — 17 (E.)
Lisbonne.	38 — 42 — 24	11 — 28 — 45 (O.)
Lyon	45 — 45 — 44	2 — 29 — 9 (E.)
Madrid.	40 — 24 — 57	6 — 2 — 15 (O.)
Marseille	43 — 17 — 52	3 — 1 — 48 (E.)
Metz	49 — 7 — 14	3 — 50 — 23 (E.)
Milan	45 — 28 — 1	6 — 50 — 56 (E.)
Nancy.	48 — 41 — 31	3 — 51 — 0 (E.)
Nantes.	47 — 13 — 9	3 — 53 — .18 (O.)
Naples.	40 — 51 — 55	11 — 55 — 30 (E.)
New-York.	40 — 42 — 45	76 — 20 — 27 (O.)
Nîmes.	43 — 50 — 36	2 — 0 — 16 (E.)
Orléans	47 — 54 — 9	0 — 25 — 34 (O.)
Paris	48 — 50 — 13	0 — 0 — 0

Noms des villes.	Latitudes.	Longitudes.
Pétersbourg	59° — 56' — 31'	27° — 58' — 34' (E.)
Perpignan.	42 — 42 — 3	0 — 33 — 54 (E.)
Rennes.	48 — 6 — 50	4 — 1 — 2 (O.)
Rome	41 — 54 — 8	10 — 6 — 41 (E.)
Rouen.	49 — 26 — 29	1 — 14 — 32 (O.)
Sainte-Hélène	15 — 55 — 0 (A.)	8 — 3 — 13 (O.)
Strasbourg	48 — 34 — 57	5 — 24 — 54 (E.)
Toulouse	43 — 35 — 40	0 — 53 — 44 (O.)
Tours	47 — 23 — 46	1 — 38 — 35 (O.)
Turin	45 — 4 — 8	5 — 21 — 12 (E.)
Varsovie	52 — 13 — 1	18 — 36 — 37 (E.)
Vienne.	48 — 12 — 33	14 — 2 — 50 (E.)

100. Air atmosphérique. La terre est complétement entourée d'une substance matérielle qui se nomme *air* ou bien *atmosphère,* suivant qu'on la considère par portions séparées ou dans sa masse entière. L'influence que l'atmosphère exerce sur les observations des phénomènes célestes dépend de sa constitution, qui elle-même tient aux propriétés physiques de l'air.

On appelle *fluide* tout corps dont les molécules ont entre elles une adhérence très-faible, de manière qu'elles se meuvent librement les unes sur les autres et que le corps puisse affecter une forme quelconque : l'eau et surtout l'air sont des fluides.

L'air est compressible et élastique, c'est-à-dire qu'une masse quelconque d'air diminue de volume quand elle est soumise à une certaine pression, et reprend son volume primitif aussitôt que la pression cesse.

Comme tous les autres corps, l'air se dilate par la chaleur. Une vessie gonflée crèvera si on l'échauffe, et deviendra flasque si on la refroidit.

L'air est pesant, car un ballon de verre dans lequel on a fait le vide pèse moins que quand il est rempli d'air.

Un corps est d'autant plus *dense* que sous le même volume il pèse davantage. Ainsi le mercure est environ 14 fois plus dense que l'eau, et l'eau est 748 fois plus dense que l'air.

Puisque l'air est pesant, une couche quelconque de l'atmosphère supporte le poids de toute la partie superposée, et, par conséquent, les couches inférieures sont plus comprimées que les couches supérieures. Or, plus une couche est comprimée, plus elle est dense, et plus aussi, en vertu de son élasticité, elle tend à augmenter de volume. Donc à mesure que l'on s'élève, les couches d'air que l'on traverse successivement sont de moins

en moins denses. Ainsi, une vessie demi-pleine d'air, transportée au haut d'une montagne, se gonfle à mesure qu'on s'é-
lève par la dilatation de l'air qu'elle renferme, et, entièrement
pleine au sommet de la montagne, elle se retrouve flasque
comme auparavant quand on est redescendu au point de départ.

101. Principe du baromètre. On nomme *pression atmosphérique*, en un point donné, le poids de la colonne d'air supportée
par une surface, égale à l'unité, soit de la couche atmosphérique, soit de tout autre corps placé en ce point. On a pour la
mesurer un instrument très-précis, appelé *baromètre*, dont la
construction repose sur le principe suivant : soit un tube de
verre AB (*fig.* 42), fermé par l'extrémité A, ouvert en B et entièrement rempli de mercure; si l'on ferme l'extrémité B avec
le pouce, puis que l'on renverse le tube, et que, sans ouvrir
l'extrémité B, on la plonge dans une cuvette CD remplie de
mercure; si alors on retire le pouce et qu'on maintienne le tube
dans la position verticale A′B′, on voit aussitôt le mercure descendre dans le tube, supposé d'une longueur suffisante, et s'arrêter à une hauteur HB′ = 0^m,76 environ au-dessus de la surface du mercure dans la cuvette. Pour que l'équilibre s'établisse
dans la cuvette, il faut que la surface du mercure soit partout
également pressée. Or, en un point quelconque, situé en dehors
du tube A′B′, il y a la pression atmosphérique, et en un point
situé dans l'intérieur du tube, il y a le poids de la colonne de
mercure HB′ : donc, la pression atmosphérique équivaut au
poids d'une colonne de mercure d'environ 0^m,76. On déduit de
là que la pression supportée par 1 centimètre carré est d'environ
1033 grammes, ce qui fait 10330 kilogrammes pour 1 mètre
carré.

102. Hauteur de l'atmosphère. A mesure que l'on s'élève à une
plus grande hauteur, la pression atmosphérique diminue, car on
ne supporte plus le poids de toute la partie d'air au-dessus de
laquelle on s'est élevé. Au niveau de la mer, et à la température
de 0°, la pression atmosphérique est de 0^m,76 $\frac{1}{3}$; à Paris, au niveau de la Seine, elle est de 0^m,76. Quand on s'élève de 10^m,5
environ, le mercure baisse de 0^m,001 dans le tube barométrique. Mais, pour des hauteurs plus considérables, il ne baisse
pas proportionnellement à ce nombre, comme cela aurait lieu
si la densité de l'air était la même à toutes les hauteurs. En
effet, pour avoir au-dessous de soi le $\frac{1}{30}$, le $\frac{1}{3}$, le $\frac{1}{2}$, etc., de la

masse entière de l'atmosphère, il faudrait, si la densité était constante, s'élever respectivement de 262^m.,5, de 2656^m.,5, de 3990 mètres, etc., tandis que l'expérience donne dans le premier cas 300 mètres, dans le second 3990 mètres, presque la hauteur de l'Etna, et dans le troisième 5600 mètres, hauteur du Cotopaxi.

Il est donc bien démontré que la densité de l'air diminue à mesure qu'on s'élève, et d'autant plus rapidement que l'on s'est déjà élevé à une plus grande hauteur au-dessus du niveau de la mer. La loi connue de cette dégradation de la densité atmosphérique a permis d'établir une formule, et par suite des tables qui donnent la hauteur au-dessus du niveau de la mer d'un point quelconque, quand on connaît la pression barométrique en ce point.

On a pu aussi déterminer l'épaisseur de la couche atmosphérique qui environne la terre, et l'on a reconnu qu'au-dessus de 47000 mètres, le vide est beaucoup plus parfait que celui de nos meilleures machines pneumatiques. La hauteur de l'atmosphère est à peu près égale à $\dfrac{1}{135}$ du rayon de la terre : c'est environ 22 millimètres pour un globe de 3 mètres de rayon, ou comme le velouté d'une pêche par rapport aux dimensions de ce fruit. Au delà de cette couche d'air qui environne la terre de toutes parts, mais qui est très-mince, comme on le voit, par rapport aux dimensions du globe terrestre, il n'y a plus que le vide immense des espaces célestes.

103. Couleur de l'air. L'air n'est point lumineux par lui-même, car il ne nous éclaire point pendant la nuit. Il est transparent, mais il intercepte sensiblement la lumière et la réfléchit comme tous les autres corps (38); seulement les particules qui le composent étant extrêmement petites et très-écartées les unes des autres, on ne peut les apercevoir que quand elles sont réunies en grande quantité. Aussi, considéré par petites portions, l'air paraît incolore; mais en masse d'une grande étendue, il est coloré en bleu. Les objets éloignés, les hautes montagnes, par exemple, offrent une teinte bleuâtre qui est précisément celle de l'air atmosphérique interposé; car elle est d'autant plus intense que, les objets étant à une plus grande distance, la masse d'air qui nous en sépare est plus considérable. De même l'azur du ciel, qui forme cette voûte bleue à laquelle les astres semblent attachés, est uniquement dû à la couleur de l'air. A mesure que l'on s'élève, en effet, la densité de l'air di-

minue et la couleur en devient moins brillante ; au sommet des
hautes montagnes ou dans un ballon fort élevé, le ciel parait
d'un bleu presque noir. Si l'atmosphère n'existait pas, on verrait continuellement briller les étoiles sur un fond entièrement
obscur, et l'on se trouverait dans les ténèbres aussitôt que l'on
cesserait de regarder le soleil ou les objets directement éclairés
par cet astre. Il n'y aurait ni aurore ni crépuscule ; les rayons
solaires, réfléchis par la terre, iraient se perdre dans l'espace,
et nous éprouverions un froid excessif.

104. Réfraction atmosphérique. Comme tous les corps transparents, l'air réfracte la lumière qui le traverse. Or, nous jugeons de la position des astres par la lumière qu'ils nous en-
voient. Il est donc important de connaître quelle déviation elle
éprouve avant de parvenir à notre œil. Observons d'abord que
nous pouvons considérer l'atmosphère comme composée de couches concentriques avec la terre, et d'autant plus denses qu'elles
en sont plus voisines. Si un astre était au zénith, le rayon lumineux reçu en A (*fig.* 43) traverserait normalement toutes les
couches atmosphériques, et par conséquent ne subirait aucune
déviation (40); mais, pour toute autre position S de l'astre, le
rayon, qui parvient en A, traverse obliquement chacune de ces
mêmes couches : donc, à chaque passage dans une nouvelle
couche, il se rapproche de la normale, d'autant plus que la densité en est plus grande, sans toutefois sortir du plan normal
mené par le rayon incident. Or, concevons un plan vertical passant par le point A et par l'astre S : ce plan sera normal aux
surfaces de toutes les couches atmosphériques, et, contenant le
rayon SE, incident à la 1re couche, il contiendra également ED,
incident à la 2me, puis CD, et ainsi des autres. Donc, la ligne
brisée formée par les rayons successivement réfractés sera contenue tout entière dans le plan vertical ASZ. D'ailleurs, l'observateur placé en A estimera l'astre S situé en S' sur le prolongement du rayon AB' qui pénètre dans son œil (40).

A la vérité, la densité de l'air décroît d'une manière continue,
et par degrés insensibles, depuis la terre jusqu'aux limites de
l'atmosphère. Il en résulte que les côtés de notre ligne brisée
sont infiniment petits, et que cette ligne est une courbe (*fig.* 44),
dont la courbure va en augmentant vers la terre et devient
d'autant plus grande que l'astre est plus près de l'horizon. Elle
est d'ailleurs entièrement située dans le plan vertical ZAS, et
l'astre S est vu sur la tangente AS', qui est située dans le même
plan, puisqu'elle est le prolongement du dernier élément qui

pénètre dans l'œil de l'observateur. Si l'atmosphère n'existait pas, l'astre serait vu dans la direction AS, tandis qu'on le voit suivant AS' : l'angle SAS' dont il est élevé se nomme *réfraction atmosphérique;* on voit qu'en général *la réfraction atmosphérique élève les astres dans le plan vertical en les rapprochant du zénith, et que son effet est d'autant plus considérable que l'astre est plus près de l'horizon.*

105. Confirmation de la théorie par l'observation. Ces résultats théoriques sont pleinement confirmés par l'observation. Ainsi, on remarque que le soleil et la lune sont un peu aplatis quand ils sont très-près de l'horizon. En effet, les deux extrémités A et B du diamètre horizontal de l'astre (*fig.* 45) sont élevées également, puisque les rayons lumineux émanés de ces points traversent, sous la même obliquité, les diverses couches atmosphériques. Mais les points C et D du diamètre vertical sont inégalement déplacés : le point inférieur D est plus élevé que le point supérieur C, car le rayon lumineux qui émane du premier traverse l'atmosphère plus obliquement que celui qui émane du second. La même chose a lieu, proportionnellement à leur longueur, pour toutes les cordes parallèles au diamètre CD, et, par conséquent, le disque de l'astre étant un peu diminué dans le sens vertical, et n'éprouvant aucune altération dans le sens horizontal, doit nous paraître légèrement aplati. Toutefois, la différence de déviation des deux rayons émanés du bord supérieur C et du bord inférieur D est peu considérable et devient complétement insensible dès que l'astre est à une certaine hauteur. A l'horizon même, le diamètre horizontal et le diamètre vertical sont à peu près dans le rapport de 8 à 7.

106. Une étoile circumpolaire est exactement à la même distance du pôle à chacun de ses deux passages méridiens (50), mais elle doit en paraître à des distances un peu différentes, à cause de la réfraction qui l'élève plus au passage inférieur qu'au passage supérieur. Par conséquent, la distance zénithale du pôle, égale à la demi-somme des deux distances zénithales observées d'une même étoile circumpolaire (50), sera elle-même altérée de la demi-somme des deux déplacements de l'étoile, quantité d'autant plus grande que celle-ci s'approche plus de l'horizon à son passage inférieur. On doit donc trouver pour la distance zénithale du pôle une valeur un peu différente, suivant qu'on emploie pour la déterminer une étoile circumpolaire plus ou moins distante du pôle. En effet, à Paris, on a trouvé pour cette distance :

Par l'étoile polaire.	41° 9′ 10″
Par α du Dragon.	41 8 47
Par la Chèvre.	40 57 50

Admettons que l'on soit parvenu, par des approximations successives, à déterminer la *distance vraie* du pôle au zénith d'un lieu, de Paris par exemple; comme on peut, d'après certaines observations indépendantes de la réfraction, calculer la distance vraie d'une étoile au pôle, si l'on observe une certaine étoile à son passage méridien, la différence entre la distance observée et la distance calculée sera la valeur de la réfraction pour la hauteur correspondante. On est ainsi parvenu à former des tables de réfraction qui donnent la quantité dont on doit *augmenter* la valeur observée de la distance zénithale d'un astre pour avoir la distance vraie, c'est-à-dire celle qu'on observerait s'il n'y avait pas d'atmosphère.

Au zénith, la réfraction est nulle, et l'on admet qu'elle est de 1″ pour chaque degré de distance zénithale jusqu'à 25° environ; au delà, elle croît beaucoup plus rapidement :

Elle est de	0′ 33″ à peu près à	30°
de	0′ 57″	à 45°
de	1′ 38″	à 60°
de	2′ 35″	à 70°
de	5′ 13″	à 80°
de	9′ 50″	à 85°
de	32′ 54″	à 90°

Un des effets de la réfraction atmosphérique, c'est d'allonger un peu les jours matin et soir. En effet, concevons un plan parallèle à l'horizon et mené à une distance de celui-ci égale à 33′ environ; à l'instant où les astres atteindront ce plan, ils nous paraîtront se lever ou se coucher. Il en résulte que les jours sont allongés matin et soir du temps que le soleil met à parcourir un arc de 33′, ce qui fait à peu près 4′ ½ de temps.

Les réfractions atmosphériques ne dépendent pas seulement de la hauteur de l'astre, mais aussi de la pression et de la chaleur de l'air au moment de l'observation, et, très-près de l'horizon, elles sont encore influencées par les vapeurs aqueuses répandues dans l'air. Aussi cherche-t-on toujours à diminuer, autant qu'on le peut, leur effet, en observant le plus près possible du zénith.

107. Composition et température de l'air. L'air atmosphérique se compose partout uniformément de gaz permanents mélangés, savoir, pour 100 parties en volume : de 21 d'oxygène, 79 d'azote et quelques millièmes d'acide carbonique. Il y faut joindre des quantités de vapeur d'eau, variables suivant la pression et la température.

L'air est échauffé par les rayons solaires, soit directs, soit réfléchis, exactement comme il est éclairé, c'est-à-dire d'autant plus qu'il est plus dense. On observe, en effet, que les couches voisines de la terre sont beaucoup plus chaudes que celles des régions supérieures. Ainsi M. Gay-Lussac, s'étant élevé en ballon à une hauteur d'environ 7,000 mètres, a observé une température continuellement décroissante; l'abaissement du thermomètre, d'autant plus rapide que la hauteur était plus considérable, fut de $34^o,4$ centigrades au point le plus élevé, et l'air y était tellement sec, que des feuilles de parchemin se contractaient comme si elles eussent été exposées au feu.

108. Vents, nuages, pluie, grêle. Les densités relatives des couches d'air éprouvent souvent des perturbations considérables, dont une des causes principales paraît être l'inégalité d'action calorifique du soleil sur les diverses parties de la surface terrestre. Il en résulte des mouvements plus ou moins rapides dans l'atmosphère, qui déterminent les vents, les nuages, la pluie, la neige, la grêle, etc., etc.

Les vents sont produits par de l'air qui se meut avec plus ou moins de vitesse. Dans les plus forts ouragans, la vitesse de l'air paraît être de 45 mètres par seconde.

Les nuages et les brouillards sont des amas de vapeurs aqueuses réunis en *globules,* dont l'enveloppe est une pellicule d'eau très-mince et l'intérieur de l'air humide et dilaté, ce qui en rend la densité moindre que celle de l'air des couches inférieures. Aussi les nuages se soutiennent-ils dans l'atmosphère par la différence de leur pesanteur spécifique; leur hauteur est variable, mais elle est peu considérable et paraît généralement comprise entre 1200 et 2400 mètres. Les sommets des hautes montagnes en sont souvent enveloppés.

Lorsque les nuages, chassés par le vent, pénètrent dans des régions plus froides, ils se résolvent en pluie. La neige et la grêle paraissent formées par le refroidissement subit de la vapeur d'eau dû à la même cause. La diminution de température des couches élevées de l'atmosphère explique les neiges perpétuelles qui recouvrent les sommets des hautes montagnes.

109. Vents alizés. Au milieu des mouvements accidentels de l'air atmosphérique, on a remarqué des phénomènes dont la régularité suppose une cause constante : tels sont les *vents alizés* des régions équatoriales. Comme ils ne peuvent être expliqués que dans l'hypothèse de la rotation de la terre, ils nous offrent une nouvelle preuve de la réalité de ce mouvement.

Un fait conforme aux lois de la physique, et confirmé par l'expérience, c'est que les rayons solaires qui viennent frapper une portion de surface terrestre l'échauffent d'autant plus que leur direction est plus voisine de la verticale : telle est une des causes principales de l'inégalité de température en hiver et en été dans nos climats. Dans les régions voisines de l'équateur, au contraire, le soleil ne s'écarte jamais considérablement du parallèle mené par la verticale, et l'on a toujours une température beaucoup plus élevée. Enfin, dans les régions voisines des pôles, le soleil frappe toujours très-obliquement, et même il y a certains jours de l'année où il ne paraît pas sur l'horizon : aussi le froid y est-il constamment fort intense.

Cela posé, les régions équatoriales étant beaucoup plus échauffées que toutes les autres, les couches inférieures de l'air y sont elles-mêmes à une température plus élevée que partout ailleurs. Il en résulte qu'elles se dilatent considérablement : ce qui leur imprime un mouvement ascendant continuel. Le vide produit auprès de la terre par ce courant appelle l'air inférieur des régions plus voisines des pôles, qui, n'étant pas échauffé de même, se dilate beaucoup moins. Si donc la terre était en repos, il y aurait dans les régions équatoriales deux courants continuels, l'un supérieur, de l'équateur vers les pôles, et l'autre inférieur, des pôles vers l'équateur. Ces deux courants existent en effet, mais telle n'est point leur direction : le courant inférieur, qu'on nomme *vent alizé*, est sensiblement dirigé de l'est à l'ouest, tandis que le courant supérieur est, en général, de direction contraire à celle de l'alizé inférieur, ainsi que le montre le mouvement des nuages élevés.

Pour expliquer ce singulier phénomène, il faut admettre que la terre tourne et communique à l'air atmosphérique sa vitesse de rotation. Or, tous les points de la surface terrestre, exécutant leur révolution diurne dans le même temps, ont une vitesse fort inégale : elle est la plus grande à l'équateur et diminue graduellement jusqu'aux pôles, où elle est rigoureusement nulle. Par conséquent, lorsque l'air inférieur des pôles s'écoule vers l'équateur, attiré par le vide que produit le courant ascendant équatorial, les molécules qui le composent arrivent, en chaque point de leur voyage, avec une vitesse de rotation propre, qui est moindre que celle des régions terrestres où elles se trouvent successivement transportées. Les objets fixes de la surface terrestre, ayant la même vitesse de rotation qu'elle, tournent plus vite que l'air environnant et le frappent, de l'ouest à l'est, avec l'excès de leur vitesse ; d'où résulte pour l'observateur le même effet que s'il était en repos et que le vent soufflât en sens contraire avec une égale vitesse. D'ailleurs, les molécules d'air conservent la vitesse avec laquelle elles arrivent à l'équateur, d'où résultent, en définitive, un courant dirigé suivant la ligne nord-est, dans les régions boréales, et un autre dirigé suivant la ligne sud-est, dans les régions australes.

Quant à l'air qui a été enlevé par le courant ascendant équatorial, lorsqu'il vient à retomber vers la terre dans les régions plus rapprochées des pôles, il conserve la grande vitesse de rotation vers l'est qu'il avait acquise par son séjour à l'équateur. Il frappe donc les couches sur lesquelles il vient tomber dans le sens de la rotation terrestre, c'est-à-dire vers l'est, et l'effet est le même que s'il régnait un vent venant de l'ouest. C'est à ce courant, descendu vers la surface de la terre dans nos régions plus boréales d'Europe, qu'on attribue la prédominance marquée des vents d'ouest qui s'y font sentir.

LIVRE TROISIÈME.

DU SOLEIL.

§ 1.

Du soleil. — Mouvement annuel apparent. — Écliptique. — Points équinoxiaux. — Constellations zodiacales. — Diamètre apparent du soleil,
variable avec le temps. — Le soleil paraît décrire une ellipse autour
de la terre. — Principe des aires. — Origine des ascensions droites. —
Ascension droite du soleil.

110. Mouvement annuel apparent du soleil. Nous avons
déjà dit (8) que, tout en participant au mouvement diurne,
certains astres ne conservent point les mêmes positions par
rapport aux étoiles fixes. La plus simple observation suffit
pour constater que le soleil, par exemple, change successivement de position relativement aux étoiles. En effet, en
regardant le ciel chaque soir, on reconnaît bientôt que les
constellations qui occupent le méridien sont différentes suivant les diverses saisons. Si l'on compte le temps avec une
pendule réglée sur le soleil, on verra que les étoiles qui
sont au méridien aujourd'hui à 10 heures, je suppose, y
reviendront le jour suivant un peu avant 10 heures, et
ainsi successivement, de telle sorte que dans trois mois
elles y arriveront 6 heures plus tôt; dans six mois le ciel aura
complétement changé d'aspect, et au bout d'un an l'état
primitif sera rétabli. Tout se passe donc comme si le soleil,
rétrogradant chaque jour d'un degré environ, parcourait
lui-même la sphère céleste tout entière dans l'espace
d'une année et en sens contraire du mouvement diurne.

Tout astre qui paraît occuper ainsi successivement des points différents sur la sphère céleste est dit avoir un *mouvement propre*.

111. Position apparente d'un astre. Concevons une droite ST (*fig.* 46) menée du centre de la terre au centre de l'astre S, dont nous voulons étudier le mouvement propre; convenablement prolongée, elle coupera la sphère céleste en un point *s* qui sera la *position apparente* de l'astre dans le ciel. Le rayon vecteur ST, suivant l'astre dans son mouvement propre, tracera sur la sphère céleste une certaine ligne qui sera l'ensemble ou le *lieu* des positions apparentes de l'astre S. Si l'on détermine l'ascension droite et la déclinaison du centre de l'astre S à un instant quelconque, on pourra marquer le point correspondant *s* sur un globe céleste (52); et en répétant cette opération pour un grand nombre de points, on pourra tracer, du moins fort approximativement, la courbe *ss'*... elle-même.

Lorsqu'un astre comme le soleil, la lune, etc., nous offre un volume ou disque sensible, on voit que, pour en avoir la position apparente à un instant donné, il faut connaître l'ascension droite et la déclinaison du centre même de l'astre.

Pour obtenir l'ascension droite, on observe à la lunette des passages l'instant précis où le premier bord du disque de l'astre vient toucher le fil vertical, et ensuite l'instant où le second bord touche ce même fil en le quittant; la demi-somme des deux temps ainsi déterminés donne évidemment l'instant du passage méridien du centre et par suite l'ascension droite de ce point (45).

Quant à la déclinaison, on l'obtient facilement quand on connaît la distance zénithale (50). Il nous suffit donc d'expliquer comment on peut déterminer la distance zénithale du centre d'un astre. Pendant que le disque traverse le champ de la lunette du mural, et au moment où le centre est près d'atteindre le fil vertical, on amène le fil horizontal à toucher le bord inférieur A (*fig.* 47); l'angle ZTA, qu'on lit à cet instant sur le limbe de l'instrument, est la distance zénithale du bord inférieur. On observe de la même manière la distance zénithale du bord supérieur B, et la demi-somme des deux résultats est évidemment la distance zénithale du centre. Il est bien entendu que chaque distance zénithale observée doit être augmentée de la valeur de la réfraction qui s'y applique (106).

Dans toutes les observations du soleil il y a d'ailleurs une précaution indispensable : toutes les fois, en effet, que l'on regarde cet astre dans une lunette, il faut mettre un verre fortement coloré, soit en avant de l'objectif, soit entre l'oculaire et l'œil, afin de diminuer l'intensité du faisceau de lumière et de chaleur qui se concentre au foyer de l'objectif et qui, sans cette précaution, désorganiserait l'œil de l'observateur.

112. Mouvement du soleil en ascension droite et en déclinaison. Admettons maintenant que l'on ait observé le soleil chaque jour à midi, et que l'on ait noté chaque fois l'ascension droite et la déclinaison de son centre. En comparant les ascensions droites à celles d'une étoile fixe, on reconnaît que le temps écoulé entre le passage méridien de l'étoile et celui du soleil augmente d'environ 4' par jour. Si, par exemple, les deux astres se trouvaient dans le méridien au même instant un certain jour, le soleil n'y reviendrait que 4' après l'étoile le lendemain, 8' le jour suivant, et ainsi de suite. Au bout de six mois le soleil retardera de 12 heures, et, à la fin de l'année, les deux astres reviendront au méridien en même temps ; mais pendant cet intervalle, l'étoile aura effectué un passage de plus que le soleil. Or 4' de retard dans le mouvement diurne correspondent à un angle horaire de 1° (31). Donc *le mouvement propre du soleil en ascension droite consiste en ce que cet astre paraît décrire chaque jour environ un degré, sur la sphère céleste, en sens contraire du mouvement diurne.*

Mais la courbe que semble ainsi tracer le soleil n'est point parallèle à l'équateur ; car, s'il en était ainsi, la déclinaison du centre de l'astre conserverait constamment la même valeur, tandis qu'au contraire elle change continuellement d'un jour au jour suivant : australe pendant une partie de l'année, en hiver, elle est boréale en été et devient nulle en deux points diamétralement opposés I, I' (*fig.* 51), après avoir atteint en deux autres points M, M', également opposés, des valeurs plus grandes que toutes celles des jours précédents et suivants.

113. Écliptique. Trajectoire ou orbite du soleil. En opérant ainsi, on pourra construire sur un globe céleste les positions du centre du soleil, telles qu'un observateur placé au centre de la terre les verrait dans le ciel à l'instant de chacune des observations. Soient *s*, *s'*, *s''*, trois points ainsi obtenus : si l'on trace le cercle de la sphère déterminé par ces trois points, on reconnaît que c'est un grand cercle, et qu'il passe par toutes les autres positions du centre du soleil observées de la même manière. Il faut en conclure, ce que d'ailleurs on vérifie par des calculs d'une précision bien supérieure aux constructions graphiques, que *le lieu des positions que paraît occuper successivement le centre du soleil est un grand cercle de la sphère céleste.* On le nomme *écliptique,* parce que, comme nous le verrons plus tard, les éclipses de lune et de soleil n'ont lieu qu'autant que la lune est très-près du plan de ce cercle. Il ne faut pas confondre l'écliptique, qui, étant un grand cercle de la sphère céleste, est placée à la distance même des étoiles, avec la courbe des points réellement occupés dans l'espace par le centre du soleil, qui est beaucoup plus rapproché de nous que les étoiles. Mais cette dernière courbe, qu'on appelle l'*orbite* ou la *trajectoire* du soleil, est entièrement située dans le plan de l'écliptique, attendu que tout rayon vecteur mené du centre de la terre au centre du soleil, et suffisamment prolongé, est un rayon de l'écliptique (111).

114. Obliquité de l'écliptique. On nomme *obliquité de l'écliptique* l'angle dièdre MII'E que fait le plan de l'écliptique avec celui de l'équateur. Soient MT et ET les deux

droites suivant lesquelles ces deux plans sont coupés par le méridien PMEP′, mené perpendiculairement à leur commune intersection II′, l'angle MTE est égal à l'obliquité de l'écliptique. Or, de tous les rayons visuels Ts, TM, Ts′, Ts″…, que l'on peut mener successivement du centre de la terre aux divers points de l'écliptique, celui qui fait le plus grand angle avec le plan de l'équateur est TM, situé dans le méridien PME perpendiculaire à ce plan. En effet, l'angle PTM est le minimum des angles que fait PT avec les différentes droites menées par le point T dans le plan de l'écliptique, et ces angles sont les compléments des déclinaisons correspondantes sTe, MTE, etc., du soleil. Donc *l'obliquité de l'écliptique est égale à la plus grande déclinaison du soleil.*

Il n'arrive pas, en général, que le soleil passe au méridien de l'observateur à l'instant même où sa déclinaison atteint la plus grande valeur; mais, en ce point, l'écliptique est tangent au parallèle céleste que décrit le soleil en vertu du mouvement diurne, et par conséquent la variation de la déclinaison est extrêmement peu sensible pendant un jour. Il suffit donc d'avoir mesuré la déclinaison du soleil, l'un des deux jours de l'année où elle a la plus grande valeur, pour avoir à fort peu près l'obliquité de l'écliptique. On a trouvé qu'elle était de 23° 27′ 57″ au commencement de 1800, et l'on a reconnu qu'elle diminue d'environ 48 secondes par siècle.

115. Points équinoxiaux. Points solsticiaux. Tropiques.
Les deux points I et I′, où l'écliptique coupe l'équateur, sont appelés *équinoxes* ou *points équinoxiaux,* parce que, ainsi que nous le verrons bientôt, quand le soleil y passe, les jours sont égaux aux nuits par toute la terre. On nomme *équinoxe du printemps* celui par lequel passe le soleil en remontant de l'hémisphère austral vers l'hémisphère boréal, et on le désigne par le signe ♈ ou point *Aries.* L'autre équinoxe, par lequel passe le soleil en redescendant de l'hémisphère nord dans l'hémisphère sud, se nomme *équinoxe d'automne*

et se désigne par le caractère ♎. La droite suivant laquelle se coupent le plan de l'écliptique et celui de l'équateur est dite la *ligne des équinoxes*.

Les deux points de l'écliptique M et M', situés aux extrémités du diamètre perpendiculaire à la ligne des équinoxes, sont appelés *points solsticiaux*, parce que, quand le soleil y est arrivé, il *s'arrête* dans le sens de la déclinaison et commence à se rapprocher de l'équateur. Les deux parallèles célestes qui passent par les points solsticiaux sont appelés *solstices* ou *tropiques*; celui qui est dans l'hémisphère boréal est dit *solstice d'été* ou *tropique du Cancer,* et l'autre *solstice d'hiver* ou *tropique du Capricorne.*

116. Pour déterminer complétement l'écliptique ainsi que les quatre points dont nous venons de parler, il suffit de connaître la position précise de l'un de ces points, par exemple de l'équinoxe du printemps ϒ. En effet, la droite ϒT, tracée dans le plan de l'équateur, sera la ligne des équinoxes; un plan mené suivant cette ligne, et faisant avec l'équateur un angle de 23° 28', sera l'écliptique, sur lequel les solstices M et M' seront à 90 degrés de chacun des deux équinoxes. Or, il y a un jour dans l'année où la déclinaison du soleil encore australe devient boréale le jour suivant, et par conséquent le soleil traverse l'équateur entre ces deux instants. On peut considérer, sans erreur sensible, comme des droites le petit arc d'écliptique BD (*fig.* 52), ainsi que l'arc d'équateur correspondant AC. Mais alors les deux triangles semblables ABϒ et ϒDC donnent la proportion

$$\frac{A\Upsilon}{C\Upsilon} = \frac{AB}{DC}. \text{ D'où } \textit{componendo } \frac{AC}{A\Upsilon} = \frac{AB+BC}{AB}, \text{ et par suite}$$

$$A\Upsilon = AC . \frac{AB}{AB+DC}.$$

D'ailleurs, quoique le mouvement propre du soleil en ascension droite ne soit pas tout à fait proportionnel au temps, on peut le considérer comme tel pendant le court intervalle d'un jour. Si donc on remplace, dans cette proportion, l'arc AC par le temps observé entre les deux passages successifs du soleil, AΥ exprimera le temps écoulé depuis le premier passage jusqu'à l'instant cherché de l'équinoxe.

117. Axe de l'écliptique, cercles polaires, colures. On nomme *axe de l'écliptique* une perpendiculaire à ce plan menée par le centre de la terre. Les deux points Q, Q' (*fig.* 54) où cette droite coupe la sphère céleste sont dits les *pôles de l'écliptique.* Celui qui est dans l'hémisphère boréal, le seul visible pour nous, est appelé pôle nord; l'autre est dit pôle sud ou austral. L'axe de l'écliptique et l'axe de l'équateur, étant respectivement perpendiculaires à ces deux plans, sont situés dans un même plan perpendiculaire à la ligne des équinoxes, et comprennent entre eux un angle égal à l'obliquité de l'écliptique, c'est-à-dire égal à 23° 28'. Par conséquent, le pôle nord de l'écliptique est un point de la sphère céleste dont l'ascension droite est de 90°, et la déclinaison de 90° — (23° 28'), = 66° 32'. Il est *actuellement* situé dans la constellation du Dragon, entre les deux étoiles ζ et δ.

On appelle *cercles polaires* les deux parallèles célestes qui passent par les pôles de l'écliptique, et qui sont par conséquent, de chaque côté de l'équateur, à 66° 32' de ce plan. On nomme *cercle polaire arctique* celui qui est situé dans l'hémisphère boréal, et *cercle polaire antarctique* celui qui est dans l'hémisphère austral.

On nomme *colures* les deux cercles horaires, perpendiculaires entre eux, qui passent l'un par les points solsticiaux et l'autre par les points équinoxiaux. Le colure des solstices passe évidemment par les pôles de l'écliptique.

118. Zodiaque, constellations et signes du zodiaque. L'écliptique partage la sphère céleste en deux hémisphères, que l'on appelle l'un boréal et l'autre austral, suivant le nom du pôle qu'ils renferment. C'est d'après leur position dans ces deux hémisphères que les constellations sont distinguées en boréales et australes.

On nomme *zodiaque* la zone de la sphère céleste comprise entre deux parallèles à l'écliptique situés de chaque côté et à 9 degrés environ de ce plan. Cette zone renferme douze constellations appelées *constellations zodiacales*. Pour définir le mouvement du soleil dans l'écliptique, on a divisé ce cercle en 12 arcs égaux, chacun par conséquent de 30 degrés, qu'on nomme les 12 *signes du zodiaque*, parce que chaque signe détermine une division correspondante dans le zodiaque. Ces 12 signes se désignent par les noms et les caractères suivants :

1 Le Bélier ♈		7 La Balance ♎
2 Le Taureau ♉		8 Le Scorpion ♏
3 Les Gémeaux ♊		9 Le Sagittaire ♐
4 L'Écrevisse ♋		10 Le Capricorne ♑
5 Le Lion ♌		11 Le Verseau ♒
6 La Vierge ♍		12 Les Poissons ♓

Pour retenir plus facilement les noms de ces 12 signes, on les a compris dans deux vers latins, où ils sont rangés dans l'ordre même suivant lequel le soleil les parcourt :

Sunt Aries, Taurus, Gemini, Cancer, Leo, Virgo,
Libraque, Scorpius, Arcitenens, Caper, Amphora, Pisces.

Le soleil entre dans le signe ♈ à l'instant de l'équinoxe du printemps; dans le signe ♉, environ un mois plus tard, quand il a décrit 30 degrés de l'écliptique, et ainsi successivement dans tous les autres. A l'instant du solstice d'été, l'astre entre dans l'Écrevisse ♋; à l'équinoxe d'automne il entre dans la Balance ♎, et au solstice d'hiver dans le Capricorne ♑.

Une remarque très-importante à faire, c'est qu'il n'y a de commun que les noms entre les signes du zodiaque et les constellations zodiacales; celles-ci occupent dans le ciel des positions toutes différentes de celles qui correspondent aux signes de même nom.

119. Diamètre apparent d'un astre. L'angle ATB (*fig. 47.*), sous lequel on voit le diamètre d'un astre, est dit le *diamètre apparent* de cet astre. On voit qu'il est égal à la différence des

distances zénithales du bord inférieur et du bord supérieur
de l'astre. On l'obtient aussi en notant le temps qui s'écoule
entre les instants où le premier et le second bord du disque
viennent toucher le fil vertical de la lunette des passages
et en réduisant ce temps en degrés à raison de 15° pour
1 heure.

Lorsqu'un astre ne reste pas constamment à la même
distance de la terre, on en est averti par le diamètre apparent, qui évidemment est d'autant plus petit que l'astre est
plus éloigné. Supposons qu'un même astre soit vu à une
distance TB (*fig*. 48), puis à une distance TB′; le diamètre
réel pouvant être considéré comme occupant successivement les deux positions CB, C′B′, égales et parallèles, on a
la proportion

$$\frac{BT}{B'T} = \frac{BC}{B'I}.$$

Or les arcs HK et HL, qui servent de mesures aux angles
BTC et B′TC′, c'est-à-dire les diamètres apparents observés,
peuvent être eux-mêmes considérés comme proportionnels à B′C′ = BC et à B′I ; ce qui donne

$$\frac{BC}{B'I} = \frac{HL}{HK},$$

et par conséquent on a

$$\frac{BT}{B'T} = \frac{HL}{HK} = \frac{\text{angle } C'TB'}{\text{angle } CTB}.$$

Donc enfin : *le diamètre apparent d'un astre varie en
raison inverse de sa distance à la terre.*

**120. Diamètre apparent du soleil variable avec le temps.
Périgée, apogée.** Après avoir reconnu la position exacte
de l'écliptique dans le ciel , proposons-nous de déterminer
la courbe même que trace le centre du soleil en vertu de
son mouvement propre , et que nous avons déjà nommée

orbite ou *trajectoire solaire*. Quoique situées dans le même plan, l'écliptique et l'orbite solaire sont deux courbes bien différentes : la première, en effet, peut être considérée comme l'intersection même de la sphère céleste par le plan commun, tandis que l'autre est beaucoup moins éloignée que la première, et n'est point un cercle comme elle, ainsi que nous allons le démontrer.

En effet, si le soleil décrivait un cercle autour du centre de la terre, il serait constamment à la même distance de ce point, et par conséquent son diamètre apparent conserverait la même valeur pendant toute l'année. Or, il n'en est point ainsi : à une certaine époque, vers le 1er janvier, on trouve le diamètre apparent du soleil $= 0° 32' 35'',5 = 0°,543213$: c'est la plus grande valeur qu'il atteigne de toute l'année, ou sa valeur *maximum*. A partir de ce moment, on observe que chaque jour le diamètre apparent du soleil diminue, jusqu'à ce que, vers le 3 juillet, il devienne égal à $0° 31' 30'',9 = 0°,525267$, qui est sa valeur *minimum*. Il augmente ensuite jusqu'à ce qu'il ait atteint de nouveau son maximum, pour recommencer à décroître, et ainsi de suite. Il est donc bien établi que la trajectoire solaire n'est point un cercle.

Les deux points pour lesquels le diamètre apparent du soleil offre la plus grande et la plus petite valeur sont situés sur un même diamètre de l'écliptique, c'est-à-dire à 180 degrés l'un de l'autre en ascension droite, et se nomment l'un *périgée* et l'autre *apogée,* parce que dans le premier cas le soleil est plus rapproché de la terre, et dans le second, plus éloigné, qu'en aucun des autres points de son orbite. La ligne qui joint l'apogée et le périgée est dite *ligne des apsides.* La plus grande et la plus petite distance du soleil à la terre sont inversement proportionnelles aux diamètres apparents correspondants (119) : le rapport de ces distances est donc $\frac{543213}{525267} = 1,03416...$; c'est-à-dire que si l'on représente par 1 la distance périgée, la distance apogée sera 1,03416. On nomme *distance moyenne* la demi-somme de ces deux valeurs, qui est $\frac{1}{2}$ (1 + 1,03416) = 1,01708. Si l'on prend

cette distance moyenne pour unité, la plus grande sera
$\frac{1,03416}{1,01708}$ = 1,01679, et la plus petite $\frac{1}{1,01708}$ = 0,98321.

Ainsi *la distance du soleil à la terre varie annuellement, en plus et en moins, d'une quantité à peu près égale à la 0,0168 partie de la distance moyenne.*

121. Vitesse angulaire du soleil. La vitesse avec laquelle le soleil parcourt son orbite varie aussi, mais en sens inverse de la distance à la terre. On nomme *vitesse angulaire* d'un astre l'angle sous lequel on verrait du centre de la terre l'arc décrit par l'astre en un jour en, vertu de son mouvement propre. Connaissant l'ascension droite et la déclinaison du soleil chaque jour à midi, on aura les directions des rayons vecteurs menés à ces instants du centre de la terre au centre du soleil, et partant on pourra déterminer les angles compris entre chacune de ces lignes et la suivante, ce qui donnera la vitesse angulaire de l'astre pour tous les jours de l'année. On reconnaît ainsi qu'elle est *maximum* quand le soleil est au périgée, et égale à 61',165; tandis qu'elle est *minimum* quand le soleil est à l'apogée, et égale à 57',192.

Or, l'arc décrit par le centre du soleil en un jour étant plus éloigné à l'apogée qu'au périgée, devrait paraître plus petit dans le premier cas que dans le second, quand bien même il conserverait exactement la même longueur. On peut donc se demander si la variation observée dans la vitesse apparente du soleil accuse bien un changement de vitesse réelle, et ne tient pas simplement à la variation de la distance de l'astre. Or si l'arc décrit par le soleil chaque jour se transportait à des distances différentes sans changer de longueur, les angles sous lesquels on le verrait seraient en raison inverse des distances (119); celles-ci étant elles-mêmes inversement proportionnelles aux diamètres apparents, le rapport des vitesses $\dfrac{61165}{57192} = 1,0694\ldots$ serait égal à celui des diamètres apparents corrrespondants, ce qui n'a visiblement pas lieu, puisque ce dernier rapport a été trouvé égal à 1,03416... (120). Donc la vitesse propre du soleil est réellement plus grande au périgée qu'à l'apogée, et va continuellement en diminuant depuis ce premier point jusqu'au second, pour augmenter ensuite depuis le second jusqu'au premier.

122. Le soleil paraît décrire une ellipse autour de la terre. Proposons-nous maintenant de tracer une courbe, sinon égale, du moins semblable à l'orbite solaire. Soit pour cela le plan de l'écliptique figuré par une feuille de papier, le centre de la terre par le point T (*fig.* 56), et la ligne des apsides par la droite AB. Si à partir de T je prends deux distances TA et TB qui soient dans le rapport de $\dfrac{1}{1,03416}\ldots$, le point A représentera le périgée et le point B l'apogée. Je fais ensuite les angles S_1TA, S_2TS_1, S_3TS_2, etc., égaux respectivement aux vitesses apparentes de l'astre données par l'observation ; puis je porte sur chacune de ces lignes une longueur qui soit à TA dans le rapport de l'unité au diamètre apparent correspondant. En unissant d'un trait continu tous les points S_1, S_2, S_3... ainsi obtenus, on aura fort approximativement la courbe demandée. On est parvenu à reconnaître, et l'on a ensuite démontré par les calculs les plus précis, que cette courbe, légèrement ovale, est de la nature de celles qu'on obtient en coupant un cône droit circulaire par un plan oblique à l'axe, et qu'on nomme *ellipses*.

Une propriété de l'ellipse, qui peut servir à la définir et à la tracer graphiquement, c'est que *la somme des distances de l'un quelconque de ses points à deux points fixes* F *et* T (*fig.* 56), *appelés foyers, est toujours la même.* Concevons un fil attaché par ses deux extrémités aux deux foyers F, T, et tendu par une pointe placée en M; si l'on fait tourner cette pointe de manière qu'elle tienne le fil constamment

7.

tendu, quand elle aura fait une révolution complète, l'ellipse sera tracée. La droite AB qui passe par les deux foyers, et se termine de part et d'autre à la courbe, est dite *le grand axe de l'ellipse*. Le milieu C du grand axe est *le centre*, qui est aussi le milieu de la distance FT des deux foyers. On nomme *excentricité* la distance CF du centre à l'un des deux foyers. Plus l'excentricité est grande, plus la courbe est allongée ; si elle était nulle, les deux foyers se confondraient avec le centre, et l'ellipse dégénérerait en un cercle. La droite DE, terminée à la courbe et perpendiculaire au grand axe en son milieu, est dite le *petit axe*. Les quatre points où les deux axes coupent l'ellipse sont appelés *sommets*, et on les distingue en sommets du grand axe et sommets du petit axe. Enfin on nomme *rayon vecteur* toute droite allant d'un foyer à un point quelconque de l'ellipse.

En même temps qu'on a démontré l'identité de l'orbite solaire avec une ellipse. On a reconnu que la terre occupe un des foyers ; et comme dans une ellipse quelconque le plus grand et le plus petit rayon vecteur sont ceux qui joignent le foyer F aux deux sommets, la ligne des apsides coïncide avec le grand axe. Cette droite, divisant l'ellipse en deux parties égales, le soleil met exactement le même temps pour aller du périgée A à l'apogée B que pour revenir du dernier de ces points au premier. Mais la vitesse angulaire de l'astre est plus grande au périgée qu'à l'apogée (121).

123. Principe des aires. Si l'on élève au carré la valeur 1,03416.... du rapport des distances maximum et minimum du soleil à la terre, on obtient 1,06938..., nombre qui ne diffère pas sensiblement du rapport des vitesses apparentes correspondantes 1,0694..... Donc les arcs décrits par le soleil en un jour au périgée et à l'apogée sont sensiblement dans le rapport inverse des carrés des distances de ces mêmes points au centre de la terre. En comparant les vitesses apparentes et les rayons vecteurs pour des points quelconques de l'orbite solaire, on a pareillement reconnu que partout les vitesses apparentes sont inverse-

ment proportionnelles aux carrés des rayons vecteurs correspondants, et par conséquent *le produit de l'arc que décrit
le centre du soleil en un jour, multiplié par le carré du rayon
vecteur correspondant, conserve sensiblement la même valeur pendant toute l'année.*

Soient T (*fig.* 58) le centre de la terre supposée fixe, S et
S′ les positions du soleil deux jours consécutifs à midi,
l'aire STS′ décrite par le rayon vecteur solaire diffère extrê-
mement peu d'un secteur circulaire qui aurait pour rayon
ST et pour arc SS′. On a donc sensiblement aire STS′
$= \frac{1}{2}$ ST × SS′. Or, $\dfrac{SS'}{\text{angle STS}'} = \dfrac{ST}{1}$; d'où aire STS′
$= \frac{1}{2}$ ST² × vitesse angulaire STS′.

Par conséquent, l'aire décrite chaque jour par le rayon
vecteur solaire conserve constamment la même valeur, de
sorte que les aires décrites en deux jours, en trois jours, etc.,
sont deux fois, trois fois.... plus grandes que celle qui est
décrite en un jour. Donc généralement : *les aires décrites
par le rayon vecteur du soleil sont proportionnelles* aux temps
employés à les décrire.

124. Origine des ascensions droites. Les ascensions
droites des étoiles et du soleil, telles que nous les avons
considérées jusqu'à présent, sont toutes comptées à partir
d'un méridien déterminé par une certaine étoile (32). Or,
les astronomes sont dans l'usage d'adopter pour premier
méridien céleste celui PIP′ qui passe par l'équinoxe du printemps. Il s'agit donc d'expliquer comment on peut rapporter
au point ♈, pris pour origine des mouvements célestes, les
ascensions droites déterminées par rapport à une certaine
étoile. Supposons par exemple que cette étoile soit la Lyre,
et admettons que la pendule de l'observatoire, réglée sur
le temps sidéral, marque 0ʰ 0′ 0″ à l'instant où elle passe
au méridien ; on note le temps écoulé depuis cet instant
jusqu'à celui du midi qui précède l'équinoxe et l'on y ajoute
celui A♈ (115) qui sépare ce moment de l'instant où le so-

leil arrive à l'équinoxe. On obtient ainsi, en temps sidéral l'ascension droite du point Υ par rapport au méridien de la Lyre, et, si l'on retarde la pendule de ce dernier temps, on sera sûr qu'elle marquera chaque jour 0ʰ 0′ 0″ à l'instant du passage du point Υ au méridien. Toutes les ascensions droites observées ensuite seront donc comptées à partir du méridien PΥP′. Quant à celles qui avaient été obtenues par rapport à la Lyre, il suffira d'en retrancher l'ascension droite du point Υ pour qu'elles soient rapportées à l'équinoxe du printemps.

125. Ascension droite du soleil. En appliquant ce que nous venons de dire au soleil nous voyons que, cet astre étant par exemple en S (*fig.* 57), son ascension droite sera l'arc d'équateur Υe compris entre le point Υ et celui où le méridien PSP′ coupe l'équateur. Nous avons dit au n° 112 que chaque jour l'ascension droite du soleil augmente de 1° environ ; mais cette augmentation n'est pas exactement la même pour les différents jours de l'année. Si le mouvement du soleil en ascension droite était uniforme, cet astre mettant, comme nous le verrons bientôt, 366,242264 jours sidéraux pour revenir au même point de l'écliptique, l'augmentation d'ascension droite serait, par jour sidéral, de $\dfrac{360°}{366,242264}$ $= 0° 58′ 58″,235$, et, au bout de n jours après l'équinoxe du printemps l'ascension droite du soleil serait de n fois cet arc. Mais il n'en est pas tout à fait ainsi : l'ascension droite ainsi déterminée se nomme *l'ascension droite moyenne,* et il faut l'augmenter ou la diminuer d'une petite quantité, qu'on nomme *équation du temps,* pour avoir l'ascension *droite vraie* du soleil.

On nomme généralement en astronomie *équation* une petite quantité variable dont il faut augmenter ou diminuer une quantité moyenne facile à obtenir directement pour avoir la valeur vraie de cette quantité. Nous reviendrons bientôt sur l'équation du temps et sur son emploi dans l'évaluation des jours.

§ 2.

Temps solaire vrai et moyen. — Principe élémentaire des cadrans solaires. — Année tropique. — Sa valeur en jours moyens. — Calendrier. — Réforme julienne. — Réforme grégorienne.

126. Temps solaire vrai. Une des plus belles applications de l'astronomie consiste dans l'usage universellement adopté de mesurer le temps par les mouvements célestes. Ainsi le mouvement propre apparent du soleil produit l'année de même que la révolution diurne donne naissance au jour. Mais on distingue des jours de plusieurs espèces. Le jour sidéral que nous avons défini au n° 24 n'est employé que par les astronomes, et encore n'est-il ordinairement usité que dans les observations où il est facile de régler la pendule sur la marche des étoiles. Les différentes périodes employées dans la vie civile pour la division du temps sont toutes déterminées par le soleil, dont le mouvement règle nos travaux et s'observe avec le plus de facilité. On nomme *jour vrai* ou *solaire* le temps qui sépare deux passages consécutifs du soleil au même méridien. On le fait ordinairement commencer à minuit, instant du passage du soleil au méridien inférieur, et on le divise en deux périodes égales chacune de 12 heures. Le *temps vrai* est une durée quelconque exprimée en *jours vrais*.

Le jour vrai est plus long que le jour sidéral, puisque le soleil, en vertu de son mouvement propre, retarde chaque jour environ de 4 minutes sur les étoiles, et passe une fois de moins au méridien dans l'intervalle d'une année (110); ce qui donne un jour sidéral de plus que de jours vrais. Ainsi le jour vrai se compose de deux parties : l'une égale à la durée du jour sidéral et l'autre au retard journalier du soleil sur les étoiles. La première est complétement invariable (24), mais la seconde change de durée suivant la position du soleil sur l'écliptique, et par conséquent le jour vrai lui-même varie en longueur suivant les différentes saisons de l'année.

En effet, soit B (*fig.* 57) une étoile qui passe au méridien de l'observateur en même temps que le soleil, supposé en S sur l'écliptique; au bout d'un jour sidéral, l'étoile sera revenue au méridien, et le soleil sera en S'. Lorsque le cercle horaire PS'P' sera venu coïncider avec le méridien, le soleil ne sera pas encore rigoureusement dans ce plan; car, pendant que la sphère céleste tourne de la quantité angulaire SPP'S', le soleil parcourt, en vertu de son mouvement propre, un petit arc d'écliptique et s'éloigne un tant soit peu du point S'; mais cet arc parcouru par le soleil en quelques minutes seulement est si petit, qu'on peut le négliger sans erreur sensible. Nous pouvons donc considérer l'excès du jour vrai sur le jour sidéral comme égal au temps que met à traverser le méridien fixe de l'observateur l'arc d'équateur *ee'*, compris entre les deux plans horaires menés par les extrémités S et S' de l'arc que décrit le soleil en vertu de son mouvement propre pendant la durée d'une révolution sidérale. Or, cet arc *ee'* change de longueur suivant les différentes époques de l'année par deux raisons :

1° L'arc d'écliptique SS' varie comme la vitesse angulaire du soleil dont il est la mesure, c'est-à-dire entre 57',192 à l'apogée et 61',165 au périgée (121). 2° Pour une même longueur de l'arc d'écliptique SS', l'arc correspondant d'équateur *ee'* sera différent suivant l'angle de SS' avec le parallèle S*i* mené par le point S : car, en considérant le petit triangle SS'*i* comme rectiligne, on a $Si = \sqrt{\overline{SS'}^2 - \overline{S'i}^2}$; et par conséquent l'arc S*i*, ou son correspondant *ee'*, sera d'autant plus grand, pour une même valeur de SS', que S'*i* sera plus petit. Or, ce dernier S'*i* peut être considéré comme nul aux solstices, et augmente continuellement depuis ces points jusqu'aux équinoxes, où il atteint son maximum. Donc le jour vrai serait maximum aux solstices et minimum aux équinoxes si la vitesse apparente du soleil dans l'écliptique conservait constamment la même valeur. Mais comme celle-ci varie elle-même, ces deux causes agissent tantôt dans le même sens, tantôt en sens contraire, pour altérer la longueur du jour vrai. Toutefois la différence entre le jour vrai le plus long et le plus court étant très-petite, 51 secondes environ, on la néglige dans les usages civils ; mais en astronomie, il est d'autant plus nécessaire d'y avoir égard, qu'elle finit, en s'accumulant pendant un certain nombre de jours, par produire un résultat très-notable.

127. Temps moyen. Pour cela, les astronomes conçoivent d'abord un astre *fictif* S' (*fig.* 58), parcourant l'écliptique avec une vitesse uniforme, dans le même sens que le soleil S, partant du périgée au même instant et exécutant sa révolution complète exactement dans le même temps. En partant du périgée A, le soleil vrai commence par avancer chaque jour sur l'astre fictif, puis à un certain moment l'avance se change en retard, et les deux astres arrivent ensemble à l'apogée B ; à partir de ce point, le retard continue d'abord, puis se change en avance, et les deux astres reviennent au même instant au périgée A. L'angle STA, formé à une certaine époque par le rayon vecteur ST, mené de la terre au soleil, avec le rayon TA du périgée se nomme l'*anomalie vraie du soleil*. On appelle *anomalie moyenne* l'angle S'TA formé de même en substituant le soleil fictif au soleil vrai, et la différence de ces deux angles STS' est dite l'*équation du centre*.

Concevons encore un second *astre fictif* S'' parcourant, non plus l'écliptique, mais l'équateur, avec une vitesse parfaitement uniforme, toujours dans le sens du mouvement propre du soleil vrai, et se retrouvant à l'équinoxe du printemps ♈ à l'instant même où l'astre fictif S' passe en ce point. Ce dernier astre S'', que l'on appelle *soleil fictif moyen*, vient passer chaque jour au méridien fixe de l'observateur à des intervalles de temps parfaitement égaux ; chacun de ces intervalles est dit *jour moyen astronomique*, ou simplement *jour moyen*. Supposons qu'à un certain instant le soleil vrai S passe au méridien en même temps que le soleil fictif moyen S'' ; au bout d'une année tropique les deux astres coïncideront de nouveau, et pendant cette durée, il y aura eu le même nombre de jours vrais et de jours moyens. Enfin une pendule parfaitement réglée, et marquant midi chaque année à l'instant du passage méridien commun du soleil vrai et du soleil fictif moyen, indiquera continuellement les jours moyens.

Le soleil fictif moyen S″ parcourt l'équateur avec une vitesse égale à celle avec laquelle le soleil fictif S′ décrit l'écliptique. Or ces deux astres fictifs partent ensemble de l'équinoxe du printemps ; par conséquent, à un instant quelconque l'ascension droite du soleil fictif moyen S″ est égale à l'arc d'écliptique décrit par S′ depuis son passage en ♈. Quant à l'ascension droite du soleil vrai, elle est égale à celle du soleil moyen S″, qui varie proportionnellement au temps, augmentée ou diminuée de l'arc d'équateur compris entre les plans horaires de ces deux astres, arc qui varie périodiquement et qui est nul quatre fois dans l'année. C'est l'*équation du temps*, et l'on voit qu'il suffit d'en connaître la valeur pour avoir le temps moyen, connaissant le temps vrai.

On nomme *temps moyen* celui qui est exprimé en jours moyens, de même que celui qui est compté en jours vrais ou en jours sidéraux est dit *temps vrai* ou *temps sidéral*. On exprime en général les dates astronomiques en temps moyen compté d'un méridien déterminé. Celles que nous donnerons dans la suite de ce traité seront exprimées en temps moyen du méridien de Paris.

128. Comparaison du temps vrai avec le temps sidéral et le temps moyen. Puisque l'année renferme un jour sidéral de plus qu'elle ne contient de jours moyens, il est aisé de trouver la valeur de l'un de ces jours par rapport à l'autre. En effet, en comparant un grand nombre d'observations faites à différentes époques, Delambre a trouvé pour la durée de l'année tropique moyenne :

$$365^{j},242264 = 365^{j} \ ^{m.} \ 5^{h} \ 48' \ 51'',67.$$

Il en résulte que 1000000 années valent 365242264 jours moyens et 366242264 jours sidéraux.

On a donc $365242264^{j.\ m.} = 366242264^{j.\ s.}$.

Et par suite $1^{j.\ m.} = 1^{j.\ s.}{,}0027379$.

Et $1^{j.\ s.} = 0^{j.\ m.}\ 23^{h.}\ 56' - 4''{,}089$.

Par conséquent, l'avance des étoiles sur le soleil moyen est de $3'\ 55''{,}911$ par jour.

Avec ces nombres, on convertira aisément un temps sidéral en temps moyen, et réciproquement. On pourra aussi se servir des étoiles pour régler une pendule sur le temps moyen : en effet, si l'on note l'heure qu'elle marque à l'instant du passage méridien d'une certaine étoile, il faudra, pour être bien réglée, qu'elle retarde de $3'\ 53''{,}9$ le lendemain à l'instant du passage méridien de la même étoile.

Pour comparer le temps vrai au temps moyen, les astronomes calculent l'équation du temps pour chaque jour de l'année. On peut aussi se servir pour cet usage de la *Connaissance des temps* ou bien de l'*Annuaire du bureau des longitudes*, où l'on trouve une table *du temps moyen au midi vrai* pour chaque jour de l'année. Supposons, par exemple, qu'un phénomène soit arrivé le 15 octobre 1852 à $6^h\ 25'\ 36''$ du soir, temps vrai, et que l'on en demande l'heure en temps moyen. Je trouve pour 1852, 15 octobre, temps moyen au midi vrai $= 11^h\ 45'\ 54''$. En ajoutant à ce dernier nombre la date donnée, et retranchant 12^h, on a $6^h\ 11'\ 30''$ pour le résultat cherché, en négligeant toutefois la quantité dont le temps moyen s'écarte du temps vrai depuis midi jusqu'à l'heure donnée.

A Paris, et dans la plupart des grandes villes, on règle actuellement les horloges publiques sur le temps moyen. Pour comparer leur marche à celle du soleil, on pourra se servir du tableau suivant, où nous avons inscrit, de 5 jours en 5 jours, l'avance et le retard d'une pendule moyenne à midi vrai. Ces nombres se rapportent, il est vrai, à 1860, et ils varient un peu avec le temps à cause du mouvement du périgée ; mais les changements qu'ils éprouvent sont peu considérables, et ils pourront servir sans erreur sensible pendant une période de 15 à 20 ans.

Nombre de minutes et secondes dont une pendule réglée sur le temps moyen doit avancer ou retarder sur le soleil à midi vrai pour 1860.

Mois.	Dates.	Avance.		Mois.	Dates.	Avance.	
JANVIER.	1	3′	37′	JUILLET.	5	4′	16′
	5	5	28		10	5	3
	10	7	37		15	5	39
	15	9	32		20	6	3
	20	11	11		25	6	19
	25	12	31		31	6	5
	31	13	49				
FÉVRIER.	5	13	49	AOUT.	5	5	41
	10	14	15		10	5	3
	15	14	25		15	4	11
	20	14	3		20	3	6
	25	13	14		25	1	47
	29	12	42		31	0	3
MARS.	5	11	37	SEPTEMBRE.		Retard.	
	10	10	22		5	1	33
	15	8	58		10	3	15
	20	7	30		15	5	0
	25	5	58		20	6	45
	31	3	50		25	8	29
					30	10	9
AVRIL.	5	2	38	OCTOBRE.	5	11	41
	10	1	29		10	13	4
		Retard.			15	14	15
	15	0	5		20	15	11
	20	1	4		25	15	52
	25	2	12		31	16	17
	30	2	57				
MAI.	5	3	30	NOVEMBRE.	5	16	15
	10	3	49		10	15	53
	15	3	54		15	15	10
	20	3	43		20	14	5
	25	3	20		25	12	41
	31	2	15		30	10	58
JUIN.	5	1	47	DÉCEMBRE.	5	8	59
	10	0	51		10	6	37
		Avance.			15	4	24
	15	0	11		20	1	55
	20	1	15			Avance.	
	25	2	20		25	0	26
	30	3	22		31	3	30

Le temps moyen s'accorde avec le temps vrai à quatre époques de l'année, qui sont actuellement le 14 avril, le 15 juin, le 31 août et le 24 décembre, et entre lesquelles il y a alternativement retard et avance. Il est à remarquer que les deux périodes qui correspondent à l'hiver sont plus longues que les autres et offrent des écarts beaucoup plus considérables : le plus grand retard, qui a lieu le 3 novembre, atteint 16′ 18″,38, et la plus grande avance, le 11 février, 14′ 30″,70. Concluons de là qu'une montre très-bien réglée, et d'accord avec le soleil un jour donné, en différerait sensiblement quelque temps après sans s'être dérangée. Si, par exemple, l'accord avait lieu le 3 novembre, au 11 février la différence serait de 30′ 49″,08, un peu plus d'une demi-heure.

129. Cadrans solaires. Lorsqu'on n'a pas d'instruments astronomiques à sa disposition, on peut se servir, pour obtenir l'heure vraie par l'observation du mouvement diurne du soleil, de divers appareils fort simples, appelés *cadrans solaires*, qui, sans offrir une grande exactitude, peuvent suffire dans la plupart des usages ordinaires. Ils reposent en général sur ce principe évident, que si l'on considère un *style* ou verge rectiligne fixe et une *table* ou surface quelconque exposés en même temps aux rayons solaires, l'ombre du style sur la table coïncidera avec l'intersection de celle-ci par un plan mené suivant le style et par le centre du soleil.

D'après cela, pour avoir l'heure de midi, il suffit d'avoir tracé la méridienne du lieu sur une surface quelconque, et de noter l'instant où un style vertical projette son ombre exactement sur cette ligne : car, à ce moment, le méridien qui passe toujours par la méridienne et par la direction verticale du style (15) contient le centre du soleil. Pour rendre l'observation plus facile, on remplace souvent le style par une plaque percée en son centre d'une petite ouverture qui forme un point brillant au milieu de l'ombre projetée par la plaque. Si l'ouverture de la plaque est exactement située dans le plan du méridien, il sera midi à l'instant où le point brillant viendra tomber sur la méridienne ; car, à ce moment, le plan déterminé par la méridienne, et la droite qui va du centre de la plaque au centre du soleil, est le méridien du lieu.

130. Gnomon. Cet appareil, appelé *gnomon*, peut aussi servir à faire connaître la direction de la méridienne. En effet, supposons que sur une table horizontale on ait placé un style verticale OI ; on pourra suivre toute la journée sur la table l'ombre du style, dont la longueur sera évidemment d'autant moindre que l'astre sera plus élevé sur l'horizon. Si donc on pouvait déterminer avec précision la direction de l'ombre, à l'instant où elle est la plus courte, on aurait la méridienne, car le soleil atteint le point le plus élevé de son cours au moment où il est dans le méridien. Mais comme il n'est pas possible de mesurer toutes les ombres pour avoir la plus courte, on remarque qu'aux mêmes heures, avant et après midi, le soleil ayant des *hauteurs correspondantes* égales, les ombres sont de même longueur et réciproquement. Soient donc (*fig.* 59) Om et Om' deux ombres égales : le méridien, étant perpendiculaire sur le milieu de la droite qui joint les deux positions correspondantes du soleil, divise en deux parties égales le dièdre mOIm', et par conséquent la méridienne est la bissectrice de l'angle mOm'. Si donc l'on trace, du point O comme centre, plusieurs circonférences concentriques, et que l'on marque, avant et après midi, les points m et m', n et n', p et p'..., où les extrémités de l'ombre du style viennent rencontrer chacune d'elles, les cordes mm', nn', pp'..., seront divisées en leurs milieux par la méridienne. Par conséquent, la perpendiculaire abaissée du point O sur l'une d'elles les coupera toutes en leurs milieux, ce qui offrira une vérification, et ce sera la méridienne demandée.

131. Direction du style. Les cadrans solaires proprement dits fournissent les différentes heures de la journée, par les positions que prend successivement l'ombre d'un style sur une table que nous supposerons plane. Concevons le méri-

dien du lieu et des plans horaires coupant l'équateur de 15°
en 15° de chaque côté du méridien; lorsque le soleil arrivera
dans le premier, il sera midi, et il traversera successivement chacun de ceux qui suivent à 1 h., 2 h., 3 h..., de
même qu'il aura traversé les précédents à... 9 h., 10 h.,
11 h. Or, tous ces plans se coupent suivant l'axe du monde,
ou, ce qui revient au même, suivant une parallèle à cet
axe passant par le lieu que l'on considère. Par conséquent,
si l'on place un style parfaitement parallèle à l'axe de rotation diurne, il sera situé à la fois dans tous nos plans horaires, et projettera son ombre, aux différentes heures de
la journée, suivant les traces de ces plans sur la table du
cadran, quelle qu'en soit d'ailleurs la direction. Ainsi, *dans
tout cadran solaire, la direction du style doit être exactement
celle de l'axe de rotation diurne.* Quant à la table, elle peut
être placée d'une manière quelconque; mais il y a quelques
positions que l'on préfère ordinairement, et qui distinguent
les différentes espèces de cadrans solaires.

132. Cadran équinoxial. Dans le *cadran équinoxial,* la
table est parallèle au plan de l'équateur, et par conséquent
peut être considérée comme située dans ce plan lui-même
(71). Il en résulte que le style est perpendiculaire à la table
et que les lignes horaires font toutes entre elles des angles
égaux, et de 15° chacun. La construction de ce cadran est
très-facile, puisqu'il suffit de tracer un cercle, de le diviser
en 24 parties égales, et de placer le style au centre, perpendiculairement au plan de la table. Le cadran une fois construit, il faut l'*orienter,* c'est-à-dire le placer de manière
que le diamètre AO, ou ligne de midi, soit dans le méridien,
et que le style coïncide avec la direction de l'axe de rotation
diurne. Pour cela, je commence par tracer la méridienne
AM (*fig.* 60) sur un plan horizontal BCD; puis je construis
un triangle rectangle AOM, en cuivre ou en bois, dont l'un
des angles aigus M soit égal à la latitude du lieu, et je le
place de manière que l'hypoténuse AM coïncide avec la méridienne, et que le plan AMO soit vertical; ce dont je m'as-

sure avec un fil à plomb. Enfin, j'applique le cadran sur
ce triangle de manière que la ligne de midi coïncide
avec le côté AO, opposé à l'angle M, et le style avec l'autre
côté MO.

Il est difficile, dans la pratique, de satisfaire exactement
à ces diverses conditions; mais on a quelques *vérifica-
tions* qui permettent de reconnaître si elles sont remplies, et de rectifier au besoin la pose du cadran. D'a-
bord la ligne de 6 heures étant perpendiculaire à la ligne de
midi, ainsi qu'au plan du méridien, doit être parallèle
au plan horizontal, et par conséquent à la trace de la table
du cadran sur ce dernier plan. Donc cette trace elle-même
doit être perpendiculaire à la méridienne, ainsi qu'à la ligne
de midi. D'ailleurs, le soleil décrivant chaque jour sensiblement un cercle parallèle à la table du cadran, le rayon
lumineux, qui va du centre de l'astre à l'extrémité du style,
trace un cône droit circulaire dont l'intersection par le
plan du cadran est un cercle ayant pour centre le pied du
style. Il en résulte que, pendant toute la journée, les ombres
du style sur la table du cadran doivent conserver la même
longueur. Toutefois cette condition n'est rigoureuse que
vers les solstices, époques où le mouvement du soleil en
déclinaison peut être considéré comme nul. Si donc, quelques jours avant ou après le solstice d'été, par exemple, on
reconnaît que les ombres sont un peu plus longues dans
une direction que dans la direction opposée, on inclinera
légèrement le cadran dans le sens des ombres les plus cour-
tes, et, par quelques essais successifs, on parviendra à corriger ce qu'il y avait d'inexact dans la première pose.

Il faut remarquer que les ombres se projettent sur la face
supérieure du cadran équinoxial en été, et sur la face inférieure en hiver; tandis qu'aux équinoxes, le soleil étant
dans le plan même du cadran, n'en éclaire que le bord. Il
faut donc marquer les lignes horaires sur les deux faces de
la table et entourer celle-ci d'un rebord saillant, pour recevoir les ombres au moment des équinoxes.

133. Cadran horizontal. Dans le *cadran horizontal,* le plan de la table est parallèle à l'horizon, et par conséquent le style est incliné à ce plan d'un angle égal à la latitude du lieu. Quant aux lignes horaires, comme elles passent toutes par le pied du style, il suffit de connaître un second point de chacune d'elles pour pouvoir les tracer. Admettons que l'on ait construit et orienté, ainsi qu'on vient de le dire, un cadran équinoxial dont le style coïncide en direction avec celui du cadran horizontal que l'on veut construire. Chaque plan horaire passant à la fois par les lignes horaires des deux cadrans, si l'on prolonge convenablement celles du cadran équinoxial, les points où elles iront couper la table du cadran horizontal appartiendront aux lignes horaires de celui-ci. On aura donc ainsi le second point cherché de chacune de ces lignes, et il n'y aura plus qu'à joindre au centre du cadran ces différents points, qui seront évidemment tous situés sur la commune intersection des tables des deux cadrans.

De là résulte un moyen très-simple de construire *graphiquement* les lignes horaires du cadran horizontal. En effet, soit OAI (*fig.* 61) un triangle rectangle dont l'angle AOI=la latitude du lieu ; je prends, sur le prolongement de AO, AC = AI ; puis, du point C comme centre, avec AC pour rayon, je décris un cercle que je divise en 24 parties égales, et je prolonge les lignes de division jusqu'à ce qu'elles coupent la droite MN perpendiculaire sur AO. En unissant les points de division de MN au centre O, on aura sur HKLG les lignes horaires du cadran horizontal. En effet, supposons la partie HKGL du dessin ainsi formé appliquée sur un plan horizontal, de manière que la ligne AO coïncide avec la méridienne, puis relevons par la pensée le triangle rectangle AOI, en le faisant tourner sur AO, jusqu'à ce qu'il soit vertical ; relevons de même la partie CMN du dessin, en la faisant tourner sur MN jusqu'à ce que AC coïncide avec AI : nous aurons évidemment en C un cadran équinoxial orienté, dont la table coupera le plan horizontal suivant la ligne MN. Par conséquent, les points où cette droite est rencontrée par les lignes horaires du cadran équinoxial C déterminent les lignes horaires correspondantes du cadran horizontale O, et comme ces points restent *fixes* lorsque la O figure MCN tourne autour de MN, il suffit de les joindre au point O pour avoir les lignes horaires cherchées.

On vérifie la pose de ce cadran en observant que, les jours des équinoxes,. l'extrémité de l'ombre du style doit tracer sur la table une droite perpendiculaire à la méridienne. En effet, le plan de l'équateur que décrit alors le soleil peut être considéré comme passant par l'extrémité du style, et par conséquent la ligne d'ombre se termine toute la journée à la trace du plan de l'équateur sur la table du cadran.

134. Cadran vertical méridien. Le *cadran vertical méridien*, dont le plan est vertical et perpendiculaire à la direction de la méridienne, se construit exactement de la même manière ; seulement on fait AOI, angle du style avec la table du cadran, égal au complément de la latitude du lieu. Le plus longtemps que ce cadran puisse donner l'heure, c'est depuis 6 heures du matin jusqu'à 6 heures du soir : ce qui a lieu les jours des équinoxes. En été, le soleil se lève avant 6 heures et se couche après ; mais il n'éclaire la face méridionale du cadran qu'après 6 heures, et cesse le soir de l'éclairer à 6 heures.

La construction précédente s'applique visiblement à un cadran dont la table a une inclinaison quelconque. Seulement, le style étant toujours parallèle à la direction de l'axe du monde, l'angle AOI doit être égal à la différence entre la latitude du lieu et l'inclinaison du cadran sur le plan de l'horizon. Il suit de là que si l'on voulait transporter un cadran horizontal construit pour un lieu en un autre dont la latitude serait différente, il faudrait l'orienter de manière que la ligne de midi fût située dans un plan vertical passant par la méridienne, et que la table fût inclinée à l'horizon d'une quantité égale à la différence des latitudes des deux lieux en question.

135. Cadran vertical déclinant. Le *cadran vertical décli-*
nant, dont la table est verticale et coupe le méridien sous
un angle donné, est celui que l'on voit le plus ordinairement sur les murs des édifices. Si nous concevons un cadran horizontal placé de manière que le style soit dans le
prolongement de celui d'un cadran vertical déclinant, il est
évident que les lignes horaires correspondantes des deux
cadrans couperont respectivement aux mêmes points la
ligne d'intersection de leurs plans. Par conséquent, si nous
supposons par la pensée que la table du cadran vertical
tourne autour de cette ligne de manière à se *rabattre* sur
le plan horizontal, les points où les lignes horaires des deux
cadrans se coupent sur la ligne fixe resteront invariables,
et il suffira de construire les lignes horaires du cadran horizontal pour avoir un point de chacune de celles du cadran
vertical.

Soit MN (*fig.* 62) la ligne d'intersection de la surface sur
laquelle on veut construire le cadran en question avec le plan
horizontal, et O le centre de ce cadran ; la droite BO perpendiculaire sur MN représentera la trace du méridien sur
le plan vertical et sera la ligne de midi. Je fais en B l'angle
ABN, égal à l'angle donné de la table du cadran avec le plan
du méridien ; la ligne BA, direction de la méridienne sur le
plan horizontal, sera la ligne de midi du cadran situé dans
ce plan. Pour construire ce dernier, je fais l'angle BOA′ =
le complément de la latitude du lieu, et je prends BA = BA′;
le point A sera le centre, et si l'on suppose le triangle OBA′
relevé verticalement de manière que le côté BA′ s'applique
sur BA, l'hypoténuse OA′ sera la direction du style : car
l'angle BA′O, complément de BOA′, est égal à la latitude du
lieu. Par conséquent (133), j'abaisse BE perpendiculaire sur
OA′, je prends BP = BE ; je décris, avec BP pour rayon, le
demi-cercle HBK, que je divise en 12 parties égales ; je prolonge les rayons de division jusqu'à ce qu'ils coupent la
droite M′N′, perpendiculaire sur AB, au point B, et, en joignant les points d'intersection de M′N′ au centre A, j'ai les
lignes horaires du cadran horizontal. Je les prolonge jus-

8.

qu'à ce qu'elles coupent la droite MN, et, en joignant les points d'intersection avec le point O, j'ai enfin les lignes horaires du cadran vertical déclinant.

Ordinairement on construit ce cadran sur un mur, et il faut commencer par en déterminer l'angle avec le méridien. Pour cela, observons d'abord que l'on aura la trace du méridien OK (*fig.* 63) en appliquant un fil à plomb au point O, pris pour centre du cadran ; quant au style OI, on le placera de manière que l'angle IOK soit le complément de la latitude du lieu, et que la direction du fil à plomb placé en I rencontre la méridienne horizontale tracée par le pied de la verticale OK. Cela fait, on abaissera, de l'extrémité I du style, une perpendiculaire IK sur la méridienne verticale OK, et par le point K on mènera dans le plan du mur la droite HK également perpendiculaire sur la verticale OK ; on prendra arbitrairement sur cette dernière perpendiculaire un certain point H, et l'on mesurera avec tout le soin possible les trois distances HK, HI et KI. On construira ensuite sur le papier un triangle avec ces trois longueurs pour côtés, et l'angle HKI sera l'inclinaison cherchée. On pourrait aussi calculer trigonométriquement la valeur de ce même angle, et, dans tous les cas, il sera bon de répéter la même opération en prenant un point H' sur le prolongement de HK : on obtiendra l'angle IKH', qui devra être supplémentaire de HKI.

136. Année tropique. Sa valeur en jours moyens. Il ne suffit pas, pour mesurer le temps, de définir le jour et de savoir le diviser en heures et minutes ; il faut encore répartir les jours en semaines, en mois et en années. On nomme *année tropique* le temps qui s'écoule entre deux retours consécutifs du soleil à un même point de l'écliptique, par exemple à un même équinoxe ou à un même solstice. Nous avons déjà dit au n° 127 que sa durée est de

$$365^{j.\,m.},242264 = 365^{j.\,m.}\ 5^h\ 48'\ 51'',67.$$

C'est un peu moins de $365^{j.\,m.}$ et $\dfrac{1}{4}$.

Dans les usages civils on substitue généralement à cette année une période composée d'un nombre entier de jours sans fraction. Telle est *l'année civile* usitée chez les différents peuples, mais les conventions qui en règlent le point de départ et la durée ne sont pas partout les mêmes.

137. Calendrier. On appelle *ère* un point fixe, la date d'un événement mémorable en général, d'où l'on part pour compter les années écoulées avant ou après cette époque, et *calendrier* une certaine répartition des jours en années civiles.

La première idée qui se présente comme la plus simple, c'est de négliger entièrement la fraction et de faire toutes les années de 365 jours. Cet usage fut longtemps suivi par les Égyptiens et les Perses; mais alors l'année civile étant plus courte que l'année tropique de 5^h 48′ 51″,67, ou près de un quart de jour, la première recommençait avant la fin de la seconde. Par conséquent, chaque jour égyptien, d'une dénomination fixe, revenait un peu plus tôt que la phase solaire avec laquelle il avait d'abord coïncidé; et ce déplacement des jours par rapport aux saisons, augmentant chaque année de près de $\frac{1}{4}$ de jour, se trouvait d'un jour environ au bout de 4 ans, ou plus exactement de 97 jours après 400 ans. Il résultait de là que chaque jour se transportait indéfiniment avec les siècles, et finissait par correspondre aux différentes saisons de l'année : de là le nom d'*année vague* donné à cette année des Égyptiens, qui est aussi dite quelquefois *année de Nabonassar*. On croyait que la différence entre l'année vague et l'année tropique était exactement de $\frac{1}{4}$ de jour : d'où résultait que les phases solaires devaient retarder de 1 jour en 4 ans, et par conséquent de 365 jours en 4 fois 365 ans. Il y avait donc dans la période de 1460 années tropiques 1461 années vagues, et après cette durée, dite *période sothiaque*, les jours se trouvaient de nouveau correspondre aux mêmes phases

solaires. Mais cette évaluation n'est point exacte : au temps
d'Hipparque, en effet, l'année tropique ne surpassait l'année vague que de $0^j,2424$, d'où résulte que chaque année

ajoutant $0^j,2424$ pour avoir un jour, il faudra $\dfrac{1}{0,2424}$

année, et pour en avoir 365 ou une année ce sera $\dfrac{365}{0,2424}$

$= 1506$ environ. Et par conséquent la période qui devait
ramener la coïncidence des mêmes jours avec les mêmes
phases solaires était d'à peu près 1506 ans.

Quoi qu'il en soit, les Égyptiens divisaient leur année en
12 mois, chacun de 30 jours, ce qui faisait 360, et ils nommaient jours *épagomènes,* ou supplémentaires, les 5 jours
restants qu'ils plaçaient à la fin de l'année.

138. Méthode des intercalations.

Presque tous les peuples
ont cherché à établir une concordance constante entre le
calendrier et les phases solaires, afin d'attacher les mois et
les fêtes aux mêmes saisons et d'en faire des époques remarquables pour l'agriculture. Pour y parvenir, on a imaginé la méthode des *intercalations,* qui consiste à faire
l'année civile d'un nombre exact de jours et à corriger la
petite erreur annuelle avant qu'elle se soit considérablement
accumulée.

L'année des Grecs était composée de 12 mois, alternativement de 29 et de 30 jours, ce qui n'en portait la durée
qu'à 354 jours. Il restait donc à peu près 11 jours 6 heures
par an, ou bien 3 mois de 30 jours en 8 ans : c'est, en
effet, ce qui était intercalé. Les Grecs avaient, en outre,
une période de 4 ans qu'ils nommaient *olympiade,* à cause
des jeux Olympiques qui se célébraient la première de ces
4 années.

Les Romains avaient aussi cherché à rendre leur année
usuelle constamment concordante avec le mouvement du
soleil; mais dans leur ignorance de l'astronomie, ils ne
purent y parvenir, et les pontifes, chargés de faire les in-

tercalations nécessaires pour rétablir la concordance voulue, opéraient sans cesse des corrections arbitraires qui troublaient la continuité de l'énumération du temps. Pour mettre un terme à ce désordre, Jules César, d'après les conseils de Sosigène, qu'il avait fait venir d'Égypte, prescrivit la réforme qu'on a nommée *correction julienne,* et qui fut bientôt après adoptée par tous les peuples de l'Europe.

139. Correction julienne. Elle consiste à faire généralement l'année civile de 365 jours et à intercaler un jour tous les quatre ans, c'est-à dire à faire une année sur quatre de 366[1]. Les années de 365 jours sont dites *années communes,* et l'on appelle *années bissextiles* celles qui en ont 366; elles sont, d'ailleurs, réparties de manière qu'il y a toujours 3 années communes entre deux bissextiles. On divise l'année en 12 mois, alternativement de 31 et 30 jours, à l'exception de juillet et août, qui en ont 31, et de février, qui n'en a que 28 dans les années communes et 29 quand l'année est bissextile[1]. Le *siècle* est une période de 100 années juliennes, ou de $365{,}25 \times 100 = 36525$ jours.

Les différents peuples, en adoptant la réforme julienne, ne prirent point la même ère; les Romains comptèrent leurs années depuis la fondation de Rome, tandis que tous les peuples de la chrétienté ont adopté l'*ère chrétienne,* dans

---

1. Nous avons conservé, quant à la durée et à la dénomination, les mois tels qu'ils furent établis par Jules César, qui ne voulut point altérer février par respect pour les morts, à qui il était consacré chez les Romains. Mais nous n'avons pas adopté la même manière de diviser le mois et d'en exprimer les quantièmes : les Romains appelaient *calendes,* d'où vient le mot calendrier, le 1er, *nones* le 5 et *ides* le 13 de chaque mois, excepté en mars, mai, juillet et octobre, où les nones étaient le 7 et les ides le 15. Les noms des autres jours se tiraient de leur ordre en rétrogradant, soit avant les calendes, les nones ou les ides. Ainsi le deuxième jour, le troisième jour, etc., avant les calendes de mai, par exemple, étaient le 30, le 29 avril; de même, le 28 février était nommé *pridie calendas martis,* le 27 *tertio calendas,* le 26 *quarto,* le 25 *quinto,* le 24 *sexto, etc.* Or, il y avait à Rome une fête dite le *régifuge,* en l'honneur de l'expulsion des Tarquins, qui se célébrait le 6 des calendes de mars ou le 24 février. Pour ne point changer cette fête, le jour intercalaire fut placé entre le 23 et le 24 février, ou bien entre le 7 et le 6 des calendes de mars, et fut nommé, par cette raison, *bis sexto calendas,* d'où vient le nom de bissextiles donné aux années de 366 jours.

laquelle les années partent de la naissance de Jésus-Christ.
A la vérité, il y a incertitude sur l'année précise de cet événement; mais on a pris sous ce nom, pour la première
année de notre ère, une année fixée astronomiquement, et
à la suite de laquelle se comptent toutes les autres. A l'é-
poque du concile de Nicée, l'équinoxe du printemps arrivait
le 21 mars, et l'on a regardé cette année comme la 325ᵉ
de l'ère chrétienne. Les années 1, 2... de Jésus-Christ, ou
1, 2... avant Jésus-Christ, sont celles qui ont précédé
l'époque du concile de Nicée de 324, 323..., ou bien de
325, 326... rangs.

Il régna aussi pendant longtemps une grande divergence
sur le commencement de l'année, que les uns plaçaient au
1ᵉʳ mars, d'autres au 25 décembre, etc. Ce n'est que depuis
Charles IX, en 1563, que le 1ᵉʳ janvier a été généralement
adopté en France.

140. Réforme grégorienne. D'après la réforme julienne,
on fait l'année civile de 365ʲ,25, tandis que l'année tropique moyenne n'est que de 365ʲ,242264 = 365ʲ 5ʰ 48′
51″,67, ce qui fait une différence de 0ʲ,007736 = 11′ 8″,33,
dont on augmente la vraie longueur de l'année. En multipliant ce nombre par 400, on trouve 3ʲ,0944, et par conséquent la correction julienne ajoute environ 3 jours de trop
en 400 ans. Aussi en 1582, c'est-à-dire 1257 ans après le
concile de Nicée, l'année civile était en avance sur l'année
tropique de 0ʲ,007736 × 1257 = 9ʲ,72415 ou 10 jours environ. De là une nouvelle correction introduite dans le calendrier par le pape Grégoire XIII, et connue sous le nom
de *réforme grégorienne*.

Pour réparer le retard des dix jours, on ordonna que le
lendemain du 4 octobre 1582 s'appellerait, non le 5, mais
le 15, le jour suivant le 16, et ainsi de suite; et, afin de
conserver à l'avenir la concordance ainsi rétablie, on sup-
prima trois années bissextiles par 400 ans. Ainsi les années
séculaires, qui, d'après la correction julienne, devraient
être bissextiles, sont des années communes, sauf une sur

quatre ; d'ailleurs, la distribution des années est telle, que les bissextiles sont toujours celles dont le *millésime* est divisible par 4 et non par 100, ou qui, l'étant par 100, l'est aussi par 400.

D'après cela, pour reconnaître si une année quelconque est ou non bissextile, divisez par 4 les deux derniers chiffres à droite du millésime, chiffres qu'on suppose ne pas être deux zéros : s'il n'y a pas de reste, l'année est bissextile, et s'il y a un reste égal à 1, 2 ou 3, l'année est 1re, 2me, 3me après une bissextile. Si le nombre en question est terminé par deux zéros, l'année est séculaire, et l'on opère de la même manière sur les deux autres chiffres. Par exemple, 1850 est 2me après une bissextile, parce que 50 : 4 donne 2 pour reste....; 1900 sera 3me après une année séculaire bissextile, parce que 19 : 4 donne le reste 3; l'an 2000 sera bissextile, etc.

Cette intercalation ne suppose l'année trop longue que de 0^{j},0944 en 400 ans, ou de 0^{j},944 en 4000 ans. L'erreur est à peu près insensible, et on pourra la considérer comme du même ordre que la légère incertitude dont la longueur de l'année moyenne reste nécessairement affectée elle-même, si l'on convient de retrancher encore une bissextile tous les 4000 ans.

141. Vieux style et nouveau style. La réforme grégorienne fut admise immédiatement en France et dans les autres pays catholiques ; mais les protestants ne l'adoptèrent qu'en 1751 et 1752. Les Russes et les autres peuples de l'Église grecque ont continué de suivre la période julienne, c'est-à-dire de faire toujours une année bissextile sur 4, sans exception des séculaires : c'est ce qu'on appelle le *vieux style*, tandis que le calendrier grégorien est dit le *nouveau style*. Or, depuis le concile de Nicée, en 325, point commun de départ, il y a eu jusqu'à présent 12 années séculaires non bissextiles dans le nouveau style et bissextiles dans le vieux : il en résulte que les peuples qui suivent le vieux style sont en retard de 12 jours sur nous, et que par

conséquent ils ont le 1ᵉʳ du mois quand nous comptons
le 13. Il faut donc en général, à une date quelconque chez
eux, ajouter 12 pour avoir la date correspondante chez
nous, et de la nôtre retrancher 12 pour avoir la leur. Ainsi,
quand les Russes ont le 25 mars, je suppose, nous comptons
$25 + 12 = 37 = $ le 6 avril, et, si nous avons le 6 juin, les
Russes comptent $37 - 12 = $ le 25 mai.

**142. Correspondance entre les dates du mois et les jours
de la semaine.** On trouve chez tous les peuples la *semaine*,
qui peut être considérée comme une subdivision du mois
ou de l'année, ou mieux comme une collection de jours,
puisque ni le mois ni l'année ne sont composés d'un nombre
exact de semaines. Les sept jours dont cette période est
formée se succèdent avec une régularité parfaite, sans que
les changements de mois ou d'années produisent la moindre
altération dans leurs retours successifs, et donnent leurs
noms bien connus aux différents jours dont se compose une
suite d'années. Ainsi, un jour quelconque se trouve défini
de deux manières : par le quantième du mois et par le nom
de la semaine auxquels il correspond. Un des objets du calendrier consiste à fournir le moyen de trouver l'une de ces
déterminations quand on connaît l'autre.

Or, les 1ᵉʳ, 8, 15, 22 et 29 de chaque mois sont toujours
des dates de même dénomination, c'est-à-dire que si un
mois commence par un mardi, par exemple, le 8, le 15,
le 22 et le 29 seront encore des mardis. Par conséquent,
si l'on a le nom d'un seul quantième d'un mois quelconque,
il sera facile d'avoir les noms de tous les autres jours.
Ainsi, le 10, je suppose, étant un jeudi, le 15 sera un
mardi, le 27 un dimanche, etc. Pour avoir les noms de
tous les jours de l'année, ainsi que le quantième du mois
correspondant à un jour, il suffira donc de se rappeler les
noms des mois, leur nombre de jours, et l'ordre dans lequel ils se succèdent, savoir :

Janvier	31	jours	Juillet	31 jours
Février	28 ou 29	id.	Août	31 id.
Mars	31	id.	Septembre	30 id.
Avril	30	id.	Octobre	31 id.
Mai	31	id.	Novembre	30 id.
Juin	30	id.	Décembre	31 id.

On peut même passer d'une année à la suivante, car 52 semaines donnent $7 \times 52 = 364$ jours, ou une année commune moins un jour ; lorsqu'il s'est écoulé 52 semaines, il reste donc encore un jour de l'année si celle-ci est commune, et deux si elle est bissextile. Par conséquent, connaissant le nom d'une certaine date, il faut, pour avoir le nom de la même date dans l'année suivante, procéder d'un ordre en avant si les deux années sont communes, et de deux ordres en janvier et février si la première est bissextile, et dans les dix autres mois quand c'est la seconde qui est bissextile. Par exemple, le 25 décembre était un samedi en 1858 ; ce sera un dimanche en 1859, un mardi en 1860, année bissextile, etc.

143. Calendrier perpétuel, lettre dominicale. On se sert aussi pour le même objet de ce qu'on nomme un *calendrier perpétuel*. C'est un cadre semblable à celui des calendriers ordinaires, et contenant par conséquent douze colonnes, dans chacune desquelles on inscrit les noms des douze mois dans leur ordre naturel, ainsi que les numéros correspondants à chaque jour. Seulement, au lieu des noms des jours, on écrit alternativement les 7 lettres A, B, C, D, E, F, G, de manière que A corresponde au 1er janvier, B au 2, C au 3..., puis A au 8, B au 9, etc., et ainsi de suite jusqu'au 31 décembre. Puisque ces lettres se succèdent dans le même ordre que les jours de la semaine, il est évident que chaque lettre désignera pendant toute l'année des dates de même dénomination. Ainsi, qu'une seule fois B, par exemple, indique un dimanche, toutes les dates à côté desquelles se trouve B seront des dimanches, toutes celles qui correspondent à C des lundis, etc.

On appelle *lettre dominicale* celle qui correspond ainsi aux dimanches pendant toute l'année, et l'on voit qu'il suffit de connaître la lettre dominicale d'une année quelconque pour avoir, à la seule inspection d'un calendrier perpétuel, les noms

de tous les jours de l'année et réciproquement les dates de tous
les jours. Il faut toutefois remarquer que les années bissextiles
ayant un jour de plus en février, le 1er mars se trouve reculé d'un
jour, et par conséquent la lettre dominicale avance aussi d'un
rang à partir de cette époque. Les années bissextiles ont donc
deux lettres dominicales, l'une pour les deux premiers mois, et
la lettre suivante pour les dix autres mois. D'ailleurs, la lettre
dominicale change d'une année à l'autre précisément comme
les noms d'une même date, c'est-à-dire qu'elle rétrograde d'un
ordre pour les années communes et de deux pour les bissextiles.
Ainsi, en 1849 la lettre dominicale était G, F en 1850, E en
1851, D et C en 1852, qui est bissextile, B en 1853, etc.

Il suffit donc de se rappeler la lettre dominicale d'une certaine année pour avoir aussitôt celle d'une année donnée quelconque. Mais on peut aussi trouver directement la lettre dominicale d'une année quelconque, en se rappelant seulement que
le 1er mars tombe

un mercredi en	{	1600 2000	un lundi en	{	1700 2100 ....
un samedi en	{	1800 2200	et un jeudi en	{	1900 2300 ....

J'observe d'abord que la même date se reproduit ainsi périodiquement avec le même nom de 4 siècles en 4 siècles, car 400
ans renferment 303 années communes et 97 bissextiles, ce qui
fait :

$$365 \times 303 + 366 \times 97 = 146097 \text{ jours} = 20871$$

semaines exactes. D'ailleurs, une fois connu le nom du 1er mars
de l'année séculaire, il est aisé d'avoir celui du 1er mars de
toute autre année. En effet, chacune des années ajoutées au
nombre séculaire contient 52 semaines plus 1 jour si l'année est
commune, et plus 2 jours si elle est bissextile, ce qui fait
exactement 5 jours en 4 ans pendant toute la durée de chaque
siècle. Si donc l'on désigne par a le nombre d'années ajoutées au
nombre séculaire, le plus grand entier contenu dans le nombre
$\dfrac{5a}{4}$ sera le nombre de jours en sus de a fois 52 semaines ajoutés
pendant ce nombre a d'années. Par conséquent, en supprimant
toutes les semaines contenues dans $\dfrac{5a}{4}$, on aura le nombre de

jours à ajouter au 1er mars de l'année séculaire. De là résulte la règle suivante : pour connaître le nom du 1er mars d'une année donnée quelconque, après avoir multiplié par 5 les deux chiffres à droite du nombre proposé et divisé le produit par 4, divisez de nouveau par 7 le quotient entier de cette première division ; le reste de cette seconde division indique de combien de rangs il faut procéder au delà de l'initiale de mars en l'année séculaire pour avoir le nom du même jour en l'année proposée.

Ainsi, pour 1849, on a $\dfrac{49 \times 5}{4} = 61 + \dfrac{1}{4}$, et 61 : 7 donne pour le reste 5 ; il faut donc procéder de 5 rangs au delà du samedi, ce qui donne jeudi pour le 1er mars. De même, en 1854, on trouve $\dfrac{54 \times 5}{4} = 67 + \dfrac{1}{2}$; et comme 67 : 7 donne le reste 4, mars a commencé par un mercredi, etc.

Une fois l'initiale de mars ainsi déterminée, pour avoir la lettre dominicale, il suffit d'observer que, dans le calendrier perpétuel des années communes, D correspond au 1er mars. Ainsi, en 1859, D indique un mardi pendant toute l'année, et la lettre dominicale est B. Si l'année est bissextile, le nom du 1er mars correspondra à D pendant les deux premiers mois et à E pendant les dix autres. Ainsi, en 1860, le 1er mars est un jeudi ; la lettre qui correspondra aux jeudis sera donc D en janvier et février, et E pendant les autres mois, et par conséquent les lettres dominicales seront G, A.

144. Calendrier républicain. Si le calendrier de Jules César, réformé par Grégoire XIII, ne laisse rien à désirer sous le rapport de la concordance des années civiles avec les années tropiques, il est loin d'offrir la même perfection pour la subdivision de l'année en mois et en semaines. Telle fut une des raisons qui, sur la fin du siècle dernier, engagèrent les fondateurs du système métrique en France à faire un nouveau calendrier, qui est connu sous le nom de *calendrier républicain*. Quoiqu'il n'ait pas été longtemps en usage, puisque, décrété le 6 octobre 1793, il fut supprimé le 1er janvier 1806, nous croyons cependant devoir entrer à ce sujet dans quelques détails, parce qu'on rencontre journellement une multitudes d'actes publics ou privés et d'écrits de tout genre datés suivant ce calendrier.

Dans cette manière de compter le temps, l'année commençait à minuit avec le jour dans lequel arrivait l'équinoxe vrai d'automne, et se composait de 365 ou de 366 jours, suivant la dé-

termination astronomique du jour équinoxial. On appelait sextiles les années de 366 jours, qui ont été l'an 3, l'an 7 et l'an 11.
Ce calendrier avait pour ère le 22 septembre 1792, jour qui cor-
respondait à la fois à l'équinoxe d'automne et à la proclamation
de la première république. L'année était subdivisée en 12 mois,
chacun de 30 jours, après lesquels on plaçait 5 jours les années
communes et 6 les années sextiles, sous le nom de jours *complémentaires*. Les mois, qui étaient partagés en 3 semaines ou
décades, chacune de 10 jours, avaient reçu de nouvelles déno-
minations propres à rappeler les saisons de l'année auxquelles
ils devaient correspondre. Voici, suivant l'ordre où ils se succédaient, les noms des mois du calendrier républicain, avec la
date des mois ordinaires correspondant au premier de chacun
des autres :

Vendémiaire 1er	22 septembre.	
Brumaire 1	22 octobre.	
Frimaire 1	21 novembre.	
Nivôse 1	21 décembre.	
Pluviôse 1	20 janvier.	
Ventôse 1	19 février.	
Germinal 1	21 mars,	année commune.
	20 id.,	année bissextile.
Floréal 1	20 avril,	A. C.
	19 id.,	A. B.
Prairial 1	20 mai,	A. C.
	19 id.,	A. B.
Messidor 1 . . . , .	19 juin,	A. C.
	18 id.,	A. B.
Thermidor 1	19 juillet,	A. C.
	18 id.,	A. B.
Fructidor 1	18 août,	A. C.
	17 id.,	A. B.

Jours complémentaires, 17, 18, 19, 20 et 21 septembre.

Il est évident que si au quantième d'un mois républicain on
ajoute les jours du mois vulgaire correspondant déjà écoulés
quand l'autre a commencé, on aura le quantième de ce mois
vulgaire ou du suivant. Observons en outre que la fin de 1792,
du 22 septembre au 31 décembre, fut le commencement de la
première année républicaine, qui se prolongea depuis le 1er janvier jusqu'au 22 septembre 1793, et nous nous rendrons facilement compte de la règle suivante :

Pour trouver la date vulgaire qui correspond à une date républicaine donnée, ajoutez au quantième du mois républicain le quantième moins 1 du mois vulgaire qui correspond au 1er du mois républicain donné : si la somme ne surpasse pas le nombre de jours de ce mois vulgaire, elle en exprimera le quantième ; mais si elle le surpasse, la différence de ces deux nombres sera le quantième du mois vulgaire suivant.

Quant à l'année, si le quantième du mois, une fois déterminé, tombe du 1er janvier au 22 septembre, ajoutez à 1792 le nombre d'années républicaines de la date donnée, et si ce même quantième tombe du 22 septembre au 1er janvier, ajoutez à 1792 le même nombre d'années républicaines moins 1.

On trouve ainsi facilement que :

1° Le 8 fructidor an 7 = le 18 + 7 = le 25 août 1799 ;

2° Le 24 nivôse an 9 = le 21 + 23 = 44 = le 13 janvier 1801.

Pour l'opération inverse, on remarquera que chaque mois républicain renferme un certain nombre de jours du mois vulgaire correspondant, et en outre les derniers jours du mois vulgaire précédent, lesquels s'obtiennent évidemment en retranchant du nombre de jours de ce dernier mois les jours déjà écoulés quand le mois républicain a commencé. D'où résulte la règle générale suivante :

Pour avoir la date républicaine qui correspond à une date vulgaire donnée, retranchez du nombre de jours contenu dans le mois vulgaire qui précède le mois donné le quantième moins 1 du même mois correspondant au 1er du mois républicain, et au résultat ajoutez le quantième du mois donné : si le résultat ne surpasse pas 30, ce sera le quantième du mois républicain correspondant au mois vulgaire qui précède le mois donné ; mais s'il surpasse 30, on en soustraira ce dernier nombre, et le reste sera le quantième du mois républicain qui correspond au mois vulgaire donné.

Quant à l'année, si le quantième du mois donné est compris entre le 1er janvier et le 22 septembre, retranchez 1792 du nombre donné d'années vulgaires, le reste exprimera l'année républicaine ; si, au contraire, le quantième du mois donné est compris entre le 22 septembre et le 1er janvier, retranchez 1791 du nombre donné d'années vulgaires.

Par exemple, en appliquant cette règle on voit que :

1° Le 15 février 1796 = le 31 — 19 + 15 = le 26 pluviôse an 4 ;

2° Le 28 novembre 1803 = le 30 — 20 + 28 = 38 = le 8 frimaire an 12.

§ 3.

145. Parallaxe d'un astre. Parallaxe horizontale. L'ascension droite et la déclinaison du centre d'un astre déterminent la droite qui va de ce point à l'œil de l'observateur, et cette droite prolongée coupe la sphère céleste en un point I (*fig. 49*), qui change dans le ciel suivant le lieu de la surface terrestre occupé par l'observateur. En effet, supposons que deux spectateurs placés l'un en A et l'autre en B observent un astre S à un même instant : l'un le verra en I et l'autre en I′, tandis que la position apparente véritable est le point s, intersection de la sphère céleste par le rayon vecteur mené du centre T de la terre au centre de l'astre S. Il s'agit d'expliquer comment on peut déduire la position apparente véritable s de la position apparente observée I.

Admettons que les deux points A et B soient sur un même méridien terrestre, et que l'on en connaisse la latitude. Si l'on observe en chacun de ces points les distances zénithales SAZ et SBZ′ de l'astre S à l'instant de son passage dans le plan du méridien ATB, on connaîtra dans le quadrilatère SATB les deux angles SAT, SBT, suppléments des distances zénithales observées, et l'angle ATB, différence des latitudes de A et de B ; on connaîtra aussi les deux côtés AT et BT, rayons de la terre, et par conséquent on saura construire un quadrilatère semblable à ASTB. On connaîtra donc l'angle AST de la diagonale ST, avec le côté AS, et l'on en pourra calculer la valeur avec beaucoup plus de précision par les formules de la trigonométrie. Cet angle AST, sous lequel un observateur placé au centre de l'astre S verrait le rayon terrestre AT, est dit la *parallaxe de l'astre* S relative au point A.

La droite qui joint l'œil de l'observateur A au point *s*, lequel est situé à la distance des étoiles, peut être considérée comme parallèle à ST (59); et par conséquent la parallaxe AST=IA*s* étant retranchée de la distance zénithale observée SAZ, on aura la distance zénithale *s*AZ=STZ, exactement comme si l'observation avait été faite au centre même de la terre. Donc, en général, la position apparente véritable du centre d'un astre quelconque se déduira de la position apparente observée en retranchant de la distance zénithale la parallaxe de l'astre relative au lieu de l'observation.

La parallaxe d'un astre varie avec la position du lieu d'observation, ou, ce qui revient au même, suivant la hauteur de l'astre sur l'horizon. Lorsque l'astre est au zénith, la parallaxe est nulle, et, à partir de ce point, elle va continuellement en augmentant jusqu'à ce que l'astre soit à l'horizon, où elle est la plus grande possible. Cette valeur maximum AHT (*fig.* 50) est dite *parallaxe horizontale,* et l'on voit, en menant la tangente HA', que *la parallaxe horizontale d'un astre est égale au demi-diamètre apparent de la terre, tel que l'observerait un spectateur placé au centre de l'astre.*

Lorsque l'on connaît la valeur AST de la parallaxe d'un astre pour une certaine distance zénithale SZ, on peut avoir la valeur AS'T de la parallaxe du même astre pour une autre distance zénithale ZS'. En effet, connaissant dans le triangle AST l'angle SAT, supplément de la distance zénithale SAZ, ainsi que AST et le côté AT, on pourra construire un triangle semblable, ce qui donnera la ligne ST; ensuite on décrira, du point T comme centre avec TS pour rayon, un arc de cercle ZSH, sur lequel on prendra le point S', tel que S'TZ soit la distance zénithale donnée; on mènera enfin les deux lignes S'A, S'T, et l'angle AS'T sera la parallaxe demandée.

146. Distance du soleil à la terre. Pour avoir la distance d'un astre à la terre il suffit de connaître la parallaxe horizontale de cet astre. En effet, si l'on construit un triangle rectangle SAB (*fig.* 55), dans lequel l'angle aigu S soit égal à la parallaxe donnée, le rapport de AS à AB exprimera en rayons terrestres la distance cherchée. La trigonométrie fournit le moyen d'en calculer une valeur aussi approchée que l'on veut. A la vérité, la parallaxe horizontale du soleil est si faible qu'on ne peut pas l'obtenir par le procédé du n° 145; mais nous expliquerons plus tard comment on est parvenu à reconnaître qu'elle a pour valeur moyenne 8″,6, d'où l'on a déduit pour la distance moyenne du soleil à la terre 24045 rayons terrestres. En multipliant ce nombre par 0,0168, on a 404, à fort peu près, et partant la plus grande distance de l'astre est de $24045 + 404 = 24449$, et la plus petite de $24045 - 404 = 23641$ rayons terrestres.

Or, le rayon terrestre moyen est égal (88) à $\frac{1}{2}$ ($6377109^{m.}$ $+ 6356190^{m.}$) $= 636,66$ myriamètres, ou bien à 1432,5 lieues de 25 au degré (70). On obtient donc :

Distances du soleil à la terre :

Périgée, 23641 rayons terrestres $= 15051177$ myr.	$= 33864596$ lieues.
Apogée, 24449	$= 15565703$	$= 35024594$
Moyenne, 24045	$= 15308490$	$= 34444595$
¼ diff. dis. ap. et périg. 404	$= 257213$	$= 579999$

147. Rapport du volume du soleil à celui de la terre. La parallaxe horizontale du soleil nous permet encore d'en évaluer le rayon, et par suite le volume. En effet, il est clair que si l'on observait deux astres placés à la même distance, leurs rayons seraient sensiblement proportionnels à leurs demi-diamètres apparents. Or, la parallaxe horizontale du soleil et son demi-diamètre apparent peuvent être considérés comme les demi-diamètres apparents de la terre et du soleil observés à la même distance. Donc le rayon R du soleil et le rayon r de la terre sont entre eux comme le demi-diamètre apparent moyen du soleil $= \dfrac{1}{4}(0,525267 + 0,543213)$

$= 0,26712$ et sa parallaxe horizontale $= 8'',6 = 0,002388$.

On a donc sensiblement $\dfrac{R}{r} = \dfrac{0,26712}{0,002388}$; d'où $R = 112\,r$ à

fort peu près. Ainsi le rayon du soleil, supposé sphérique, est sensiblement égal à 112 fois celui de la terre.

Or, les surfaces de deux sphères sont entre elles comme les carrés, et leurs volumes comme les cubes des rayons. Donc la surface du soleil est égale à $112^2 = 12544$ fois celle de la terre, et son volume à $112^3 = 1404928$ fois celui de la terre.

Pour nous former une idée de ces différentes distances, supposons qu'un voyageur parcoure 400 kilomètres (100 lieues de poste) par jour; il mettra un peu plus d'un mois (31,8 jours) à traverser la terre, près de 10 ans ($9^{ans},75$) à traverser le soleil, et plus de 1000 ans (1047) pour parvenir jusqu'à cet astre. Ou encore, si la terre était représentée par une sphère de $0^m,05$ de diamètre, ce qui est à peu près la grosseur d'une orange, le soleil devrait être figuré par un globe de $5^m,6$ de diamètre placé à plus de 600 mètres de distance.

148. Masse et densité moyenne du soleil rapportées à celles de la terre. Nous verrons plus tard (206) comment on est parvenu à reconnaître que la masse du soleil, celle de la terre étant prise pour unité, est représentée par le nombre 355500. Or on nomme densité moyenne d'un corps le rapport de sa masse à son volume. Donc la densité moyenne du soleil, celle de la terre étant toujours 1, est

égale à $\dfrac{355500}{1405000} = 0,252\ldots$ environ $\dfrac{1}{4}$. Ainsi la matière

dont se compose le soleil est environ quatre fois moins pesante, en moyenne, que celle qui constitue la terre.

149. Taches du soleil. Rotation du soleil sur lui-même. Outre son mouvement apparent de translation autour de la

terre, le soleil a aussi un mouvement de rotation sur lui-
même. En effet, quand on l'observe avec des lunettes
douées d'un pouvoir grossissant considérable et munies de
verres colorés qui en affaiblissent l'éclat, on remarque à la
surface de l'astre des taches noires environnées d'une bor-
dure moins foncée. Ces taches sont variables dans leur
nombre, leur position et leur durée, quelques-unes s'effa-
çant souvent tout à coup, tandis qu'on en voit paraître de
nouvelles ; ordinairement cependant elles offrent assez de
permanence et de durée pour qu'on puisse les distinguer les
unes des autres, les voir traverser le disque du soleil, disparaître d'un côté et reparaître de l'autre au bout de douze
à treize jours. En observant une tache avec soin, on en
prend l'ascension droite et la déclinaison, que l'on compare
avec celles des bords de l'astre, et l'on obtient la position
exacte du centre de la tache par rapport au centre du disque
solaire. On est parvenu ainsi à reconnaître que toutes les
taches décrivent des cercles parallèles également inclinés
sur l'écliptique. On en conclut que le soleil est un corps
sphérique et qu'il tourne d'orient en occident sur un axe
central en 25 jours et demi à peu près. Le plan de *l'équateur solaire*, c'est-à-dire passant par le centre de l'astre et
perpendiculaire à l'axe de rotation, est incliné sur celui de
l'écliptique de 7° 30′, et la ligne d'intersection de ces deux
plans coupe l'écliptique en deux points qui sont distants de
l'équinoxe du printemps l'un de 80° 7′ et l'autre de 260° 7′.
Vers le 11 juin et le 12 décembre, cette ligne passe par la
terre, et l'équateur solaire nous apparaît comme une droite
inclinée à l'écliptique de 7° 30′.

150. Constitution physique du soleil. Les taches du soleil
fournissent sinon des données rigoureuses, du moins quelques conjectures fort probables sur la constitution physique
de l'astre. D'abord elles sont d'une étendue immense, car
quelques-unes nous offrent jusqu'à 1′ de diamètre apparent; et comme la terre n'est vue du soleil que sous un angle d'environ 17″, ces taches ont au moins trois fois la gran-

deur de la surface de notre globe ; elles offrent en général une partie centrale plus ou moins obscure, que l'on appelle *noyau,* autour de laquelle existe presque toujours une zone étendue d'une teinte moins sombre nommée *pénombre.* Les observateurs ont aussi reconnu à la surface du soleil diverses petites places plus lumineuses que le reste : ces taches lumineuses ont été appelées *facules.* Leur découverte mit un terme aux difficultés que l'on avait élevées contre la rotation du soleil : en effet, si les taches noires pouvaient s'expliquer par des corps étrangers au soleil, et venant successivement en éclipser certaines parties par leur mouvement de circulation, il ne pouvait plus en être ainsi de taches plus lumineuses° que l'ensemble de la surface de l'astre, se mouvant comme les taches sombres, et restant invisibles au delà du limbe. Enfin, l'on a remarqué que la surface entière du soleil est constamment couverte soit de points lumineux et obscurs très-petits, soit de rides vives et sombres, extrêmement déliées, entre-croisées sous toutes sortes de directions. On désigne les premiers par le nom de *pointillé,* et les autres par celui de *lucules.*

En examinant avec soin les grandes taches du soleil, on a reconnu que, près du centre, la pénombre, parfaitement terminée, entoure le noyau avec une égale largeur dans tous les sens ; mais lorsque la tache s'avance vers le bord de l'astre, le côté de la pénombre situé entre le noyau et le centre du soleil paraît se contracter sensiblement, avant que les autres parties de cette même pénombre aient changé de dimension d'une manière sensible. Enfin, quand la tache parvient très-près du bord, à 24″ par exemple, la pénombre n'existe plus du côté du centre, et en même temps une partie du noyau disparaît du même côté. On ne peut expliquer ces phénomènes en admettant que la pénombre, située à la surface du soleil, soit une portion même de cette surface partiellement éteinte, car la région de la pénombre qui serait vue le plus obliquement devrait se montrer la plus rétrécie et disparaître la première ; c'est précisément le contraire qui a lieu. Mais on s'en rend un compte exact en supposant que les taches solaires sont de grandes excavations dans la matière lumineuse du soleil. Les noyaux, d'après cette supposition, deviennent les fonds des cavités ; les talus forment les pénombres. Les portions de pénombre voisines du centre doivent alors se rétrécir et disparaître les premières par un effet de perspective. Telle est même la loi mathématique du phénomène, que, d'après l'observation de la place où la pénombre s'évanouit, on parvient à calculer l'abaissement du noyau par rapport à la surface solaire. Ainsi, en décembre 1769, Wilson trouvait pour cet abaissement, dans une belle tache alors visible, une quantité égale au rayon de la terre. On a bien observé quelquefois, il est vrai, des taches dont la pénombre semble à peu près également large des deux côtés du noyau ; mais, en donnant à des talus des dispositions particulières, on peut rendre compte de toutes les apparences exceptionnelles offertes par les taches solaires.

Ces faits ont conduit les astronomes à considérer le soleil comme composé de deux matières de nature très-différente : la masse de l'astre serait un corps solide, non lumineux et noir, recouvert d'une légère couche d'une substance enflammée dont l'astre tirerait toutes ses propriétés éclairantes et vivifiantes. Dans cette hypothèse, on se rend compte des taches solaires en concevant qu'une cause quelconque, entr'ouvrant l'enveloppe lumineuse du soleil, laisse voir à nu une portion du globe obscur intérieur ; les talus de l'excavation constitueraient la pénombre. Suivant Herschel, la substance par l'intermédiaire de laquelle le soleil brille ne saurait être ni un liquide ni un fluide élastique. Sans cela, dit-il, les *cavités* des taches et les ondulations de la surface pointillée seraient bientôt remplies. Cette substance doit donc être analogue à nos nuages et flotter dans l'atmosphère transparente de l'astre. Il y aurait entre le corps solide du soleil et la couche extérieure des nuages phosphoriques une couche atmosphérique plus compacte, beaucoup moins lumineuse ou qui même ne brillerait que par réflexion. La naissance d'une tache exigerait qu'il se formât des ouvertures correspondantes dans les deux atmosphères superposées. Les grandeurs relatives de ces ouvertures laissant voir seulement le corps obscur du soleil, on aurait un noyau sans pénombre. Lorsque l'on apercevrait en même temps une portion de l'atmosphère intérieure, de l'atmosphère seulement réfléchissante, on aurait un noyau entouré d'une pénombre ayant une nuance à peu près uniforme, quelle que fût son étendue. Enfin, on aurait une pénombre sans noyau, quand il n'y aurait ouverture que dans l'atmosphère lumineuse, et les facules seraient des portions de nuages condensés et éclatants. Ajoutons que, d'après M. Arago, des phénomènes de polarisation confirment pleinement ces conceptions de l'astronome anglais sur la constitution physique du soleil.

On a cru reconnaître une certaine influence des taches solaires sur les températures terrestres. La théorie d'Herschel le conduisit à supposer que les taches noires sont plutôt le signe d'une abondante émission de lumière et de chaleur que d'un affaiblissement de ces deux genres de rayonnements, à cause des circonstances physiques qui doivent amener un déchirement de l'atmosphère solaire. On cite en effet des observations d'étés froids et humides coïncidant avec l'absence des taches solaires, comme aussi de grandes chaleurs accompagnées de taches nombreuses. Mais il ne paraît pas que les faits observés à cet égard soient ni assez nombreux ni assez concluants pour établir une relation nécessaire entre ces différentes circonstances.

151. Du jour et de la nuit en un lieu déterminé de la terre. L'obliquité de l'écliptique est la cause de l'inégalité des jours et des nuits. La durée du jour est modifiée par les crépuscules, par la réfraction atmosphérique (104) et par la dépression de l'horizon; mais sans avoir égard à toutes ces circonstances qui, du reste, varient suivant les lieux et les époques de l'année, nous appellerons *durée du jour* en un lieu le temps que le centre du soleil reste au-dessus de l'horizon rationnel de ce lieu, et *durée de la nuit,* le temps qu'il passe au-dessous du même plan.

Les courbes que le soleil décrit chaque jour dans le ciel, en vertu du mouvement diurne, ne sont pas précisément des parallèles célestes, puisque, d'après son mouvement propre en déclinaison, l'astre revient chaque fois en un point du méridien différent de celui qu'il occupait la veille. On peut néanmoins considérer ici toutes ces courbes comme formant un ensemble de parallèles compris entre les deux tropiques, et par conséquent la durée du jour, en un lieu et à une époque donnés, dépend de la manière dont l'horizon rationnel du lieu coupe le parallèle céleste mené par le point de l'écliptique qu'occupe le soleil à l'instant considéré.

Ainsi, à chacun des deux équinoxes, le parallèle céleste que décrit le soleil peut être considéré comme coïncidant avec l'équateur, qui est évidemment coupé en deux parties égales par l'horizon rationnel d'un lieu quelconque ; car on sait que deux grands cercles d'une sphère se divisent toujours mutuellement en parties égales. On voit donc qu'au moment de chacun des deux équinoxes, les jours sont égaux aux nuits par toute la terre.

Soit un lieu situé sur l'équateur terrestre : l'horizon de ce lieu contiendra la ligne des pôles, et par conséquent sera perpendiculaire à tous les parallèles du mouvement diurne, qu'il divisera chacun en deux parties égales. Donc *pour tout point situé sur la ligne équinoxiale, les jours sont égaux aux nuits pendant toute l'année.*

152. Durée des jours à différentes époques de l'année. Mais il n'en est ainsi que pour les seuls points de la ligne équinoxiale. En effet, dès qu'un lieu n'est pas sur cette ligne, son horizon ne contient plus la ligne des pôles, et divise par conséquent en deux arcs inégaux tous les parallèles célestes compris entre les tropiques. Soit, par exemple, un lieu A (*fig.* 53) situé dans l'hémisphère boréal, Paris je suppose, Z son zénith et HH' son horizon ; tout parallèle céleste compris entre l'équateur EE' et le tropique boréal Mm sera évidemment coupé par l'horizon HH' en deux parties inégales, dont la plus grande sera au-dessus de ce plan et la plus petite au-dessous, tandis qu'au contraire tous les parallèles situés dans l'hémisphère austral entre l'équateur et le tropique M'm' auront leur plus petite partie au-dessus de l'horizon HH' et leur plus grande au-dessous. Donc tout le temps que le soleil sera dans l'arc d'écliptique ♈M♎, c'est-à-dire depuis l'équinoxe du printemps jusqu'à celui d'automne, les jours seront plus longs que les nuits, tandis qu'ils seront plus courts tout le temps que l'astre sera dans l'arc ♎M'♈, c'est-à-dire depuis l'équinoxe d'automne jusqu'à celui du printemps.

On voit aussi que les jours croissent continuellement tant que le soleil reste dans l'arc M'♈M, c'est-à-dire depuis le solstice d'hiver jusqu'au solstice d'été; le jour où l'astre décrit le tropique Mm est le plus long de toute l'année. A partir de ce moment les jours décroissent continuellement jusqu'à ce que le soleil soit revenu au solstice austral M', où l'on a le jour le plus court.

153. Crépuscules. Nous avons déjà dit, n° 38, que le jour commence et finit en réalité, à cause des crépuscules, quand le centre du soleil se trouve à 18° de l'horizon. On appelle *cercle crépusculaire* un cercle parallèle à l'horizon et situé à 18° au-dessous de ce plan. Pour un lieu placé sur l'équateur terrestre, les parallèles du mouvement diurne étant perpendiculaires à l'horizon, les arcs compris entre l'horizon et le cercle crépusculaire sont sensiblement égaux, mais le soleil les parcourt d'un mouvement d'autant plus lent qu'il est plus éloigné de l'équateur céleste : ainsi le crépuscule sera le plus court aux équinoxes et le plus long aux solstices. En un autre lieu, la durée du crépuscule variera aux différentes époques de l'année suivant la longueur de l'arc du parallèle décrit par le soleil, compris entre l'horizon et le cercle crépusculaire. A Paris, le crépuscule le plus court a lieu quand le soleil est à environ 7° de l'équateur, déclinaison australe, et il est alors de 1^h· 47'. Il est le plus long au solstice d'été, et sa durée est de 2^h· 39'.

154. Saisons. La différence de durée des jours a conduit à partager l'année en quatre saisons : le *printemps*, l'*été*, l'*automne* et l'*hiver*.

Le printemps commence à l'équinoxe du printemps et finit au solstice d'été ; c'est le temps que met le soleil à parcourir les trois premiers signes du zodiaque, le Bélier, le Taureau, les Gémeaux.

L'été dure depuis le solstice d'été jusqu'à l'équinoxe d'automne, et comprend le temps que le soleil emploie à parcourir les trois signes suivants, l'Écrevisse, le Lion, la Vierge.

L'automne commence à l'équinoxe d'automne et finit au solstice d'hiver ; c'est le temps pendant lequel le soleil parcourt les trois signes du zodiaque nommés la Balance, le Scorpion, le Sagittaire.

Enfin l'hiver, depuis le solstice d'hiver jusqu'à l'équinoxe du printemps, comprend le temps employé par le soleil à parcourir les trois derniers signes du zodiaque, le Capricorne, le Verseau, les Poissons.

On donne souvent le nom d'été aux deux saisons pendant lesquelles les jours sont plus longs que les nuits, et celui d'hiver aux deux autres. La chaleur étant en général d'autant plus grande en un même lieu que le soleil reste plus longtemps sur l'horizon, on comprend pourquoi il fait plus chaud en été qu'en hiver. Toutefois, de même que ce n'est pas à midi, mais vers deux heures, qu'a lieu la plus forte chaleur de la journée, ce n'est pas non plus au solstice d'été, mais un mois après environ, qu'il fait le plus chaud de l'année : c'est que la chaleur que nous recevons à un instant donné ne consiste pas seulement dans celle que nous recevons directement du soleil, mais encore dans celle que cet astre a précédemment communiquée à l'atmosphère et aux divers objets qui nous entourent. Cette dernière dépend surtout du temps pendant lequel les objets ont été échauffés, et n'atteint son maximum que longtemps après le moment où ils ont été le plus fortement frappés par les rayons solaires. C'est par une raison semblable que le moment le plus froid de la nuit est bien après minuit, et que les grands froids n'arrivent ordinairement qu'assez long-temps après le solstice d'hiver.

155. Climats. Tropiques et cercles polaires terrestres. Le renouvellement des saisons, avec les changements de température qui en résultent pour un pays donné, constitue le *climat* de ce pays; il existe une grande variété de climats, suivant la position des divers lieux de la terre par rapport à l'équateur. Le plan de ce cercle, étant perpendiculaire à l'axe de rotation diurne, coupe la surface terrestre suivant une ligne parfaitement fixe que nous avons déjà nommée équateur céleste, ou ligne équinoxiale. L'intersection de la même surface par le plan de l'écliptique varie au contraire à chaque instant, par suite de l'obliquité de ce plan sur l'axe de rotation diurne: mais elle est comprise entre des limites faciles à déterminer. Le rayon vecteur mené du centre de la terre à un point S de l'écliptique décrit chaque jour une surface conique, qui a pour base le parallèle céleste mené par le point S et qui coupe la surface de la terre suivant un parallèle fixe (71). On nomme *tropiques terrestres* les deux parallèles décrits par les rayons vecteurs qui joignent le centre de la terre aux deux solstices, et situés de chaque côté de l'équateur chacun à 23° 27' 1/2 de ce plan. Considérée à un instant donné, la trace de l'écliptique sur la terre est tangente à ces deux cercles, coupe tous les parallèles terrestres compris entre eux et ne rencontre aucun des autres.

Les deux tropiques terrestres sont dits l'un *boréal* et l'autre *austral*, suivant le nom de l'hémisphère terrestre où ils sont situés.

Le tropique boréal traverse la partie septentrionale de l'Afrique, l'Éthiopie, la mer Rouge, l'Inde, la mer du Sud, l'Amérique septentrionale, et rejoint l'Afrique près des îles Canaries.

Le tropique austral traverse la partie australe de l'Afrique, l'île de Madagascar, toute la mer des Indes, la Nou-

velle-Hollande, la mer du Sud, l'Amérique méridionale, et
vient rejoindre l'Afrique en passant sur l'Océan. La plus
grande partie de ce tropique passe sur des mers, et l'on remarque en général que la partie australe de la terre renferme beaucoup moins de continents que la partie boréale.

L'axe de l'écliptique QQ' (*fig.* 54) trace sur la surface de
la terre, en vertu du mouvement diurne, deux parallèles
ab, a'b', qu'on nomme *cercles polaires terrestres*. Celui qui
est situé dans notre hémisphère est dit cercle polaire boréal, et l'autre, cercle polaire austral. Puisque l'angle QTP
est égal à l'inclinaison de l'écliptique (114), les deux cercles polaires sont l'un et l'autre à 23° 27' 1/2 de chaque
pôle, ou bien à 90° — (23° 27' 1/2) = 66° 32' 1/2 de l'équateur.

Le cercle polaire boréal ou arctique traverse l'Islande,
l'océan septentrional, pénètre dans la Norwége, dans la
Russie asiatique, dans l'Amérique septentrionale, et revient
en Islande après avoir traversé le détroit de Davis et une
partie du Groënland.

Le cercle polaire austral ou antarctique est défendu de
tous côtés par des glaces impénétrables, et l'on n'a pu jusqu'à présent en approcher.

Les tropiques et les cercles polaires partagent la surface
terrestre en *cinq zones*, dont les noms rappellent l'état
général de la température qu'on y éprouve. Celle qui est
comprise entre les deux tropiques, et qui est partagée en
son milieu par la ligne équinoxiale, est dite *zone torride*.
On appelle *zones tempérées* celles qui, dans chacun des deux
hémisphères, sont comprises entre les tropiques et les cercles polaires, et *zones glaciales,* celles qui s'étendent depuis les cercles polaires jusqu'aux pôles.

**156. Durée des jours aux pôles, aux cercles polaires, à
l'équateur.** Le froid est tellement intense dans les régions
polaires, qu'elles sont stériles et presque inhabitables. Au
pôle même l'horizon coïncide avec l'équateur, et comme le
soleil est la moitié de l'année de chaque côté de ce plan, on

n'a qu'un seul jour et une seule nuit chacun de six mois. D'ailleurs, on reçoit toujours très-obliquement les rayons solaires, puisque l'astre ne s'élève jamais au-dessus de l'horizon de plus de 23° 27' 1/2. Pour un point i placé entre le pôle et le cercle polaire, l'horizon hh' coupe seulement une partie des parallèles célestes compris entre les deux tropiques, et est entièrement au-dessus des uns et au-dessous des autres. On a donc à deux époques de l'année, lorsque le soleil est dans le voisinage des équinoxes, des jours et des nuits comme dans nos régions; mais on a un long jour sans nuit quand l'astre est dans le voisinage du solstice M, et une longue nuit sans jour quand il est près du solstice M'.

Différentes circonstances tendent à abréger les longues nuits des zones glaciales. D'abord le jour commence dès que le bord supérieur du soleil paraît à l'horizon, ce qui arrive plusieurs jours avant le lever complet de l'astre. Cet effet est encore augmenté par les réfractions (104), qui sont d'autant plus considérables que l'air est condensé par le froid dans ces pays glacés. Enfin les crépuscules y sont beaucoup plus longs que dans nos régions. En effet, le jour ne cesse entièrement que quand le soleil a atteint le cercle crépusculaire. L'horizon du pôle étant l'équateur EE', soit un parallèle céleste (*fig.* 51) mené à une distance KE=18° de l'équateur, il ne fera réellement nuit au pôle P que le temps employé par le soleil pour parcourir l'arc d'écliptique LM'L', ce qui donne environ 70 jours, au lieu de six mois.

Si nous nous supposons placés en un point quelconque du cercle polaire arctique ab, l'horizon touchera les deux tropiques célestes, et par conséquent, au solstice d'été, il n'y aura pas de nuit, tandis qu'au solstice d'hiver il n'y aura pas de jour; le soleil ne fera qu'effleurer le plan de l'horizon, sans se coucher réellement dans le premier cas, et sans se lever dans le second. Les mêmes phénomènes se reproduiront en ordre inverse sur le cercle polaire antarctique $a'b'$.

Si nous passons dans les zones tempérées, nous avons

toute l'année l'alternative des jours et des nuits, ainsi que la succession des saisons telles que nous les avons décrites au n° 152. Observons seulement que la différence, pour un lieu donné, entre la longueur du jour en hiver et en été, et partant l'inégalité de température entre ces deux saisons, est d'autant plus considérable, que le lieu est plus éloigné de l'équateur.

A chacun des deux tropiques, il y a un jour de l'année où l'on a, à midi, le soleil exactement au zénith : c'est le jour du solstice d'été pour le tropique boréal, et celui du solstice d'hiver pour le tropique austral. En un lieu quelconque de la zone torride, le parallèle céleste qui passe au zénith coupe l'écliptique en deux points (152), et par conséquent on reçoit verticalement les rayons solaires deux fois dans l'année : ce sont les jours des deux équinoxes pour les points situés sous l'équateur. En général, tous les lieux de la zone torride reçoivent continuellement les rayons solaires sous une très-faible obliquité : aussi la chaleur y est excessive; par suite, la végétation s'y développe avec une puissance extraordinaire, et les produits du règne animal, comme ceux du règne végétal, y sont doués des plus vives couleurs.

Sur tous les points d'un même parallèle ou sur des parallèles d'égale latitude, on observe les mêmes alternatives de jour et de nuit; quant aux variations de température, quoiqu'elles soient aussi les mêmes en général, elles sont souvent influencées par diverses circonstances locales, comme le plus ou moins d'élévation des lieux, leur voisinage des mers, etc. On a observé que la mer, au large et loin des côtes, conserve presque toujours la même température; elle refroidit donc l'air ambiant en été et le réchauffe en hiver, d'où résulte que sur les côtes le froid et la chaleur sont beaucoup moins considérables qu'au milieu des continents par la même latitude.

Un fait qui paraît également dû à des circonstances locales, c'est que le froid est beaucoup plus intense vers le pôle austral que par la même latitude dans l'hémisphère boréal. Ainsi les montagnes de glace, qui dans notre hémisphère s'écartent très-peu du pôle, s'avancent dans l'hémisphère austral jusque par les latitudes de Boulogne et d'Abbeville. Mais cette différence ne s'observe que pour les grandes latitudes; jusqu'à 40 degrés environ de chaque côté de l'équateur, il y a égalité de température pour les mêmes latitudes.

157. Inégalité de la durée des saisons. En même temps qu'on a démontré l'identité de l'orbite solaire avec une ellipse, on a reconnu que la terre occupe un des foyers; et comme dans une ellipse quelconque le plus grand et le plus petit rayon vecteur sont ceux qui joignent le foyer F aux deux sommets, la ligne des apsides coïncide avec le grand axe. Cette droite, divisant l'ellipse en deux parties égales, le soleil met exactement le même temps pour aller du périgée A à l'apogée B que pour revenir du premier de ces points au dernier. Mais la vitesse de l'astre étant plus grande dans le voisinage de l'apogée que dans celui du périgée, et la ligne des apsides étant presque perpendiculaire à celle des équinoxes, il doit s'écouler plus de temps entre l'équinoxe de printemps et celui d'automne qu'entre ce dernier et le précédent. C'est, en effet, ce que confirme l'observation. Ainsi pour 1860 on a :

Commencement du printemps le 20 mars à 9ʰ· 14′ du matin, durée 92ʲ· 20ʰ· 39′
—   de l'été le 21 juin à 5ʰ· 53′ du matin,   —   93 14 10

Ensemble,   186ʲ 10ʰ· 49′

Commencement de l'automne le 22 septembre à 8ʰ· 3′ du soir, — 89 17 52
—   de l'hiver le 21 décembre à 1ʰ· 55′ du soir,   —   89   1 17

Ensemble,   178ʲ· 19ʰ· 11′

Par conséquent la durée du printemps et de l'été surpasse celle de l'automne et de l'hiver de 7ʲ· 15ʰ· 38′.

Le soleil reste donc dans l'hémisphère boréal près de huit jours de plus que dans l'hémisphère austral. Ce fait, joint à l'immense étendue de mers que renferme ce dernier, peut expliquer l'inégalité de température des régions polaires de l'un et de l'autre hémisphère (156).

158. Longitude et latitude d'un astre. Nous avons vu, au n° 124, comment on peut déterminer les ascensions droites et les déclinaisons des astres par rapport au méridien du point Υ et à l'équateur. Or, en effectuant cette détermination à quelques années d'intervalle pour les mêmes étoiles, on reconnaît, surtout si elles sont voisines de l'équateur, une augmentation d'ascension droite et un changement de déclinaison tel que celles qui, à une certaine époque, étaient sur l'équateur, se trouvent en dehors de ce plan à une autre époque, et que d'autres ont en même temps passé d'un hémisphère dans l'autre. On constate ainsi un certain mouvement de la sphère entière des étoiles, qui est fort compliqué quand on le rapporte à l'équateur et au point Υ, mais qui devient très-simple quand on substitue l'écliptique à l'équateur comme premier cercle fixe.

En général, pour fixer la position d'un astre quelconque dans le ciel, on peut, au lieu de l'ascension droite et de la déclinaison (32), considérer les distances à deux grands cercles rectangulaires quelconques de la sphère céleste. Concevons l'écliptique, et un autre grand cercle $Q\Upsilon Q'$ (*fig.* 57) mené par les pôles de ce plan et par les équinoxes : la position d'un astre A quelconque sera complétement déterminée, si l'on connaît l'arc AI du grand cercle QAQ' et l'arc d'écliptique IΥ. Le premier de ces arcs est la *latitude* et le second la *longitude* de l'astre A. En général, on nomme *latitude* d'un astre l'arc, compris entre cet astre et l'écliptique, du grand cercle mené par l'astre et les pôles de l'écliptique. La *longitude* est l'arc d'écliptique compris entre le point Υ et le même demi-grand cercle. Quand on a déterminé par l'observation l'ascension droite et la déclinaison d'un astre pour un instant donné, le calcul trigonométrique permet d'en déduire la longitude et la latitude pour le même instant.

159. Idée de la précession des équinoxes. Cela posé, admettons que l'on ait calculé les longitudes et les latitudes d'un grand nombre d'étoiles pour des époques différentes.

En les comparant, on reconnaît que les latitudes n'éprouvent aucune variation sensible, tandis que les longitudes vont sans cesse en augmentant, et que cette augmentation est la même pour toutes les étoiles. Par conséquent, si l'on considère comme fixes le plan de l'écliptique dans l'espace et le point Υ dans ce plan, toutes les étoiles sembleront se mouvoir lentement dans le ciel et parallèlement à l'écliptique, ou, en d'autres termes, la sphère céleste tout entière paraîtra tourner autour de l'axe de l'écliptique QQ' avec un mouvement très-lent, et dirigé d'occident en orient, c'est-à-dire dans le même sens que le mouvement propre du soleil, ou en sens contraire du mouvement diurne. En comparant les longitudes d'une même étoile à des époques différentes, on a trouvé qu'en vertu de ce mouvement particulier la sphère étoilée décrit en moyenne 50",1 par an, ce qui fait 1° en 71,8563 ans, et le tour entier en 25868 années.

Concevons qu'à une certaine époque l'équinoxe du printemps, par exemple, et une certaine étoile passent au méridien exactement au même instant; l'année suivante, l'étoile ayant retardé du temps nécessaire pour décrire, en vertu du mouvement diurne, l'arc de 50" qu'elle a parcouru parallèlement à l'écliptique, l'équinoxe paraîtra s'être avancé de cette même quantité par rapport à l'étoile. Tout se passe donc comme si, les étoiles restant fixes, les points équinoxiaux avaient eux-mêmes sur l'écliptique un mouvement propre dans le sens du mouvement diurne, en vertu duquel leur retour au méridien arrive chaque année un peu plus tôt que celui des étoiles qui les accompagnaient l'année précédente. Telle est la raison pour laquelle on nomme *précession des équinoxes* le mouvement *apparent* de la sphère étoilée autour de l'axe de l'écliptique.

La précession des équinoxes, quel que soit d'ailleurs le mouvement réel qui la produit, opère sur les étoiles des déplacements qui, bien que peu sensibles dans un temps limité, deviennent considérables par la suite des siècles : ainsi la polaire, qui est aujourd'hui à 1° 37' 32" du pôle, en était à 12° du temps d'Hipparque. A la même époque, le signe Υ

se trouvait dans la constellation du Bélier, tandis qu'aujourd'hui il correspond à la constellation des Poissons. En effet, la rotation apparente de la sphère étoilée se faisant autour de l'axe de l'écliptique, les étoiles conservent perpétuellement les mêmes positions relativement aux pôles de ce plan, mais elles se déplacent progressivement par rapport au pôle de l'équateur. D'ailleurs, si nous considérons comme parfaitement fixe dans l'espace le grand cercle mené par le point ♈ et les pôles de l'écliptique, toutes les constellations s'éloigneront de ce grand cercle de 50″,1 par année, d'où résultera un déplacement d'environ 1° pour 71,8563 ans ou 30° en 2156 ans. Or, à l'époque où l'on imagina le zodiaque, on dut donner aux douze signes ou divisions de ce cercle les noms des constellations correspondantes. Mais depuis, on a toujours continué de faire commencer le premier signe au point équinoxial ♈, et comme les constellations se sont déplacées d'environ 30° en ordre inverse des signes, la correspondance primitive a dès longtemps disparu : on voit aussi que l'invention du zodiaque doit remonter au moins à 2156 ans. Si une certaine indécision sur les véritables limites des constellations laisse quelques doutes sur l'exactitude de cette date, il est du moins bien prouvé qu'on ne peut la reculer tout au plus que de quelques centaines d'années, et non la faire remonter, ainsi qu'on l'avait prétendu dans le siècle dernier, à des époques de beaucoup antérieures aux temps historiques.

160. Variation de l'obliquité de l'écliptique. L'obliquité de l'écliptique ne reste pas non plus complétement invariable. En effet, les valeurs trouvées à des époques différentes ne s'accordent point entre elles, et vont toutes en diminuant depuis les plus anciens astronomes jusqu'à nous. En les comparant avec soin, on a reconnu que l'obliquité de l'écliptique diminue de 48″ par siècle. D'après cela, il sera facile de la calculer pour une époque donnée quelconque, en partant de la valeur 23°27′28″,20 pour le 1er janvier 1860.

Une conséquence sensible de la diminution de l'obliquité

de l'écliptique, c'est que les tropiques se rapprochent peu à peu de l'équateur, et que des points du globe terrestre qui autrefois avaient le soleil à leur zénith à midi le jour du solstice, ne jouissent plus maintenant de ce spectacle. Telle est la ville de Syène, en Égypte, où se trouve un puits au fond duquel, au temps de Ptolémée, le soleil venait peindre son image à midi le jour du solstice d'été, tandis qu'aujourd'hui le fond de ce puits reste entièrement dans l'ombre pendant toute l'année : en effet, Syène n'était alors qu'à 13' 26" du tropique, et maintenant elle en est distante de 37' 23".

161. Mouvement du périgée. Pour pouvoir assigner dans le ciel à une époque donnée la véritable position de l'orbite solaire, il ne suffit pas de connaître la direction de la ligne des équinoxes et l'obliquité de l'écliptique pour cette époque ; il faut encore avoir au même instant la position de la ligne des apsides dans le plan de l'écliptique. Or, en comparant les longitudes du périgée pour des époques différentes, on a constaté que ce point se meut lentement, suivant l'ordre des signes, et l'on a reconnu que la valeur du mouvement annuel du périgée est de 61",76. Par conséquent, pour avoir la position de la ligne des apsides à une époque donnée quelconque, il suffit de savoir qu'au 1er janvier 1830 elle faisait avec la ligne du solstice un angle de 9° 58' 58". On trouve, d'après cela, que cet angle sera de 10° 28' 40" au commencement de 1860; que le périgée a dû coïncider avec le solstice d'hiver en l'an 1248, et avec l'équinoxe d'automne il y a environ 5850 ans : c'est à peu près l'époque où les chronologistes placent la création du monde.

La précession des équinoxes et le mouvement du périgée donnent naissance à deux sortes d'années un peu différentes de l'année tropique (136). On nomme *année sidérale* le temps qui s'écoule entre deux coïncidences successives du soleil avec une même étoile, et *année anomalistique* la durée qui sépare deux retours consécutifs du soleil au périgée. L'année sidérale est plus longue que l'année tropique : en

10.

effet, concevons qu'à l'instant même où le soleil est à l'équinoxe I (*fig.* 51), une certaine étoile soit dans le plan horaire PIP'; l'année suivante, lorsque le soleil atteindra
l'équinoxe, l'étoile se sera avancée de 50″,1 parallèlement
au plan de l'écliptique, et par conséquent le soleil ne reviendra au même point du ciel qu'après avoir déjà dépassé
l'équinoxe. Ainsi l'année sidérale est plus longue que
l'année tropique du temps que met le soleil à parcourir, en
vertu de son mouvement propre, l'arc de 50″,1 décrit annuellement par les étoiles en vertu de la précession des
équinoxes. Or le soleil moyen fictif parcourt 360° en
365$^{\text{j. m.}}$,242264, ce qui fait $\dfrac{:60}{365,242264} = 59' \ 8'',33$ ou
3548″,33 en 24$^{\text{h. m.}}$, et par conséquent il met $\dfrac{24.50,1}{3548,33}$
$= 20'17''$ à décrire l'arc de 50″,1 de la précession annuelle.
L'année sidérale surpasse donc l'année tropique de 20′17″,
et elle est égale à 365$^{\text{j.}}$ 6$^{\text{h.}}$ 9′ 8″.

L'année anomalistique surpasse l'année tropique du temps
que met le soleil à parcourir l'arc de 61″,76 décrit par le
périgée pendant que le soleil exécute sa révolution tropique
annuelle. En convertissant en temps cet arc de 61″,76, on
trouve 25′ 3″ pour l'excès de l'année anomalistique sur
l'année tropique.

162. Mouvement réel de la terre autour du soleil.

Nous
avons vu au n° 28 que le mouvement diurne du ciel n'est
qu'une apparence due au mouvement de rotation de la
terre sur son axe en 24 heures. De même tous les faits qui
résultent du mouvement propre annuel du soleil, tel que
nous l'avons décrit aux n° 110 et suivants, peuvent s'expliquer par un mouvement de translation de la terre autour du
soleil, supposé fixe relativement à nous, tout aussi bien que
par le mouvement propre du soleil autour de la terre.

Remarquons d'abord que, dans les observations, rien ne
permet de juger si les effets du mouvement propre apparent
du soleil doivent être attribués à un mouvement réel de cet

astre, ou bien à un mouvement de translation de la terre. En effet, concevons le soleil fixe en S (*fig.* 89) et admettons qu'en un jour, par exemple, la terre se trouve transportée de T en T' : la position apparente *s* du soleil S, pour l'observateur placé en T, sera devenue *s'*, quand celui-ci se sera avancé en T', et il jugera que le soleil a décrit l'arc *ss'* dans le ciel. Il en sera de même chaque jour et, par conséquent, si nous décrivons la courbe TT' dans l'intervalle d'une année, rien ne nous révélant l'existence de ce mouvement, nous l'attribuerons au soleil, qui nous paraît très-petit relativement à la terre, et cet astre nous semblera exécuter dans le courant de l'année la révolution que nous aurons faite nous-mêmes pendant ce temps.

Nous ne considérons ici que les positions apparentes *s, s'*…. du soleil, et alors cet astre nous paraît décrire un grand cercle de la sphère céleste (113). Mais tenons compte des variations du diamètre apparent, et pour cela supposons que la terre décrive l'ellipse ATB (*fig.* 89), le soleil étant fixe au foyer S. Nous nommerons *périhélie* le point B le plus rapproché, et *aphélie* le point A le plus éloigné du soleil. Concevons une seconde ellipse SS'A', égale à la première, ayant son foyer en B et son grand axe SA' dirigé suivant la droite ASB. Le soleil étant resté fixe en S et la terre ayant parcouru l'arc BT, je suppose, le diamètre apparent de l'astre sera exactement le même que si la terre fût restée fixe en B et que le soleil eût décrit l'arc SS' = BT, car les deux droites ST et BS' sont égales à cause de l'égalité des aires BST et BSS'. D'ailleurs elles sont parallèles pour la même raison, et par conséquent les deux positions apparentes *s, s₁* du soleil se confondent; car, en raison de l'immense éloignement des étoiles, les deux parallèles ST et BS' vont couper la sphère céleste sensiblement au même point.

Ce que nous avons dit au n° 123 des aires décrites par le rayon vecteur du soleil s'applique au mouvement de la terre, et généralement tous les résultats des observations resteront identiquement les mêmes, soit que l'on suppose la terre fixe en B, tandis que le soleil décrit l'ellipse SS'A', ou bien

le soleil fixe en S et la terre animée d'un mouvement de
translation en vertu duquel elle décrit en une année l'ellipse BTA, mais en sens contraire du mouvement précédemment attribué au soleil.

D'ailleurs tous les phénomènes dont nous avons attribué
la cause, n° 151 et suivants, au mouvement annuel apparent
du soleil s'expliquent avec la même facilité dans l'hypothèse
du mouvement de translation de la terre autour de cet astre
supposé fixe.

163. Explication des saisons et de l'inégalité des jours.

Expliquons d'abord comment, dans l'hypothèse du double
mouvement de la terre, on peut se rendre compte de l'inégalité des jours et de la succession des saisons. Pour cela,
concevons mené à un certain instant un rayon vecteur ST
(*fig.* 90) du soleil au centre de la terre T, et, par ce dernier point, imaginons un plan perpendiculaire à ST ; le
grand cercle ABKI suivant lequel ce plan coupera la surface terrestre divisera celle-ci en deux parties : l'une ACB
éclairée par le soleil, et l'autre ADB complétement obscure.
Nous nommerons le cercle AIBK *cercle d'illumination*, et il
est évident que le phénomène du jour et de la nuit pour un
lieu et à un instant donnés dépendra uniquement de la position de ce lieu par rapport au cercle d'illumination. Si l'on
supposait la terre fixe, le cercle d'illumination, toujours
perpendiculaire au rayon vecteur ST, parcourrait toute la
surface terrestre dans l'espace de 24 heures, tandis que,
dans l'hypothèse de la rotation de la terre, le cercle d'illumination reste fixe et les différentes portions de surface terrestre viennent successivement se placer au-dessus ou au-
dessous de ce plan relativement au soleil. L'effet pour un
lieu quelconque est exactement le même dans les deux cas,
et nous dirons, dans le dernier, que *la durée du jour en un
lieu dépend du temps que ce lieu reste au-dessus du cercle
d'illumination.*

Supposons que le cercle d'illumination contienne l'axe
de rotation de la terre, il coupera en parties égales tous les

parallèles, et par conséquent, pour tous les lieux de la terre, le jour sera égal à la nuit. C'est ce qui arriverait toujours si l'axe terrestre était constamment perpendiculaire au plan de l'écliptique, ou, ce qui revient au même, si l'équateur terrestre coïncidait avec ce plan. Si au contraire l'axe de rotation terrestre, étant incliné à l'écliptique, restait constamment fixe, le cercle d'illumination couperait inégalement, mais toujours de la même manière, les divers parallèles terrestres, et les jours, inégaux en des lieux différents, conserveraient constamment la même longueur en chaque lieu.

Mais admettons, comme cela a lieu en effet, que la terre, à mesure qu'elle tourne sur elle-même, s'avance dans l'écliptique de manière que son axe de rotation PP' (fig. 91) reste toujours parallèle à une droite fixe SK. Soit la droite SI perpendiculaire au plan de l'écliptique, l'angle KSI, égal à l'inclinaison de l'équateur terrestre, sera de 23° 27' 1/2. Soit AA' l'intersection du plan de l'écliptique par le plan ISK, on sait que l'angle KSA sera le plus petit et l'angle KSA' le plus grand de tous ceux formés par SK avec les différentes droites menées par le point S dans le plan de l'écliptique; d'ailleurs, la droite BB' perpendiculaire sur AA' sera aussi perpendiculaire sur SK. Cela posé, considérons l'instant où le centre de la terre est en B; le cercle d'illumination, perpendiculaire à SB, contiendra l'axe de rotation terrestre PP' qui est parallèle à SK, et le jour sera égal à la nuit pour tous les lieux de la terre. Il en sera de même en B', point diamétralement opposé de B, et ces deux points seront les équinoxes.

Si nous considérons la terre en un point T, le cercle d'illumination, toujours perpendiculaire au rayon vecteur ST, fera avec l'équateur terrestre un angle égal à KST, lequel sera d'autant plus petit que le point T sera plus près de A. Donc le cercle d'illumination coupera les parallèles terrestres en parties inégales, et les jours seront plus longs que les nuits dans l'hémisphère austral P', tandis qu'ils seront plus courts dans l'hémisphère boréal P. Il continuera d'en être ainsi jusqu'à ce que la terre soit parvenue en A, où l'angle de PP′ avec le rayon vecteur SA ayant atteint son minimum, celui de cette même droite avec le cercle d'illumination sera le plus grand possible : ce sera le solstice d'été pour l'hémisphère austral P′ et le solstice d'hiver pour l'hémisphère boréal P. On verra de même que les jours iront en diminuant sur l'hémisphère austral et en augmentant sur l'hémisphère boréal tout le temps que la terre mettra à parcourir l'arc d'écliptique AB′. Les mêmes phénomènes se reproduiront en ordre inverse sur l'arc B′A′B. Dans cette hypothèse du soleil fixe relativement à nous, le plan de l'écliptique reste complétement invariable, et le plan de l'équateur terrestre, après avoir passé par le soleil au moment des équinoxes, vient se placer pour nous, habitants de l'hémisphère boréal, au-dessus du soleil pendant que nous parcourons la partie BAB′ d'écliptique, c'est-à-dire en hiver, et au-dessous tant que nous décrivons l'autre partie B′A′B, c'est-à-dire pendant l'été.

Les changements de température et de climats s'expliquent également par le double mouvement de la terre, puisqu'ils ne dépendent que de la durée des jours et des saisons.

164. Explication de la précession des équinoxes et de la nutation. Si la droite SK, à laquelle l'axe de rotation de la terre reste constamment parallèle, conservait une position parfaitement invariable, la ligne des équinoxes BB′ n'éprouverait elle-même aucun déplacement sur le plan de l'écliptique. Mais admettons que la droite SK tourne lentement en sens contraire du mouvement de la terre ou contre l'ordre des signes, et décrive autour de l'axe SI de l'écliptique une surface conique dans l'espace de 26000 ans environ, c'est-à-dire avec une vitesse moyenne de 50″ par an ; la ligne des équinoxes BB′, toujours perpendiculaire au plan ISK, décrira elle-même contre l'ordre des signes un arc moyen de 50″ par an, et nous aurons le phénomène de la précession des équinoxes. Le pôle céleste peut être considéré comme situé sur le prolongement. de la droite SK elle-même, à cause de l'immense éloignement des étoiles ; et le mouvement apparent de la sphère étoilée par rapport aux pôles (159) se trouve expliqué par le déplacement progressif de ces points eux-mêmes sur la sphère céleste, devenue parfaitement fixe.

L'angle de SK avec SI est, en valeur moyenne, de 23° 27′ 35″, mais il ne conserve pas non plus cette valeur d'une manière tout à fait absolue : la ligne SK décrit autour de SI un cône dont la base est légèrement elliptique, ce qui explique la variation séculaire de l'obliquité de l'écliptique (160), puisque toujours l'équateur terrestre fait avec l'écliptique un angle égal à celui de SK avec SI.

Enfin, le mouvement conique de la droite SK se trouve compliqué d'un autre petit mouvement qui consiste en ce que, si l'on faisait abstraction du mouvement principal, la droite en question décrirait en 19 ans, autour de sa position moyenne, un tout petit cône ayant pour base sur la sphère céleste une ellipse dont le grand axe serait de 19″ et le petit de 14″. Ce second mouvement, qu'on appelle *nutation de l'axe terrestre*, se combine avec celui qui produit la précession, et il en résulte que la droite SK décrit une surface conique cannelée ; par suite le pôle, que l'on peut considérer comme l'extrémité de OK à la distance des étoiles, trace dans le ciel une courbe de la forme ABCD oscillant de 4 à 5 secondes de chaque côté de la courbe moyenne *abcd* (*fig.* 92).

Si le double mouvement diurne et annuel de la terre n'est encore pour nous qu'une simple hypothèse, avouons du moins que cette hypothèse acquiert un haut degré de probabilité par la simplicité avec laquelle elle rend compte de toutes les apparences fournies par l'observation des mouvements célestes. Ainsi, le mouvement diurne du ciel, si difficile à concevoir dans l'hypothèse de l'immobilité de la terre ; le mouvement propre apparent du soleil autour de la terre, si peu admissible quand on songe que le volume de cet astre est presque un million et demi de fois celui de

notre globe; le mouvement de la sphère des étoiles en
26000 ans autour de l'axe de l'écliptique, accusé par la
précession des équinoxes et compliqué du mouvement de la
nutation : toutes ces apparences deviennent une conséquence naturelle du double mouvement de la terre; il
suffit d'admettre que l'axe de rotation terrestre se déplace
dans le ciel en restant constamment parallèle à la génératrice d'un cône dont l'axe est la perpendiculaire au plan
de l'écliptique menée par le centre du soleil. Nous verrons plus loin que l'analogie de la terre avec les planètes
et divers autres phénomènes physiques et mécaniques établissent rigoureusement le double mouvement diurne et
annuel de la terre.

LIVRE QUATRIÈME.

DE LA LUNE.

§ 1.

De la lune. — Diamètre apparent. — Phases. — Syzygies. — Quadratures.
— Lumière cendrée. — Révolution sidérale et synodique. — Orbite dé-
crite par la lune autour de la terre. — Distance de la lune à la terre. —
Diamètre réel et volume de la lune. — Sa masse. — Taches. — Rotation.
— Libration en longitude. — Montagnes de la lune. — Leur hauteur.
— Constitution volcanique de la lune. — Absence d'eau et d'atmosphère.

165. De la lune. La lune est, après le soleil, celui de tous
les astres qui nous offre le plus d'intérêt, tant par le mouvement propre dont elle jouit que par la variété des aspects
qu'elle nous présente. Il suffit de quelques heures d'une
observation suivie pour constater un changement dans la
distance apparente de la lune aux étoiles, et pour reconnaître à cet astre un mouvement propre dirigé, comme celui du soleil, en sens contraire du mouvement diurne, mais
beaucoup plus rapide. Si l'on note l'heure du passage de la
lune au méridien, on trouve que chaque jour elle offre un
retard considérable sur les étoiles qui l'accompagnaient
d'abord. Ce retard varie un peu d'un jour au jour suivant ;
mais si, après un grand nombre d'observations, on prend
une valeur *moyenne* entre tous les retards observés chaque
jour, on trouve environ 54′ 24″. Or le soleil retarde lui-
même sur les étoiles de 3′ 56″ en valeur moyenne ; par conséquent, le retard moyen de la lune sur le soleil est de 50′
28″. Ainsi, qu'un certain jour le soleil, la lune et une étoile
soient au même instant dans le méridien, le lendemain
l'étoile y reviendra la première, le soleil 3′ 56″ après l'étoile,
et la lune seulement 50′ 28″ après le soleil.

166. Diamètre apparent. La lune nous offre un diamètre apparent sensiblement égal à celui du soleil. On peut le déterminer par le procédé du n° 119 en choisissant le moment où la lune est entièrement *ronde*. On parvient encore à le mesurer, à une époque quelconque, en notant le temps pendant lequel la lune nous cache les étoiles qu'elle rencontre sur son passage. On trouve ainsi que le diamètre apparent de la lune varie entre 29′ 30″ et 33′ 30″ environ; sa valeur moyenne est donc sensiblement 31′ 30″. Si l'on compare les deux valeurs extrêmes du diamètre apparent lunaire au plus petit et au plus grand diamètre apparent du soleil, qui sont 31′ 31″ et 32′ 35″ (120), on voit que la lune doit nous paraître tantôt plus grande et tantôt plus petite que ce dernier astre.

Lorsqu'il s'agit de déterminer la position de la lune à un instant donné, les observations doivent toujours être rapportées au centre même de l'astre (119). Lorsque la lune est à peu près ronde, on peut opérer sur les deux bords de l'astre comme nous l'avons expliqué pour le soleil au n° 119; mais il arrive souvent que la lune n'est pas entièrement visible, et alors ce procédé n'est pas applicable.

Pour avoir l'ascension droite du centre de la lune, on note l'instant du passage du bord lumineux et l'on ajoute ou l'on retranche le temps que met le demi-diamètre apparent à traverser le méridien. De même, on obtient la déclinaison du centre de la lune en observant la distance zénithale du bord lumineux au moment de son passage méridien, puis on ajoute ou l'on retranche le demi-diamètre apparent. Une fois connues l'ascension droite et la déclinaison du centre de la lune, on en déduit la longitude et la latitude (158), qui nous seront souvent plus commodes pour l'étude des mouvements lunaires.

167. Phases. Syzygies, quadratures. On nomme *phases lunaires* l'ensemble des aspects divers que nous offre la lune et qui dépendent de son mouvement propre relativement au soleil.

On nomme *révolution synodique* d'un astre toute révolution qui ramène cet astre dans la même position par rapport au soleil supposé fixe; en d'autres termes, c'est le
temps qui s'écoule entre deux retours consécutifs du soleil
et de l'astre au même cercle de longitude.

Un astre quelconque est dit *en conjonction*, lorsque sa
longitude est égale à celle du soleil; *en opposition*, quand la
différence de la longitude avec celle du soleil est égale à
180°; et en *quadrature* quand cette même différence de longitude est de 90° ou de 270°. Quand il s'agit de la lune, la
conjonction et l'opposition sont souvent désignées par le
nom commun de *syzygies*, et les points milieux entre les
quadratures et les syzygies par celui d'octants.

C'est de la position de la lune par rapport au soleil, ou de
sa révolution synodique, que dépendent les phases. Observons d'abord que la lune est un corps opaque; on en a la
preuve dans la disparition et la réapparition subite des
étoiles et autres astres qu'elle rencontre sur son passage.
Elle est également dépourvue de lumière propre, et ne
brille que de celle qu'elle reçoit du soleil. En effet, au moment où elle est en conjonction, elle cesse complétement
d'être visible, parce que, placée entre le soleil et la terre,
elle nous tourne la face qui ne reçoit aucun rayon solaire.
Quelques jours après, nous apercevons une portion du
disque qui va en augmentant à mesure que l'astre avance
dans sa révolution synodique; c'est qu'en effet il nous montre
des parties de plus en plus grandes de la portion éclairée
par le soleil. Il suit évidemment de ce simple aperçu que
la lune n'a d'autre lumière que celle qu'elle reçoit du soleil.

Pour mieux préciser les apparences diverses que la lune
nous offre pendant tout le cours de sa révolution, concevons, mené par son centre, un plan AB (*fig.* 65) perpendiculaire à la droite SL qui unit le centre de l'astre à celui du
soleil; la portion AIB du volume lunaire tournée du côté
du soleil, par rapport au plan AB, sera entièrement éclairée,
tandis que l'autre partie AKB sera tout à fait obscure. De
même, on partagera le volume de la lune en deux portions,

l'une visible et l'autre invisible pour nous, en imaginant une droite LO menée de l'œil de l'observateur terrestre au centre de l'astre, et, par ce dernier point, un plan CD perpendiculaire à LO. Or, dans toutes les positions possibles, la portion BLD, à la fois éclairée par le soleil et visible pour nous, que nos deux plans interceptent sur la surface lunaire, offre exactement tous les aspects d'un fuseau sphérique croissant par degrés depuis un simple filet jusqu'à l'hémisphère entier. Nous admettrons donc comme démontré que *la lune est un corps sphérique, obscur et éclairé par le soleil.*

Cela posé, considérons la lune au moment où elle est en conjonction. Les deux rayons vecteurs SL et TL (*fig.* 66), menés du centre du soleil et de celui de la terre au centre de la lune, font entre eux un angle qui, ne pouvant jamais surpasser l'inclinaison de l'orbite lunaire sur l'écliptique (170), est nécessairement compris entre 0° et 5° 8'. Par conséquent, le plan AB, qui sépare la portion de surface lunaire obscure de la portion éclairée, diffère très-peu du plan CD qui limite la partie visible, et comme c'est la portion obscure qui est tournée du côté de la terre, la lune cesse d'être visible pour nous. Alors elle est dite *nouvelle* et l'on désigne ce phénomène par le nom de *néoménie* ou *nouvelle lune.* A ce moment, la lune se couche à peu près à six heures du soir.

Quelques jours après la conjonction, la lune, en vertu du mouvement synodique, se sera déplacée par rapport au soleil; et admettons que celui-ci étant revenu en S, elle soit en L'. A cause du grand éloignement du soleil, qui est environ 400 fois la distance de la lune à la terre, ainsi que nous le verrons bientôt, on peut considérer comme parallèles à SL toutes les lignes qui joignent le soleil à la lune pour toutes les positions de celle-ci dans son orbite; par conséquent, en L', la portion à la fois éclairée et visible sera le fuseau ACL', et la lune offrira l'aspect d'un *croissant* MNPQ (*fig.* 67) tourné vers le soleil. De jour en jour le croissant s'élargit, la lune se couche plus tard et éclaire une portion plus considérable de nos nuits.

Le septième jour après la conjonction, la lune arrive en quadrature en L″, et les deux plans AB et CD sont sensiblement perpendiculaires l'un à l'autre. Nous voyons donc exactement la moitié de la portion de surface lunaire qui est éclairée sous la forme d'un demi-cercle brillant : on a le *premier quartier*; la lune est dite *dichotome,* et elle reste visible à peu près la moitié de la nuit. Les jours suivants, la partie brillante continue d'augmenter et prend la forme M′N′P′Q′ (*fig.* 67), en même temps que l'astre se couche de plus en plus tard.

Du quatorzième au quinzième jour après la conjonction, la lune étant parvenue en opposition en L‴, les deux plans AB et CD coïncident sensiblement de nouveau, et, comme c'est la partie éclairée qui est tournée du côté de la terre, la lune nous apparaît sous la forme d'un cercle entièrement lumineux. C'est la *pleine lune*; et à ce moment l'astre, se levant à peu près à six heures du soir, nous éclaire pendant toute la nuit.

A partir de la pleine lune, la portion à la fois visible et éclairée du disque lunaire va continuellement en diminuant. Parvenue de nouveau en conjonction en L^{iv}, la lune est redevenue dichotome et nous offre encore l'aspect d'un demi-cercle lumineux : on a alors le *dernier quartier*; l'astre se lève vers minuit et l'on est dans le *déclin*.

Le croissant continue de diminuer jusqu'au moment où la lune, étant revenue à la conjonction, cesse entièrement d'être visible pendant deux ou trois jours, pour reparaître ensuite sous la forme d'un simple filet lumineux d'abord, et nous offrir ensuite toutes les mêmes phases exactement dans le même ordre.

Il est à remarquer que, dans tout le cours de la révolution lunaire, la partie éclairée, toujours la plus voisine du soleil, tourne constamment sa convexité du côté de cet astre, situé sur le prolongement de la droite qui mesure la plus grande largeur du segment lumineux. Les pointes ou *cornes* M et P (*fig.* 67) sont toujours situées aux extrémités d'un même diamètre lunaire et à la même distance du soleil.

168. Lumière cendrée. Observons aussi qu'en supposant un observateur placé à la surface de la lune, notre terre lui présentera des phases analogues à celles que nous offre la lune. Au moment où nous avons nouvelle lune, la partie du globe terrestre éclairée par le soleil est entièrement visible pour notre observateur, qui a *pleine terre ;* il a au contraire *nouvelle terre* quand nous observons pleine lune, et plus généralement les phases terrestres pour les sélénites sont *complémentaires* de celles de la lune pour nous, avec cette différence que notre globe leur apparaît environ treize fois plus grand que ne l'est la lune pour nous, ainsi que nous le verrons bientôt. De là résulte que nous ne cessons pas tout à fait d'apercevoir la lune au moment où elle est nouvelle, quoiqu'elle ne soit pas directement éclairée par le soleil, et que nous distinguons aussi la partie obscure lorsque le croissant a une très-faible étendue. En effet la partie éclairée de la terre étant alors presque entièrement tournée du côté de la lune, celle-ci en reçoit, par réflexion, une certaine quantité de lumière qu'elle réfléchit de nouveau. Cette lumière doublement réfléchie que nous envoie la partie du disque lunaire que n'éclaire pas directement le soleil se nomme *lumière cendrée,* et n'est point, comme on l'avait cru pendant longtemps, de la lumière propre à la lune.

169. Orbite lunaire. La lune ne se déplace pas seulement en ascension droite par rapport aux étoiles; elle se meut aussi dans le sens des méridiens, car la valeur de la déclinaison varie aussi en général d'un jour au jour suivant : ce qui montre que la *trajectoire* lunaire est inclinée au plan de l'équateur. Concevons que l'on joigne à un instant donné le centre T de la terre au centre L de la lune (*fig.* 64), la droite TL, prolongée jusqu'à la sphère céleste, marquera en *l* la *position apparente* de la lune. Si l'on a déterminé à un certain instant l'ascension droite et la déclinaison du centre de l'astre, il suffira, pour avoir la position apparente correspondante, de corriger les résultats observés de la réfraction et de la parallaxe lunaire. Admettons que l'on ait déterminé et marqué sur un globe céleste un grand nombre de points $l, l', l''...$, le lieu de tous ces points, que l'on pourra construire approximativement, est dit l'*orbite sphérique* de la lune. C'est l'ensemble des positions que le centre de l'astre paraîtrait successivement occuper sur la sphère étoilée pour un observateur placé au centre de la terre, point qui est aussi le centre de la sphère céleste.

Si l'on mène un plan par trois points de l'orbite sphérique de la lune, on reconnaît facilement que tous les autres points de la courbe ne sont pas exactement situés dans ce plan, d'où il résulte que l'orbite lunaire n'est pas une courbe plane. Toutefois le plan mené par trois points quelconques de cette courbe passe toujours par le centre de la sphère céleste, et si l'on suppose les trois points suffisamment rapprochés, leur plan paraît contenir un arc considérable de l'orbite en question. On peut donc concevoir cette courbe comme coïncidant à chaque instant avec un grand cercle de la sphère céleste, pourvu qu'on admette que le plan de ce cercle se déplace peu à peu dans l'espace sans cesser de passer par le centre de la terre. Le *plan mobile,* qui contient ainsi à un instant donné l'arc de l'orbite que la lune semble décrire à cet instant est dit le *plan de l'orbite lunaire.*

170. Nœuds, ligne des nœuds, inclinaison de l'orbite lunaire sur l'écliptique. On appelle *nœuds* de la lune les deux points où l'orbite lunaire coupe l'écliptique : celui de ces points où se trouve l'astre à son passage de l'hémisphère sud dans l'hémisphère nord est dit le *nœud ascendant,* et se désigne par le signe ☊; l'autre est appelé *nœud descendant* ☋, parce qu'au moment où la lune y passe, elle descend de l'hémisphère nord dans l'hémisphère sud. Nous avons dit, n° 158, que la longitude et la latitude d'un astre à un instant donné peuvent se déduire de l'ascension droite et de la déclinaison observées à cet instant. On peut donc admettre que l'on connaît pour tous les jours de l'année la longitude et la latitude du centre de la lune. Or, quand l'astre est à l'un de ses nœuds, sa latitude est nulle, et réciproquement. On obtiendra donc la position des nœuds de la lune sur l'écliptique en déterminant, par la méthode du n° 116, la longitude des points pour lesquels la latitude est égale à zéro. On reconnaît que les deux points ainsi obtenus ne sont pas tout à fait diamétralement opposés : c'est qu'en effet le plan de l'orbite lunaire se déplace un peu pendant le temps employé par l'astre pour aller de l'un à l'autre de ses nœuds.

Lorsque l'on connaîtra la position de l'un des nœuds pour un instant donné, le diamètre de l'écliptique mené par ce point sera la ligne d'intersection du plan de l'écliptique par celui de l'orbite lunaire, et, pour que la position de ce dernier soit complétement déterminée, il suffira de connaître l'angle des deux plans qu'on nomme l'*inclinaison de l'orbite lunaire sur le plan de l'écliptique*. En raisonnant comme au n° 114 on verra que cet angle est égal à la plus grande valeur de la latitude lunaire. On a trouvé ainsi que l'inclinaison de l'orbite lunaire sur l'écliptique est de 5° 8′, et que les variations qu'elle subit sont presque insensibles. Par conséquent, le plan de l'orbite lunaire, tout en se déplaçant successivement dans l'espace, peut être considéré comme passant constamment par le centre de la terre et comme faisant un angle à fort peu près constant avec le plan de l'écliptique.

171. Si le plan de l'orbite lunaire coïncidait avec l'écliptique, le soleil, la terre et la lune seraient en ligne droite au moment de l'opposition, et par conséquent l'ombre de la terre nous cacherait la lune pendant un certain temps : il y aurait *éclipse de lune*. Ce phénomène a lieu, en effet, toutes les fois que la lune est à l'un de ses nœuds *à peu près* en même temps qu'elle arrive en opposition.

Si, au contraire, la lune exécutait sa révolution dans le plan même de l'équateur d'un mouvement uniforme, son lever aurait lieu exactement à 6 heures du matin dans la néoménie, à 6 heures du soir dans la pleine lune, à midi dans le premier quartier, à minuit dans le dernier, et nous l'aurions continuellement pendant 12 heures sur notre horizon. Mais l'obliquité de l'orbite lunaire, par rapport à l'équateur, jointe à l'irrégularité du mouvement de l'astre, apporte aux heures et aux lieux de son lever et de son coucher des modifications analogues à celles que nous avons décrites pour le soleil (151), mais plus considérables. En effet, le plan de l'orbite lunaire étant lui-même incliné de 5° 8′ sur l'écliptique, nous voyons à certaines époques la lune s'élever de 5° 8′ au-dessus de la plus grande hauteur méridienne du soleil au solstice d'été, et à d'autres rester de ce même angle au-dessous de la plus petite hauteur méridienne de ce même astre au solstice d'hiver. Du reste, la lune, au moment de son plein, s'élève plus haut et reste en général plus longtemps sur notre horizon en hiver qu'en été; car, étant en opposition avec le soleil et ne s'écartant au plus que de 5° 8′ de l'écliptique, elle est peu éloignée du solstice d'été en hiver et du solstice d'hiver en été.

172. Révolution sidérale et synodique de la lune. En vertu de son mouvement propre, la lune fait le tour entier du ciel dans une période moyenne de $27^j 7^h 43' 11'',5$, au bout de laquelle elle reprend à fort peu près la même position par rapport aux étoiles. C'est ce qu'on appelle sa *révolution sidérale.* On conçoit aussi que par l'observation de la lune on puisse déterminer l'instant précis où le centre de cet astre se trouve dans le cercle de longitude passant par l'équinoxe du printemps. La durée qui sépare deux retours consécutifs du centre de la lune dans ce plan est dite une *révolution tropique de l'astre.* Si l'on compte le nombre de jours écoulés pendant une longue suite de révolutions et que l'on divise ce nombre par celui des révolutions, on aura la *valeur moyenne* d'une révolution tropique. En opérant sur un grand nombre de révolutions, afin d'obtenir une plus grande approximation, on a trouvé que la révolution tropique de la lune est actuellement, en valeur moyenne, de $27^j,321255 = 27^j 7^h 43' 4'',72$. Le mouvement moyen diurne de cet astre parallèlement à l'écliptique est donc de $\dfrac{360°}{27,321255} = 13° 10' 35'',02$.

Or, le soleil parcourt lui-même, en vertu de son mouvement propre, un arc d'écliptique égal, en valeur moyenne, à $0° 59' 8'',33$. Par conséquent, le retard moyen de la lune sur le soleil est de $13° 10' 35'',02 — 0° 59' 8'',33 = 12° 11' 26'',69$.

Si donc le soleil et la lune se trouvent ensemble à un certain instant dans le même cercle de longitude, le lendemain la lune sera en retard sur le soleil de $12° 11' 26'',69$, le jour suivant, de deux fois ce même angle…., etc. Les deux astres se retrouveront de nouveau dans le même cercle de longitude après un nombre de jours exprimé par le quotient de 360 divisé par $12° 11' 26'',69$, ce qui donne $29^j,5305885 = 29^j 12^h 44' 2'',85$. Telle est donc la durée de la révolution synodique (167).

Ainsi, à chaque période de $29^j 1/2$ environ, la lune se retrouve dans la même position relativement au soleil, exactement comme si celui-ci n'ayant aucun mouvement propre, elle exécutait sa révolution avec une vitesse moyenne de $12° 11' 26'',69$ par jour.

Cette durée de la révolution synodique de la lune est dite *mois lunaire* ou *lunaison*, et c'est probablement cette période qui a donné l'idée, dans l'origine, de partager l'année en 12 mois, ainsi que l'indique l'analogie des mots grecs μήνη, lune, et μήν, μηνός, mois. Lorsqu'on se sert des lunaisons dans la division du temps, comme leur durée moyenne est d'environ $29 \frac{1}{2}$ jours, on les fait alternativement de 29 et de 30 jours, et l'on donne à chacune le nom de *lune* du mois où elle commence. Ainsi la lune de mars, par exemple, est la lunaison qui commence en mars.

173. Épacte. Les calendriers contiennent ordinairement l'indication des différentes phases lunaires; en effet, les dates et les heures précises de chacun de ces phénomènes, calculées avec soin par le Bureau des longitudes, sont annoncées plusieurs années à l'avance dans la *Connaissance des temps*. Mais il arrive quelquefois qu'on a besoin de connaître, pour une année quelconque, simplement le jour d'une certaine phase lunaire, de la pleine ou de la nouvelle lune par exemple, il suffit alors d'avoir l'*épacte* pour l'année que l'on considère, c'est-à-dire le nombre de jours écoulés depuis la dernière néoménie au commencement de cette année. En effet, si l'on retranche l'épacte de 29,5 jours, durée moyenne d'une lunaison, on aura la date de la nouvelle lune de janvier; puis, en ajoutant successivement 29,5 ou bien 14,75, etc., on obtiendra les dates des nouvelles et des pleines lunes suivantes pendant toute l'année.

174. Cycle lunaire, nombres d'or. Si l'on compare la durée de l'année tropique, qui est de $365^j,242264$, à celle de la lunaison, que nous avons trouvée de $29^j,530885$, on trouve que

$$1 \text{ année} = \frac{365,24264}{29,530885} = 12,3683 \text{ lunaisons à fort peu près.}$$

Or, en multipliant ces deux nombres par 19, on a 19 années $= 234,9977\ldots$ lunaisons, et par conséquent, à quelques millièmes de lunaisons près, on peut considérer 19 années tropiques comme renfermant 235 lunaisons moyennes. Si donc l'on avait calculé ou observé toutes les phases lunaires pendant une période de 19 ans, ces mêmes phases se reproduiraient, sinon exactement aux mêmes heures, du moins aux mêmes jours, pendant les 19 années suivantes, et ainsi de suite de 19 ans en 19 ans. Cette période de 19 ans, qui ramène les mêmes phases lunaires aux mêmes jours, se nomme *cycle lunaire*, et les nombres par lesquels on désigne chacune des années du cycle sont dits *nombres d'or*, parce que les Athéniens, à qui Méthon les fit connaître, les gravèrent en lettres d'or sur les portes du temple de Minerve.

Toutes les années qui ont le même nombre d'or ont aussi la même épacte, et par conséquent, pour avoir les dates des phases lunaires d'une année quelconque, il suffit de savoir calculer le nombre d'or et l'épacte correspondante.

Pour déterminer le nombre d'or d'une année quelconque, il n'y a qu'à se rappeler que *la première année du cycle lunaire a précédé d'un an la première de notre ère*. En effet, que l'on ajoute 1 au millésime de l'année proposée et que l'on divise le résultat par 19, le quotient exprimera le nombre de cycles entièrement écoulés, et le reste, l'ordre de l'année dans le cycle suivant. Ainsi, pour 1863, on a $\dfrac{1864}{19} = 98 + \dfrac{2}{19}$, c'est-à-dire qu'il y a 98 cycles écoulés et que l'on est dans la 2e année du 99e : donc 2 est le nombre d'or de 1863.

Une fois le nombre d'or obtenu, on a facilement l'épacte. En
effet, 12 lunaisons donnent 29,5305885 × 12 = 354,36706;
ce qui fait environ 11 jours de moins que l'année tropique. Or,
on a remarqué que l'épacte est 0 la première année du cycle
lunaire; elle est donc 11 la 2e, 22 la 3e, 33 ou 3 la 4e, et ainsi
de suite. En général, si l'on multiplie par 11 le nombre d'or
diminué de 1, et que l'on divise le produit par 30, durée d'une
lunaison, le reste sera l'épacte cherchée. Ainsi, pour 1863, on
a nombre d'or moins 1 = 1, et 11 × 1 = 11. Donc 11, reste
de la division de 11 par 30, est l'épacte. Pour 1860, nombre
d'or = 18 et (18 — 1). 11 = 187; donc l'épacte est 7. Voici,
du reste, le tableau des épactes correspondantes aux 19 nombres
d'or; on a exprimé, suivant l'usage reçu, les nombres d'or en
chiffres arabes, et les épactes en chiffres romains, ce qui fait que
l'on a mis une (*) pour l'épacte 0.

NOMBRES D'OR.	ÉPACTES.	NOMBRES D'OR.	ÉPACTES.
1	*	11	XX
2	XI	12	I
3	XXII	13	XII
4	III	14	XXIII
5	XIV	15	IV
6	XXV	16	XV
7	VI	17	XXVI
8	XVII	18	VII
9	XXVIII	19 .	XVIII
10	IX		

Cette table est exacte pendant toute la durée du 19e siècle;
mais, pour l'appliquer à d'autres siècles, il faut lui faire subir
quelques modifications qui tiennent à ce que 19 années ne
forment pas tout à fait 235 lunaisons, et que les années civiles
ne sont pas rigoureusement égales aux années tropiques.

Remarquons que les 11 jours dont l'année solaire dépasse
les 12 lunaisons qui forment une *année lunaire* s'accumulant
peu à peu, il en résulte 7 lunaisons après 19 ans, outre les
228 provenant des lunaisons annuelles. Sur ces 19 années du
cycle, il y en a donc 7 nommées *embolismiques,* qui ont 13 néomé-
nies au lieu de 12, et l'un des mois en compte deux.

175. Fêtes mobiles. Il nous reste à expliquer comment on peut se servir de l'épacte pour déterminer les *fêtes mobiles :* on appelle ainsi les fêtes des églises catholique et protestante qui ne reviennent point chaque année aux mêmes dates des mois et suivent les déplacements de *Pâques.* Ce mot, en hébreu, signifie *passage,* et désignait chez les Juifs une fête instituée en l'honneur de la délivrance d'Égypte ou du passage de la mer Rouge; elle se célébrait à l'époque de la pleine lune qui suivait l'équinoxe du printemps, d'après l'usage adopté par ce peuple de mesurer le temps par les mouvements lunaires. D'ailleurs, ce fut à l'époque de la pâque de la 34e année de son âge que J. C. fut mis à mort par les Juifs, et par suite la même fête a été conservée chez les chrétiens en mémoire de la résurrection. Il y a eu discussion pendant les premières années du christianisme pour savoir quel jour on devait célébrer cette fête; mais le concile de Nicée, en 325, décida que, par la suite, *la fête de Pâques se célébrerait toujours le dimanche après la pleine lune qui suit immédiatement le 20 mars.*

D'après cela, pour déterminer la date de la fête de Pâques, on commence par chercher le jour de la première néoménie de l'année; puis, comme janvier et février donnent $31 + 28 = 59$ jours ou *deux* lunaisons, on observe que, pour les années communes, la date de la nouvelle lune en mars est la même qu'en janvier. Si l'année était bissextile, il faudrait visiblement retrancher un jour de la date de la néoménie de janvier pour avoir celle de mars. Si la nouvelle lune de mars, ainsi déterminée, tombe après le 6, en ajoutant à cette date $14,5$ on aura le jour de la pleine lune qui suit le 20 mars. On cherchera le nom du jour de la semaine correspondant à cette date, comme nous l'avons expliqué au n° 143, et le dimanche suivant sera le jour de Pâques. Si au contraire la nouvelle lune de mars tombe avant le 7, on ajoutera à la date trouvée $29,5 + 14,5 = 44$ jours et l'on retranchera 31, ce qui donnera la date du mois d'avril de la pleine lune qui suit immédiatement le 20 mars; le dimanche suivant, que l'on déterminera comme on vient de le dire, sera le jour de Pâques.

Par exemple en 1860, l'épacte est 7 ; comme $29,5 - 7 = 22,5$ et qu'il s'agit d'une année bissextile, la nouvelle lune de mars est le 22. On aura donc $22 + 14,5 = 36,5$ ou le 5 avril pour le jour de la pleine lune. Or, en 1860, mars commence par un jeudi et avril par un dimanche : donc la fête de Pâques tombe le 8 avril.

De même en 1863 l'épacte étant 11, la première néoménie de janvier sera le $29,5 - 11 = 18,5$ ou le 19. Comme il s'agit d'une année commune, la néoménie de mars sera aussi le 19 et la pleine lune qui tombe après le 20 mars sera le $19 + 14,5 = 33,5$ ou le 3 avril. Or, en 1863, mars commence par un dimanche et avril par un mercredi. Le 3 sera donc un vendredi et Pâques tombera le 5 avril.

Il peut arriver que la pleine lune de mars tombant le 21, le lendemain soit un dimanche : alors Pâques est le 22 mars, comme en 1818 ; c'est le plus tôt que puisse arriver cette fête. Elle aura lieu au contraire le plus tard possible lorsque la pleine lune de mars tombera le 20 mars, et que le jour de la pleine lune suivante, qui sera le 18 avril, sera un dimanche. Il faudra alors attendre au dimanche suivant ; ce qui portera la fête de Pâques au 25 avril, comme cela aura lieu en 1886. Ainsi, dans tous les cas possibles, la fête de Pâques tombe entre le 21 mars et le 26 avril.

Une fois la fête de Pâques ainsi déterminée, on aura facilement les dates de toutes les autres fêtes mobiles, en se rappelant qu'elles tombent toujours :

La *Septuagésime*, le 9e dimanche ou 63 jours avant Pâques ;

La *Quinquagésime* ou le dimanche gras, le 7e dimanche ou 49 jours avant Pâques, les Cendres sont le mercredi suivant ;

Le *dimanche des Rameaux*, le 7e jour avant Pâques ;

L'*Ascension*, le 40e jour après Pâques ;

La *Pentecôte*, 10 jours après ou le 50e jour après Pâques ; la *Trinité*, le dimanche suivant, et la *Fête-Dieu*, le jeudi après la Trinité : actuellement on ne célèbre cette fête que le dimanche suivant.

176. Orbite décrite par la lune autour de la terre. La courbe que décrit le centre de la lune dans l'espace, et que l'on nomme *orbite* ou *trajectoire lunaire*, est bien différente de l'orbite sphérique, qui est, ainsi que nous l'avons dit (169), l'intersection de la sphère céleste par le plan de l'orbite considéré comme fixe. En effet, la distance du centre de la terre au centre de la lune, considérablement plus petite que le rayon de la sphère céleste, ne conserve pas constamment la même valeur, comme le prouve l'observation du diamètre apparent lunaire. On se rappelle que la distance d'un astre quelconque à la terre varie en raison inverse

du diamètre apparent de cet astre (119). Or, nous avons dit,
n° 166, que le diamètre apparent de la lune varie de 29′ 30″
à 33′ 30″ environ. Par conséquent, la distance lunaire
change elle-même continuellement de valeur pendant tout
le cours d'une révolution, mais sans jamais dépasser deux
limites qui sont l'une le *minimum* et l'autre le *maximum*.

Pour la lune comme pour le soleil, on nomme *périgée* le
point de l'orbite où le diamètre apparent de l'astre est le
plus petit, et où, par conséquent, celui-ci est le plus près de
la terre. L'*apogée* est le point de l'orbite diamétralement
opposé, et pour lequel le diamètre apparent atteint son minimum et la distance à la terre son maximum. La ligne
droite qui joint le périgée et l'apogée est dite *ligne des
apsides,* et passe par le centre de la terre.

Le rapport des deux distances lunaires, apogée et périgée,
est de $\dfrac{33′\ 30″}{29′\ 30″} = \dfrac{201}{177} = 1,135$, et par conséquent, si l'on

prend pour unité la distance périgée, l'autre sera 1,135. La

distance moyenne sera donc $\dfrac{1}{2}(1 + 1,135) = 1,068$ à fort

peu près. En prenant, suivant l'usage, cette distance moyenne

pour unité, on a *distance apogée* $= \dfrac{1,135}{1,068} = 1,0636$, et *dis-*

tance périgée $= \dfrac{1}{1,068} = 0,9364$ environ. Par conséquent,

*pendant le cours d'une révolution lunaire, la distance de
l'astre à la terre varie en plus et en moins de la 0,0635 partie
de la distance moyenne.* Telle est l'*excentricité* de l'orbite
lunaire; elle est beaucoup plus considérable que celle du
soleil, que nous avons trouvée égale seulement à la 0,0168
partie de la distance moyenne de cet astre (120).

177. Distance de la lune à la terre. Pour déterminer la
véritable distance de la lune à la terre, on se sert de la parallaxe lunaire, ainsi que nous l'avons expliqué au n° 146.
Or, le procédé d'observation décrit au n° 145 pour obtenir

en général la parallaxe horizontale d'un astre réussit pour la lune et donne des résultats qui peuvent varier, suivant le moment de l'observation, entre 53' 48" et 61' 24". A la distance moyenne de la lune, on observe pour la parallaxe horizontale 57' 35" environ.

En partant de cette dernière valeur, on a trouvé que la distance moyenne de la lune à la terre est de 59,7032 r ou environ de 60 fois le rayon terrestre équatorial.

En multipliant ce nombre par l'excentricité 0,0635, on a sensiblement 3,688, et, par conséquent, l'excentricité de l'orbite lunaire est d'environ 3,7 rayons terrestres. On en déduit pour la distance périgée 56,055 rt, et pour la distance apogée 63,391 rt. En opérant comme au n° 146, on aura facilement ces mêmes distances en myriamètres ou en lieues. Nous observerons seulement que 59,7032 × 1432,5 = 85525 ; et, par conséquent, la distance moyenne de la lune à la terre est d'environ 86000 lieues. On peut remarquer que ce nombre est à peu près le $\dfrac{1}{400}$ de 34444595, distance moyenne du soleil à la terre, et que 59,7032 rt est à peine moindre que la moitié de 112 rt, longueur du rayon solaire (147). Ainsi la distance de la lune à la terre est environ le $\dfrac{1}{400}$ de celle du soleil ; et, si ce dernier astre avait son centre au point occupé par celui de la terre, il contiendrait la lune dans son intérieur, et sensiblement aussi près de son centre que de sa surface.

178. Rayon, surface, volume de la lune. Sa masse. A la distance moyenne de la lune, lorsque la parallaxe horizontale de cet astre est de 57' 35", son demi-diamètre apparent est de 15' 41" environ. Si donc on désigne par r le rayon de la terre et par r' celui de la lune, on aura par le raisonnement du n° 146 :

$$\frac{r}{r'} = \frac{57'\ 35''}{14'\ 42''} = \frac{3455}{942}.$$

Or, $942 = 3 \times 314$, et $3455 = 11 \times 314 + 1$, et par consé-quent, on a, à fort peu près, $r' = \dfrac{3}{11} r$. Ainsi le rayon de la lune, supposée sphérique, est sensiblement les 3/11 de celui de la terre. Il en résulte que la surface S' de la lune est, à fort peu près, le $\dfrac{3^2}{11^2} = \dfrac{9}{121}$ ou les $\dfrac{3}{40}$ de celle de la terre, et son volume V' le $\dfrac{3^3}{11^3} = \dfrac{27}{1331}$ ou le $\dfrac{1}{50}$ environ du volume de la terre. Ainsi le diamètre lunaire est d'environ 782 lieues, et la surface de 1944000 lieues carrées.

La masse de la lune, qui se déduit de son action sur les eaux de la mer, est égale à $\dfrac{1}{88}$, et sa densité égale à 0,61 de celles de la terre. Il en résulte que la densité de la lune est environ 3,34 par rapport à celle de l'eau.

179. Variation de la parallaxe lunaire.

La parallaxe ho-rizontale de la lune change, toutes choses égales d'ailleurs, suivant les lieux d'où on l'observe. Il en résulte que la lon-gueur du rayon mené du centre à un point quelconque de la surface terrestre n'est pas le même pour tous les points de cette surface, et l'on a ainsi une vérification de l'aplatisse-ment du globe terrestre sous les pôles (86).

Remarquons aussi que le diamètre apparent de la lune va en augmentant à mesure que l'astre s'élève sur l'horizon. En effet, la distance de la lune à l'observateur O (*fig.* 68) est un peu plus grande que TL lorsque l'astre et à l'horizon en L, tandis qu'elle est sensiblement OL' ou TL — OT, quand l'astre est très-près du zénith; la lune est dans ce dernier cas environ de $\dfrac{1}{60}$ plus rapprochée que dans le premier, et l'on trouve que son diamètre apparent au zénith surpasse d'environ 30″ celui que l'on observe à l'horizon. Ainsi se trouve confirmé que, si la lune nous paraît plus grande à son lever que quand elle est près du méridien, ce n'est

qu'une illusion d'optique due à l'interposition des objets
terrestres et à la plus grande étendue de l'atmosphère dans
le sens de l'horizon.

**180. Mouvements de la ligne des apsides et de la ligne
des nœuds.** L'observation des diamètres apparents lunaires
nous apprend comment varient les rayons vecteurs menés
à chaque instant du centre de la terre au centre de la lune.
On obtient également les arcs décrits chaque jour par cet
astre, en vertu de son mouvement propre. En comparant
les rayons vecteurs aux vitesses angulaires correspondantes,
on a reconnu, comme pour le soleil, que la lune décrit une
ellipse dont la terre occupe un des foyers. Mais, avec le
temps, cette ellipse change successivement de forme et de
position dans l'espace.

Si nous considérons la lune comme décrivant une ellipse
à chacune de ses révolutions, cette courbe ne reste point
fixe dans son plan. La ligne des apsides, dont on détermine
facilement la position, puisque l'apogée et le périgée sont
les points de l'orbite lunaire où le diamètre apparent de
l'astre atteint son minimum et son maximum, se meut dans
le même sens que l'astre avec une vitesse d'environ 3° par
révolution lunaire ou plus exactement de 40° 39′ 45″ par
année. La durée de la révolution complète du périgée lunaire est de $3231^j,4751$ ou environ 9 ans.

D'ailleurs, le mouvement de la lune n'est point exactement elliptique, même pour une seule révolution ; car nous
avons déjà dit que le plan de l'orbite lunaire ne reste point
fixe dans l'espace. Soit N le nœud descendant à une certaine
époque (*fig.* 69) et NB l'arc de l'orbite lunaire situé au-
dessous de l'écliptique ; le second nœud ne sera point en A,
à 180° de distance angulaire du premier, mais un peu plus
tôt en N′. A partir de ce point, la lune continuera de se
mouvoir au-dessus de l'écliptique jusqu'à ce qu'elle occupe
de nouveau ce plan en N″, et ainsi de suite. Si l'on a noté le
cercle de longitude passant par le point N, on reconnaîtra
que la lune, arrivée en N″, ne sera point dans ce plan, et

partant le nœud semblera avoir rétrogradé sur l'écliptique en sens contraire du mouvement propre de la lune ou contre l'ordre des signes. Une fois que l'astre sera parvenu en D, point où sa longitude sera la même qu'en N, sa latitude aura changé de 8′ environ. Les mêmes circonstances se reproduisent à chaque révolution, et, après un temps moyen de 6788^{j},279 ou 18 ans six mois environ, le nœud N aura exécuté complétement sa révolution sidérale. Il se meut donc avec une vitesse moyenne de rétrogradation de 3′ 10″,66 par jour ou de 19° 19′ 43″ par an. Il sera facile d'après cela de trouver la position moyenne des nœuds de la lune, en se rappelant qu'au commencement de ce siècle, la longitude du nœud ascendant était de 13° 54′ 54″,19.

Pendant que les nœuds de la lune tournent autour de nous, le plan de l'orbite lunaire change un peu d'inclinaison sur l'écliptique et se balance légèrement au-dessus et au-dessous d'une position moyenne. Ainsi la lune décrit, non point une véritable ellipse, mais une sorte de spirale elliptique dont les diverses spires sont très-rapprochées et peuvent, prises par portions de peu d'étendue, être considérées comme coïncidant avec autant d'ellipses distinctes. On se représente assez bien ce mouvement en attribuant à une ellipse un double mouvement révolutif produit l'un par le déplacement de la ligne des apsides dans le plan même de la courbe, et l'autre par une oscillation continuelle de ce plan, semblable au balancement de l'écliptique, cause de la précession des équinoxes.

181. Inégalités du mouvement lunaire. Pour savoir déterminer le point occupé par le centre de la lune à une époque donnée quelconque, il ne suffit pas de pouvoir assigner la position du plan de l'orbite lunaire et celle de cette orbite elle-même dans son plan; il faut encore connaître exactement de quelle manière l'astre se meut sur sa trajectoire. Nous avons donné, au n° 172, le mouvement moyen de la lune, c'est-à-dire que, si elle décrivait un cercle avec une vitesse constamment uniforme, elle aurait parcouru au bout de deux, trois, quatre... jours, deux, trois, quatre... fois l'arc de 13° 10′ 35″,02. Mais d'abord, l'orbite lunaire différant peu d'une ellipse, la vitesse ne reste point uniforme, et l'on observe en effet qu'elle est beaucoup plus grande vers le périgée et beaucoup moindre vers l'apogée.

On nomme en général *inégalités* du mouvement lunaire toute différence entre le mouvement moyen de l'astre et celui qu'il effectue réellement. Elles sont de deux sortes : les unes sont dites *périodiques*, parce qu'elles se reproduisent identiquement de la même manière après un temps assez court; les autres sont appelées *séculaires*, parce qu'elles exigent, pour leur entier accomplissement, un temps très-long, souvent plusieurs siècles. Celles-ci, quoique périodiques comme les premières, en diffèrent en ce que la durée de leur période est beaucoup plus considérable et qu'elles produisent en général des effets bien moins sensibles. Aussi avaient-elles échappé aux anciens astronomes, et ne les aurait-on découvertes qu'après une longue suite d'observations précises, si leur existence n'avait été révélée par la théorie, qui en a fait en même temps découvrir la cause.

La première inégalité périodique, qu'on nomme *équation du centre*, est la différence pour une époque quelconque entre le mouvement moyen de la lune et celui qu'elle effectuerait si elle était astreinte à suivre une ellipse. Le calcul fournit une formule générale de l'équation du centre; mais on reconnaît qu'il ne suffit point d'en corriger le mouvement moyen pour avoir la véritable position de l'astre. En effet, sa plus grande valeur ne surpasse point 6°, tandis que l'observation nous montre la lune quelquefois jusqu'à 7° 40′ de la position moyenne.

On nomme *évection* une seconde inégalité qui affecte l'équation du centre, et la rend plus petite qu'elle ne devrait être vers les syzygies et plus grande vers les quadratures. Elle atteint son maximum, qui est de 1° 18′ 2″, lorsque la lune étant en quadrature se trouve à 90° de son périgée.

En supposant calculées séparément ces deux premières inégalités, on voit qu'il ne suffit point d'en corriger le moyen mouvement lunaire pour avoir à une époque quelconque la véritable position de l'astre. On a reconnu en effet une troisième inégalité qui, nulle dans les syzygies et dans les quadratures, augmente la vitesse de la lune dans la première moitié de chaque quartier et la diminue d'autant dans la seconde. Cette inégalité, qu'on nomme *variation*, atteint dans les octants son maximum, qui est de 1° 18′ 2″, et la durée de sa période est celle d'un quartier ou du quart de la révolution lunaire.

Enfin on a constaté qu'indépendamment de ces différentes inégalités la vitesse de la lune augmente dans l'année quand celle du soleil diminue, et diminue quand celle-ci augmente. Il en résulte donc une quatrième inégalité, nommée *équation annuelle*, dont la loi et la valeur sont précisément les mêmes que pour l'équation du centre du soleil ; seulement elle agit toujours en sens contraire, c'est-à-dire que si à un instant l'équation du centre du soleil doit être ajoutée au moyen mouvement de cet astre, l'équation annuelle doit être retranchée de celui de la lune, et réciproquement.

Quant aux inégalités séculaires qu'on nomme aussi *perturbations*, elles sont très-nombreuses, puisque chaque élément de l'orbite lunaire et chacune des inégalités périodiques subissent à la longue des altérations plus ou moins sensibles. Ainsi la comparaison des observations anciennes et des observations modernes prouve une accélération dans le moyen mouvement lunaire d'environ 10″,2 par siècle, et la théorie démontre que ce moyen mouvement, après avoir été en s'accélérant ainsi pendant une longue suite de siècles, finira par se ralentir pour s'accélérer après, et ainsi de suite. Quoique le mouvement lunaire soit, comme on voit, extrêmement compliqué, on est parvenu à démêler chacune des altérations qui l'affectent sensiblement, et l'on a maintenant des *tables de la lune* qui font connaître les véritables positions de cet astre dans le ciel pour une époque quelconque.

182. Taches de la lune. Rotation.

Comme le soleil, la lune nous offre, outre son mouvement de translation dans l'espace, un mouvement de rotation sur elle-même. En effet, sa surface est recouverte de taches nombreuses, qui, étudiées avec soin dans de puissants télescopes, prouvent par leur fixité presque absolue que la lune nous présente toujours sensiblement la même face. Concevons, d'après cela, un observateur placé en un point fixe de l'espace, en E (*fig.* 70), par exemple : lorsque la lune se trouvera sur la droite ET, entre la terre et l'observateur, celui-ci verra l'hémisphère lunaire opposé à la terre ; à mesure que l'astre avancera dans son cours, il présentera au spectateur E des portions successivement différentes de sa surface ; en L″, il présentera l'hémisphère opposé à celui qu'il offrait en L, et qu'il offrira de nouveau quand il sera revenu à ce même point. Par conséquent, pour l'observateur supposé fixe en

E, le rayon vecteur mené de ce point au centre de la lune tracera sur la surface de l'astre un grand cercle dont tous les points seront successivement tournés vers E, exactement comme si la lune, n'ayant aucun mouvement de transla- tion, avait effectué une simple rotation sur un axe fixe pen- dant la durée de 27ᴶ 7ʰ 44′ 4″,72. Concluons donc que *la lune tourne sur un axe et fait un tour entier dans le même temps qu'elle fait sa révolution sidérale autour de la terre.*

183. Axes, pôles et équateur lunaires. La droite autour de laquelle la lune exécute sa rotation est dite *l'axe lunaire;* les points où l'axe traverse la surface de l'astre en sont les *pôles,* et le plan mené par le centre perpendiculairement à l'axe, est dit *l'équateur lunaire.* On a reconnu que l'axe de la lune reste constamment parallèle à une même direction, et fait avec l'écliptique un angle presque droit de 88° 29′ 50″. Il en résulte que le plan de l'équateur lunaire reste aussi continuellement parallèle à lui-même et fait avec l'é- cliptique un angle très-petit de 1° 30′ 10″. La ligne d'in- tersection du plan de l'équateur et du plan de l'orbite lu- naire est parallèle à la ligne des nœuds de la lune, et suit le même mouvement de rétrogradation.

184. Libration de la lune en longitude et en latitude; li- bration diurne. Quoique la lune tourne constamment le même hémisphère du côté de la terre, nous ne voyons ce- pendant pas toujours exactement la même partie de l'astre. L'observation attentive des taches lunaires a prouvé que celles qui sont très-voisines des bords se cachent et se montrent successivement, comme si l'astre *se balançait* légèrement en même temps qu'il tourne sur son axe.

En effet, la vitesse de rotation de la lune est parfaitement uniforme, c'est-à-dire que la quantité dont elle tourne cha- que jour sur son axe est exactement la même pendant toute la durée d'une révolution, tandis que la vitesse de transla- tion, sans cesse variable, va tantôt en augmentant et tantôt en diminuant (181). Admettons, d'après cela, que la lune parte du point L avec une vitesse de translation qui aille en s'accélérant, après le $\frac{1}{4}$ de la durée de sa révolution, elle aura dépassé le point K, extrémité du rayon TK perpendiculaire sur TL, et sera parvenue, je suppose, en L'; mais elle n'aura effectué, en tournant sur elle-même, que le $\frac{1}{4}$ de sa rotation complète. La partie visible pour nous sera déterminée en L par le plan AB, perpendiculaire sur LT, et en L' par le plan A'B', perpendiculaire sur L'T. Or, soit un observateur resté fixe en E à une très-grande distance, il verra, tandis que l'astre passe du point L au point L', le rayon LI tourner d'un quart de cercle et se placer dans la direction L'T. Par conséquent, le plan AB aura en L' la position ab et différera du plan A'B' qui limite actuellement pour nous la partie visible. Il en résulte que, dans le passage du point L au point L', cette partie visible aura augmenté du petit fuseau A'L'a et diminué du fuseau égal bL'B'. Ces deux petits fuseaux varieront insensiblement pendant toute la durée de la révolution lunaire, et une tache quelconque du disque lunaire semblera osciller parallèlement au plan de l'orbite, exactement comme si l'astre lui-même se balançait légèrement autour d'un axe perpendiculaire à son orbite. Ce balancement apparent de la lune, parallèlement au plan de l'orbite lunaire, est appelé *libration en longitude*.

La lune nous offre aussi une *libration en latitude*, qui consiste en un balancement apparent de l'astre perpendiculairement au plan de son orbite et qui tient à l'inclinaison de l'axe lunaire sur ce plan. En effet, lorsque la lune est aux deux points I et I' (*fig.* 71), où le plan de son équateur coupe celui de son orbite, les pôles lunaires P et Q sont situés sur la ligne AB, qui limite pour nous la partie visible de l'astre, et il en serait toujours ainsi si l'axe de la lune était perpendiculaire au plan de son orbite. Mais, cet axe restant constamment parallèle à lui-même et un peu incliné sur le plan de l'orbite lunaire, nous voyons le pôle P et

nous cessons d'apercevoir le pôle Q lorsque la lune est en
L; le contraire a lieu quand l'astre est en L'. Il en résulte
que, si nous observons une tache centrale V située, par
exemple, dans le plan de l'orbite lunaire quand l'astre est
en I, nous la verrons s'abaisser au-dessous de ce plan en V'
quand la lune sera en L, et s'élever au-dessus en V'' quand
elle sera en L'. L'effet sera le même que si, dans son passage de L en L', la lune eût tourné légèrement sur un axe
situé dans le plan de son orbite, c'est-à-dire perpendiculairement à ce plan.

Indépendamment de cette double libration de la lune en
longitude et en latitude, la partie de l'astre que nous voyons
change réellement un peu pendant la durée d'une révolution diurne, suivant la position de l'astre par rapport à
l'observateur. En effet, c'est autour du centre T de la terre
que la lune exécute réellement sa révolution diurne, et
l'observateur est placé à la surface, en O, je suppose
(*fig.* 68). Or, l'astre étant à l'horizon en L, par exemple, le
plan qui limitera la partie visible sera AB, perpendiculaire
sur OL, tandis que ce serait CD, perpendiculaire sur
TL, si l'observateur occupait le centre de la terre. A
mesure que l'astre s'élèvera sur l'horizon, le plan CD se
rapprochera de AB et se confondra sensiblement avec lui
quand l'astre sera parvenu en L', point le plus élevé de son
cours. Par conséquent, la lune nous présente des points
un peu différents sur les bords de l'hémisphère que nous
voyons, suivant qu'elle est plus ou moins élevée sur notre
horizon : ce phénomène est appelé *libration diurne*.

Ce triple balancement de la lune produit pour nous le
même effet que si elle oscillait autour de son centre, en
nous présentant de légers changements dans les taches voisines de ses bords. Mais nous reconnaissons que ces déplacements n'ont rien de réel; ils ne tiennent qu'à la manière
dont nous voyons l'astre, et nullement à une variation quelconque de son mouvement de rotation, qui s'effectue au
contraire avec une parfaite uniformité.

185. Montagnes de la lune. Leur hauteur. Avant la découverte des lunettes on n'avait sur la constitution physique de la lune que des idées vagues et purement conjecturales ; mais, dès 1610, il fut constaté par Galilée que la lune est un globe couvert de montagnes et de dépressions. En effet, la ligne de séparation d'ombre et de lumière, loin d'être une courbe unie et régulière, comme cela aurait nécessairement lieu si la lune était lisse, présente de fortes sinuosités, et tantôt elle est précédée, tantôt elle est suivie de points lumineux qui n'ont aucune connexion entre eux ni avec la portion entièrement brillante : ce sont des sommets de montagnes éclairés par le soleil, tandis que les bases sont dans l'obscurité, phénomène analogue à celui que présentent les montagnes terrestres avant le lever ou après le coucher du soleil. D'ailleurs, sur toute la partie brillante de la lune, les points les plus éclairés projettent des ombres dirigées à l'opposite du soleil et variables de longueur suivant la direction de la lumière, exactement d'après la loi connue pour des montagnes dont un seul bord est éclairé.

En mesurant avec soin la longueur des ombres projetées par les montagnes lunaires, on a pu en déterminer l'élévation au-dessus des plaines voisines, et l'on a depuis longtemps reconnu que, proportion gardée, elles sont plus hautes que celles de la terre. Sur un millier de montagnes lunaires dont la hauteur a été mesurée par MM. Beer et Mâdler, il y en a six au-dessus de 5800 mètres, et vingt-deux au-dessus de 4800 mètres ; cette dernière hauteur est celle du mont Blanc au-dessus du niveau de la mer. On possède depuis longtemps des cartes de la lune où les principales montagnes, qui ont reçu des noms particuliers, sont exactement décrites dans leur position, leur forme et leur hauteur, et il est remarquable qu'on ait connu l'élévation des montagnes lunaires beaucoup plus tôt que celle des montagnes terrestres.

186. Constitution volcanique de la lune. Un grand nombre de montagnes lunaires présentent la forme conique et arrondie de nos volcans, et quelques-unes offrent la preuve non équivoque de déjections et de stratifications volcaniques : aussi les astronomes pensent que ce sont d'anciens volcans actuellement éteints. Quelques observateurs prétendent même avoir aperçu à la surface de la lune des volcans en pleine activité; mais on suppose qu'ils ont été trompés par une différence d'éclat très-considérable que l'on observe entre les différents points de l'astre lorsqu'il est illuminé par le soleil, et qui doit persister encore quand il ne nous envoie plus que la lumière cendrée. En général, les astronomes n'admettent pas aujourd'hui l'existence de volcans actifs dans la lune.

187. Absence d'eau et d'atmosphère. On voit aussi à la surface de la lune des parties toujours obscures et immobiles qui ne peuvent être des ombres : ce sont des cavités fort étendues et très-profondes. Quant aux lacs et aux mers prétendus de certains observateurs, il paraît que ce sont des plaines d'une vaste étendue, assez semblables aux plaines de sable de l'Afrique, car la lune ne renferme ni liquide ni atmosphère, ainsi que nous allons l'expliquer.

En effet, supposons que la lune fût environnée d'une couche atmosphérique comme la terre; au moment où l'astre viendrait s'interposer entre un observateur placé en A (*fig.* 72) et une certaine étoile E pour l'*occulter,* le rayon lumineux émané de celle-ci serait réfracté et décrirait dans l'atmosphère lunaire une courbe *aib* : par conséquent, l'observateur A ne cesserait d'apercevoir l'étoile qu'au moment où elle parviendrait en E', point d'autant plus *avancé* par derrière le disque lunaire, que la réfraction serait plus considérable. Par la même raison, l'étoile reparaîtrait en *e'* bien avant d'avoir complètement dépassé le disque lunaire. Or, d'après la loi connue du mouvement diurne et du mouvement propre de la lune, il est facile de calculer la durée de l'occultation d'une étoile par la lune supposée sans atmosphère, c'est-à-dire le temps que doit mettre l'étoile à traverser l'angle EA*e*, formé par deux tangentes menées du point A aux deux bords de l'astre. Eh bien ! l'expérience prouve qu'il n'y a aucune différence appréciable entre la durée ainsi calculée des occultations d'étoiles par la lune et celle que l'on observe immédiatement. D'ailleurs, dans l'hypothèse d'une atmosphère lunaire, nous attribuerions à un déplacement de l'étoile la déviation éprouvée par le rayon lumineux, et celle-ci semblerait reculer devant la lune au moment de l'immersion et la fuir ensuite rapidement après l'émersion. On n'observe jamais rien de semblable; par conséquent, il est bien démontré que la lune n'a point d'atmosphère. Il est facile d'en conclure qu'elle ne renferme aucune substance liquide. En effet, sans la pression atmosphérique qui s'exerce à la surface libre des eaux, celles-ci se transformeraient immédiatement en vapeurs. On vérifie aisément ce fait en faisant le *vide* dans un récipient sous lequel on a placé un vase rempli d'eau; dès que l'air est suffisamment raréfié, on voit se faire une véritable ébullition, qui continue jusqu'au moment où la force élastique de la vapeur formée remplace la pression atmosphérique sur la surface du liquide. Si donc il existait des liquides à la surface de la lune, il y aurait également une atmosphère, ne fût-elle formée que par les vapeurs de ces substances.

Ainsi, privée d'air atmosphérique et de liquides, la lune est dépourvue de nuages, de pluies... et ne peut évidemment rien produire de semblable à notre végétation. Si donc elle possède des êtres, on peut affirmer qu'ils sont essentiellement différents de ceux de la terre. D'ailleurs, il faudrait que les télescopes reçussent encore de grands perfectionnements pour qu'il fût possible, non pas seulement de distinguer des habitants sur la lune, mais de reconnaitre même des traces de leur existence par des monuments ou par des travaux quelconques exécutés par eux à la surface de l'astre; car la plus petite étendue que nous puissions nettement distinguer avec nos télescopes actuels, c'est un cercle de 1″ de diamètre, et une pareille surface située à la distance de la lune contiendrait environ 250 hectares ou un huitième de lieue carrée.

§ 2.

188. Éclipses de lune. Un des phénomènes célestes qui ont de tout temps le plus vivement frappé les hommes et le plus fortement attiré l'attention des astronomes, c'est cette disparition presque subite de la lune ou du soleil, au moment où ces astres devraient briller de leur plus vif éclat. Après avoir été longtemps un objet de frayeur, ces phénomènes, appelés *éclipses,* ont fini par être si bien connus qu'on peut actuellement les prédire plusieurs siècles à l'avance et que, conséquences naturelles du mouvement du soleil et de la lune, ils n'offrent rien de plus extraordinaire que le lever ou le coucher de ces astres.

Soit deux corps sphériques A et B (*fig.* 73), de rayon différent, le plus fort A supposé lumineux et l'autre B opaque et obscur. Si l'on mène à ces deux sphères une tangente commune extérieure IG, située dans un plan passant par la ligne des centres AB, et qu'on la fasse tourner autour de cette ligne, on obtiendra un cône dont toute la partie CID ne recevra évidemment aucun rayon lumineux émané de A. Par conséquent, tout point situé dans l'intérieur du cône CID, qu'on appelle *cône d'ombre pure,* sera, s'il n'est éclairé d'ailleurs, dans une obscurité complète.

La terre est un corps sphérique, opaque et obscur, et d'un rayon très-petit par rapport à celui du soleil qui l'éclaire. Elle projette donc continuellement un cône d'ombre dans la direction opposée à celle du soleil. Concevons qu'à un instant donné la lune, ou seulement une partie de cet astre, pénètre dans le cône d'ombre de la terre:

il est évident que cette partie du disque lunaire, cessant d'être éclairée par le soleil, disparaît immédiatement et il y a éclipse de lune. Nous dirons donc, en général, qu'*une éclipse de lune est la disparition de la totalité ou seulement d'une partie du disque lunaire, par suite du passage de l'astre dans le cône d'ombre de la terre.*

189. Les éclipses de lune ont lieu au moment de l'opposition. Cherchons maintenant dans quelles conditions les éclipses de lune sont possibles. Il est visible d'abord qu'il faut que la lune soit très-près de l'axe du cône d'ombre de la terre, lequel est le prolongement de la droite qui joint le centre du soleil à celui de la terre. Or, ceci ne peut arriver qu'au moment où la lune est en opposition, c'est-à-dire à l'époque de la pleine lune.

190. Causes des éclipses de lune. Pourquoi il n'y en a pas lors de toutes les oppositions. Toute éclipse de lune est produite, ainsi que nous venons de le dire, par le passage de l'astre ou seulement d'une partie de son disque dans le cône d'ombre de la terre. Ce passage ne peut avoir lieu qu'au moment de l'opposition et il y aurait même éclipse à toutes les oppositions si le plan de l'orbite lunaire coïncidait avec l'écliptique; car alors le soleil, la terre et la lune ayant constamment leurs centres dans le plan de l'écliptique, ces trois points se trouveraient en ligne droite à toutes les oppositions. Mais l'orbite lunaire étant inclinée d'environ 5° 8' sur l'écliptique, on conçoit qu'au moment de l'opposition la lune peut se trouver assez loin de ce dernier plan pour n'être point atteinte par le cône d'ombre de la terre, lequel, ayant toujours son axe dans l'écliptique, ne s'étend qu'à une assez faible distance de ce plan. Il faut donc, pour qu'il puisse y avoir éclipse de lune, qu'au moment de l'opposition le centre de l'astre soit très-près du plan de l'écliptique, ce qui n'arrive qu'autant que la lune est peu éloignée de l'un ou de l'autre de ses nœuds. Ainsi les éclipses de lune ne sont *possibles* qu'autant que la lune est pleine en même temps qu'elle passe très-près de l'un de ses nœuds.

Mais pour qu'il y ait réellement éclipse, il faut d'abord que le cône d'ombre de la terre soit assez long pour atteindre la lune. Déterminons donc la longueur du cône d'ombre de la terre. Soit S et T (*fig.* 74) les centres du soleil et de la terre, R et r leurs rayons; les triangles semblables ASI et BTI donnent l'égalité de rapports $\dfrac{R}{r} = \dfrac{SI}{TI}$; d'où l'on déduit $\dfrac{R-r}{r} = \dfrac{ST}{TI}$, et par suite

longueur du cône d'ombre terrestre $TI = ST\dfrac{r}{R-r}$.

En remplaçant R par $112r$ (147) et ST successivement par les distances apogée et périgée du soleil à la terre, on trouve à fort peu près : 1° pour le soleil périgée, valeur minimum de $TI = 213r$; 2° pour le soleil apogée, valeur maximum de $TI = 220r$. Or la distance de la lune à la terre a sensiblement pour valeur moyenne $60r$ et ne surpasse jamais $63,4r$. Par conséquent la lune passe toujours assez près de la terre pour rencontrer le cône d'ombre de celle-ci et même beaucoup plus près de la base que du sommet.

Mais lorsque la lune ne rencontre point exactement l'axe du cône d'ombre de la terre, elle n'est éclipsée qu'autant qu'elle en passe assez près pour être rencontrée par ce cône, ce qui dépend du diamètre de celui-ci à la distance de la lune. Soit TL (*fig.* 74) la distance de la terre à la lune; l'angle LTG, sous lequel on voit le demi-diamètre LG du cône d'ombre terrestre, est dit *le demi-diamètre apparent de ce cône* à la distance de la lune. Pour évaluer cet angle, menons la droite AT et prolongeons-la jusqu'à ce qu'elle coupe en D la droite LG également prolongée; mais alors on a l'angle LTD, extérieur au triangle ATL, égal à la somme des deux angles opposés, c'est-à-dire

$$LTG + GTD = BAT + BLT.$$

Or $GTD = ATS$ est le demi-diamètre apparent du soleil, que

nous désignerons par $\dfrac{D}{2}$; BAT est la parallaxe horizontale p du soleil, et BLT la parallaxe horizontale P de la lune. On a donc

$$angle\ \text{LTG} = P + p - \frac{D}{2}.$$

191. L'éclipse peut être partielle ou totale. On trouve ainsi que l'angle LTG, le plus grand possible quand la lune est apogée et le soleil périgée, et le plus petit dans le cas contraire, varie entre $45'\ 47''$ et $37'\ 31''$. Quant au demi-diamètre lunaire, il varie entre $16'\ 45''$ et $14'\ 45''$ (166). Par conséquent, il peut arriver que la lune traverse le cône d'ombre de la terre assez près de l'axe pour disparaître complétement : dans ce cas, l'éclipse est dite *totale*. Mais il peut se faire aussi que la lune, passant à une certaine distance de l'axe de ce cône, ne disparaisse qu'en partie, et alors l'éclipse est dite *partielle*. Du reste, que l'éclipse de lune soit totale ou partielle, il est évident qu'aussitôt qu'un point de l'astre pénètre dans le cône d'ombre de la terre, il cesse d'être éclairé et que par conséquent il devient *instantané-ment* invisible pour tous les points de l'espace. Les éclipses de lune présentent donc exactement les mêmes circon-stances, et au même instant, pour les habitants de tous les pays; mais une éclipse est *visible* ou *invisible* en un lieu donné, suivant qu'au moment du phénomène la lune se trouve au-dessus ou au-dessous de l'horizon de ce lieu.

Expliquons encore comment on peut reconnaître dans quel cas les éclipses de lune sont sûres ou seulement pos-sibles. Soit EE′ l'écliptique (*fig.* 76), OO′ l'orbite lunaire et N le nœud; supposons qu'au moment de l'opposition le centre de la lune soit en L et celui du cône d'ombre en C; il y aura éclipse visiblement toutes les fois que la distance LC sera plus petite que la somme des rayons de la lune et du cône d'ombre terrestre. Or l'angle sous lequel on voit la dis-tance LC ne diffère pas sensiblement de la latitude lunaire au moment de l'opposition, et, par conséquent, *il y a néces-*

sairement éclipse de lune toutes les fois qu'au moment de *l'opposition la latitude lunaire est moindre que la somme du demi-diamètre apparent lunaire et du demi-diamètre apparent du cône d'ombre terrestre à la distance* de la lune. On verra de même que l'éclipse sera totale si la latitude lunaire est plus petite que l'excès du demi-diamètre du cône d'ombre terrestre sur celui de la lune.

Les demi-diamètres apparents de la lune et du cône d'ombre terrestre varient suivant la position de la lune par rapport à la terre et de celle-ci relativement au soleil; mais ils ont des limites qu'ils ne peuvent dépasser en plus ni en moins. On peut donc déterminer les valeurs de la latitude lunaire au moment de l'opposition pour lesquelles l'éclipse est sûre ou seulement possible, et l'on en déduit les distances correspondantes du centre du soleil au nœud de la lune. On obtient ainsi de chaque côté du nœud des arcs égaux d'écliptique dans lesquels les éclipses sont sûres ou douteuses :

Si la distance moyenne du soleil au nœud est $\begin{cases} \text{plus petite que } 7° 47' \\ \text{plus grande que } 13° 21' \end{cases}$ l'éclipse de lune est $\begin{cases} \text{sûre.} \\ \text{impossible.} \end{cases}$

192. Influence de l'atmosphère terrestre. Dans aucune éclipse, même totale, la lune ne devient jamais complétement invisible. En effet, les rayons solaires qui effleurent la surface terrestre sont infléchis par la réfraction atmosphérique; ils pénètrent dans l'intérieur du cône d'ombre de la terre et l'éclairent d'autant plus en chaque point que ceux-ci sont plus rapprochés du sommet du cône. Aussi a-t-on observé que, dans les éclipses totales, la lune devient d'autant plus obscure qu'elle se trouve plus rapprochée de la terre au moment du phénomène. On remarque aussi que la lune est toujours colorée en rouge dans les éclipses totales. C'est que les couches humides de l'atmosphère qui réfractent les rayons solaires jouissent de la propriété d'absorber surtout les couleurs complémentaires du rouge.

Enfin les couches tout à fait inférieures de l'atmosphère sont d'une densité telle que les rayons qui les traversent ne peuvent éclairer la lune par réfraction. Il en résulte le même effet que si le rayon terrestre était un peu plus long, et par suite, le diamètre du cône d'ombre de la terre à la distance de la lune se trouve-t-il lui-même un peu allongé. Pour que les résultats de l'observation s'accordent avec le calcul il faut augmenter ce diamètre d'environ $\frac{1}{60}$ de sa valeur.

193. Ombre et pénombre. Nous avons vu, n° 188, que tout corps sphérique obscur et éclairé par le soleil projette dans la direction opposée un cône d'ombre pure. Mais concevons menée aux deux sphères A et B (*fig.* 73) une tangente intérieure MPQ toujours dans un plan passant par la ligne des centres AB et faisons-la tourner autour de cette ligne ; nous obtiendrons une surface *annulaire* MPIRN appelée *pénombre,* parce que tout point situé dans l'intérieur de cette surface ne reçoit des rayons lumineux que d'une partie du corps A. En effet, soit O un tel point : si l'on mène la droite HKO tangente à la sphère B, on voit que le point O reçoit les rayons lumineux émanés de la portion GH de A, tandis que tous ceux qui émanent de la partie HE sont interceptés par B et ne parviennent point en O. Ce dernier point est visiblement d'autant moins éclairé qu'il est plus près de l'ombre pure.

La pénombre qui environne le cône d'ombre pure de la terre est sans influence sensible sur les éclipses de lune. En effet, à mesure qu'au commencement d'une éclipse de lune, par exemple, le disque de l'astre pénètre de plus en plus dans la pénombre terrestre, il reçoit une quantité de lumière solaire qui va continuellement en décroissant ; mais aucun point ne cesse réellement d'être éclairé qu'autant qu'il est atteint par l'ombre pure, et par conséquent l'éclipse ne commence qu'à cet instant. Il n'en est pas de même pour les éclipses de soleil, ainsi que nous allons l'expliquer.

194. Éclipses de soleil. La lune étant un corps sphérique obscur et opaque, elle projette à l'opposite du soleil un cône d'ombre pure environné d'une pénombre. Concevons qu'une portion de la surface terrestre vienne à pénétrer dans l'ombre projetée par la lune ; tout point situé dans l'ombre pure cesse complétement d'apercevoir le soleil, tandis que les lieux , qui pénètrent seulement dans la pénombre , ne reçoivent de rayons lumineux que d'une portion du soleil et cessent momentanément de voir l'autre partie. On dit, en général, qu'*il y a éclipse de soleil toutes les fois qu'on cesse d'apercevoir cet astre ou seulement une portion de son disque, en quelque lieu de la terre, par suite du passage de ce lieu dans l'ombre de la lune.*

195. Les éclipses de soleil ont lieu au moment de la conjonction de la lune. Pourquoi il n'y en a pas lors de toutes les conjonctions. Pour qu'une éclipse de soleil soit possible il faut que la terre soit sensiblement sur le prolongement de la droite qui joint le centre du soleil à celui de la lune. Or ceci ne peut avoir lieu qu'autant que la lune et le soleil ont la même longitude, c'est-à-dire au moment de la conjonction de la lune. Donc les éclipses de soleil ne sont possibles qu'au moment de la nouvelle lune. A toutes les conjonctions, la ligne droite qui unit le centre du soleil à celui de la lune se trouve dans un plan passant par le centre de la terre ; mais, à cause de l'inclinaison de l'orbite lunaire sur l'écliptique, il n'en résulte pas que cette droite rencontre la terre. Il faut pour cela qu'au moment de la conjonction la lune soit dans le plan de l'écliptique, c'est-à-dire à l'un de ses nœuds. Ainsi pour qu'il y ait éclipse de soleil, il faut que la lune, au moment de la conjonction, soit très-près de l'un de ses nœuds.

Si l'on calcule la longueur du cône d'ombre pure de la lune, comme nous l'avons expliqué pour celui de la terre, on trouve que cette longueur n'est jamais supérieure à 59,73r ni inférieure à 57,76r. Or la distance de la lune à la terre varie entre 56r et 63,4r. Il peut donc arriver que la terre se trouve assez près de la lune pour qu'une partie de sa surface pénètre dans le cône d'ombre pure lunaire, comme elle peut en être assez éloignée pour rencontrer le prolongement de l'axe de ce cône extérieurement à l'ombre pure.

196. Éclipse de soleil totale, partielle, annulaire.

Quant au rayon du cône d'ombre de la lune à la distance de la terre, il est beaucoup moindre que celui de la terre, puisque celle-ci est bien plus considérable que la lune elle-même. Il ne peut donc jamais y avoir, à un instant donné, qu'une très-petite portion de la surface terrestre dans l'ombre pure de la lune ; mais lorsque cette circonstance se présente, tous les lieux qui ont pénétré dans l'ombre pure de la lune ne reçoivent aucun rayon lumineux émané du soleil : ils cessent donc complétement d'apercevoir cet astre, et il y a pour eux *éclipse totale* de soleil. Quant aux points de la surface terrestre qui se trouvent dans la pénombre de la lune, soit que d'autres pénètrent ou non dans l'ombre pure, ils ne sont éclairés que par une portion seulement du soleil ; ils cessent donc de voir l'autre partie, et il y a pour eux *éclipse partielle* de soleil.

Enfin, il peut arriver que la terre rencontre l'axe du cône d'ombre de la lune à une distance de l'astre plus grande que la longueur de ce cône : soit A (*fig.* 75) le point où l'axe SL prolongé rencontre la surface terrestre ; supposons que l'on ait mené de ce point des tangentes à la lune tout autour de l'astre, on aura un cône AKH qui interceptera sur le soleil un cercle KH, et il est évident que l'observateur placé en A ne pourra voir aucun point de la surface solaire comprise dans l'intérieur du cône. Mais il verra tous les points du soleil qui environnent le cercle KH, et la surface de l'astre lui apparaîtra sous la forme d'un cercle central obscur environné d'un anneau lumineux : il y aura pour le point A et les lieux voisins *éclipse annulaire* de soleil. L'éclipse est dite *centrale* pour le point situé sur le prolongement même de la droite SL ; elle peut être totale ou annulaire, suivant la grandeur relative du diamètre apparent du soleil et de la lune.

Du reste, dans une éclipse de soleil, quelle qu'en soit l'espèce, l'ombre ou la pénombre de la lune ne rencontre que successivement les diverses parties de la terre où l'éclipse est *visible*, et, dans aucun cas, elle n'en atteint qu'une portion assez limitée : voilà pourquoi toute éclipse de soleil est dite *locale*. On comprend que, sur un certain nombre, quelques-unes seulement soient visibles en un lieu déterminé et pendant un temps très-court. Ainsi la durée d'une éclipse totale de soleil ne peut excéder 5′ ; la dernière visible à Paris, celle du 22 mai 1724, ne dura que 2′ 1/4.

197. Limite des éclipses de soleil. Cherchons, comme pour la lune, les limites des éclipses de soleil. Soit pour cela S, L′ et T (*fig.* 74) les centres du soleil, de la lune et de la terre au moment de la conjonction, et AB, la tangente commune extérieure aux deux cercles suivant lesquels le soleil et la terre sont coupés par le plan de longitude mené suivant ST. Il est évident que si la lune est entièrement au-dessus de AB, elle n'intercepte aucun des rayons solaires que peut recevoir la terre, et que si, au contraire, elle pénètre au-dessous de AB, certains rayons solaires ne pouvant parvenir en B, il y aura éclipse de soleil au moins pour ce dernier point. Mais au moment où la lune est tangente en I à AB, sa latitude L′TC = L′TI + ITC. Or, en unissant les points A, T et menant la droite TH parallèle à AB, on a ITC = KTC + ITH — KTH, et d'ailleurs L′TI = le demi-diamètre apparent de la lune $\frac{d}{2}$, KTC = ATS = le demi-diamètre apparent du soleil $\frac{D}{2}$; ITH = la parallaxe de la lune P, puisque IH = BT ; enfin KTH = BAT = la parallaxe du soleil p. Donc, on a LTC = $\frac{d}{2} + \frac{D}{2}$ + P — p.

Si l'on néglige p, quantité toujours très-petite, on voit

qu'en général *il y a nécessairement éclipse de soleil en quelque lieu de la terre, lorsqu'au moment de la conjonction la latitude de la lune est moindre que la somme de la parallaxe lunaire et des demi-diamètres apparents du soleil et de la lune.*

En calculant les distances du nœud aux points pour lesquels cette somme atteint sa plus grande et sa plus petite valeur, on a reconnu que :

Si la distance moyenne du soleil au nœud de la lune est { plus petite que 13° 33' } l'éclipse de soleil est { sûre.
{ plus grande que 19° 44' } { impossible.

Les limites des éclipses de soleil sont beaucoup plus étendues que celles des éclipses de lune; il en résulte que les éclipses de soleil doivent être plus fréquentes que les autres : en effet, on a reconnu qu'elles ont lieu dans le rapport de 41 de soleil pour 29 de lune, et il est facile de vérifier que ces nombres sont sensiblement proportionnels aux deux limites écliptiques, 19° 44' et 13° 21'. Toutefois, en un lieu donné, on observe beaucoup plus d'éclipses de lune que de soleil, car celles-ci ne sont visibles qu'en un petit nombre de lieux, tandis que celles de lune le sont de tous les points de la surface terrestre qui ont la lune sur leur horizon à l'instant du phénomène.

La lune met $27^{j.}1/3$ à peu près à parcourir son orbite, et pendant ce temps le soleil décrit sensiblement 27° de l'écliptique. Si donc il y a, je suppose, éclipse de soleil lorsque cet astre est encore éloigné du nœud de la lune de 15° à 18°, il y aura éclipse de lune à l'opposition, et encore éclipse de soleil à la nouvelle lune suivante. Ainsi, il peut y avoir vers un même nœud deux éclipses de soleil séparées par une de lune ou réciproquement, et comme le soleil passe à chacun des nœuds de l'orbite lunaire à six mois environ d'intervalle, il peut y avoir jusqu'à six éclipses dans une même année; mais il y en a généralement beaucoup moins, et même certaines années n'en offrent aucune.

198. Construction géométrique des principales circonstances d'une éclipse de lune. Lorsque l'on a reconnu qu'il peut y avoir éclipse à une syzygie donnée, on parvient aisément, par des méthodes de calcul que nous ne pouvons exposer ici, à déterminer si l'éclipse a lieu réellement et quelles en sont toutes les circonstances. On calcule, par exemple, l'heure précise du commencement, du milieu et de la fin du phénomène, comme aussi, quand il s'agit d'une éclipse de soleil, les lieux de la surface terrestre où elle est successivement visible. On peut même, par une simple construction géométrique, prédire les principales circonstances d'une éclipse quelconque, ainsi que nous allons l'expliquer pour celles de lune.

Soit EE′ l'écliptique (*fig.* 77), OO l'orbite lunaire, N le nœud, L le centre de la lune, et C le centre du cône d'ombre terrestre au moment de l'opposition : pendant que la lune s'avancera sur OO′, l'ombre de la terre parcourra EE′ dans le même sens et avec une vitesse égale à celle du soleil. Or, les circonstances diverses de l'éclipse dépendent uniquement de la position relative de l'astre par rapport au cône d'ombre, et nullement de la position absolue de celui-ci. Cherchons donc le mouvement relatif de la lune par rapport à l'ombre terrestre supposée fixe dans l'espace. Pour cela, admettons qu'une heure après l'opposition, la lune soit en L′ et le centre du cône d'ombre terrestre en C′, L′D′ représentera le mouvement horaire de la lune en latitude, et DC le mouvement horaire en longitude. Or, le mouvement relatif de deux mobiles dans le même sens et suivant une même droite consiste dans la différence de leurs mouvements absolus. Par conséquent, pour obtenir la position du centre de la lune 1 heure après l'opposition, telle qu'on l'observerait si le centre C du cône d'ombre terrestre restait fixe, il suffit de retrancher des mouvements horaires en latitude et en longitude de la lune ceux du point C, c'est-à-dire du soleil dans les mêmes directions. Mais le soleil restant constamment dans l'écliptique, son mouvement en latitude est nul, et partant, le mouvement horaire en latitude de la lune est toujours D′L′, de sorte que la droite L′H, parallèle à EE′, renfermera le centre de la lune, celle-ci étant supposée animée seulement de sa vitesse relative. Le mouvement horaire du soleil en longitude étant CC′, le mouvement relatif de la lune sera DC — CC′, ou bien CG, si l'on prend DG = CC′. En menant GH perpendiculaire à EE′, on aura en H le point qu'occuperait réellement la lune 1 heure après l'opposition, si, le soleil étant sans mouvement, le centre du cône d'ombre terrestre était resté fixe en C. Par conséquent, en joignant les deux points L et H, on aura l'*orbite relative* de la lune RR', c'est-à-dire la ligne que nous lui verrions décrire sensiblement pendant toute la durée de l'éclipse si le cône d'ombre terrestre restait immobile pendant ce même temps.

Cela posé, admettons que l'on ait des tables qui donnent la latitude lunaire au moment de l'opposition et une heure après, ainsi que les mouvements horaires du soleil et de la lune. Soit C (*fig.* 78) le centre du cône d'ombre terrestre au moment de l'opposition, l'écliptique étant représentée par EE', j'élève à cette droite en C une perpendiculaire sur laquelle je porte de C en L autant de parties d'une *certaine échelle* qu'il y a de minutes dans la latitude lunaire au moment de l'opposition; je porte pareillement de C en G un nombre de parties de la même échelle égal au nombre de minutes contenues dans la différence des mouvements horaires en longitude du soleil et de la lune, puis je prends GH égal au nombre de minutes de la latitude lunaire 1 heure après l'opposition : en joignant les deux points L et H, on a l'orbite relative RR' de la lune.

Soit CB, contenant autant de parties de l'échelle qu'il y a de minutes dans le rayon du cône d'ombre terrestre à la distance de la lune (190); le cercle BIB' représentera la section de ce cône par le plan de l'orbite lunaire, et le temps employé par la lune pour parcourir la corde II' sera la durée de l'éclipse. Soit CM perpendiculaire sur II', le milieu de l'éclipse aura lieu quand le centre de la lune sera en M. Si l'on néglige toutes les inégalités du mouvement lunaire, et elles sont en effet insensibles pendant la durée d'une éclipse, on pourra considérer les espaces parcourus par la lune sur II' comme proportionnels aux temps comptés sur BB'. Or, soit MO perpendiculaire sur EE', on a la proportion $\dfrac{ML}{LH} = \dfrac{OC}{CG}$; et comme LH est parcouru en 1 heure, si nous appelons x le temps employé à décrire ML, nous avons :

$$\frac{x}{1} = \frac{OC}{CG} \text{ ou bien } x = \frac{OC}{CG}.$$

Par conséquent, si l'on divise CG en 60 parties égales, le nombre de ces parties contenues dans OC indique de combien de minutes le milieu de l'éclipse précède l'instant de l'opposition.

Si du point M, avec un rayon MV égal au nombre de minutes contenues dans le demi-diamètre apparent de la lune, on décrit un cercle, l'éclipse sera totale ou partielle, suivant que ce cercle sera entièrement contenu dans le cercle BII'B, ou bien en sortira en le coupant.

Si l'on trace des cercles avec le rayon MV, tangents extérieurement au cône d'ombre et ayant leurs centres en P et P' sur la droite RR', les rapports $\frac{BE}{CG}$ et $\frac{CE'}{CG}$ exprimeront les nombres de minutes dont le commencement et la fin de l'éclipse précéderont et suivront l'instant de l'opposition. $\frac{CF}{CG}$ et $\frac{CF'}{CG}$ détermineront de la même manière les instants du commencement et de la fin de l'éclipse totale.

Tant que l'éclipse n'est que partielle, on détermine, à un instant donné, la partie éclipsée du disque lunaire en divisant le diamètre de l'astre en 12 parties égales, qu'on appelle *doigts*, et chaque doigt en 60 parties égales, qu'on nomme *minutes* de doigt.

On a aussi une construction géométrique des différentes circonstances d'une éclipse de soleil pour un lieu donné; mais elle nous paraît trop compliquée pour trouver place dans ce traité.

199. Périodicité des éclipses. La prédiction des éclipses, soit par une construction géométrique, soit par le calcul, suppose que l'on possède des tables de la lune ou que l'on sait effectuer les calculs nécessaires à la construction de ces tables. Les astronomes de l'antiquité n'ont pas connu ces calculs, et cependant ils prédisaient les éclipses : c'est qu'ils avaient remarqué qu'après une certaine période, toutes les éclipses, soit de lune, soit de soleil, se reproduisent dans le même ordre, et sensiblement avec les mêmes circonstances. En effet, une éclipse quelconque dépend uniquement de la position du centre du soleil, du centre et du nœud de la lune. Si donc ces trois points sont situés, à un instant donné, de manière qu'il y ait éclipse, toutes les fois qu'ils se retrouveront dans la même position, on aura une nouvelle éclipse semblable à la précédente.

Cherchons donc à déterminer quelle période de temps mettront ces trois points, supposés dans une certaine position, pour revenir exactement à la même position d'après leurs moyens mouvements relatifs. Pour cela, rappelons-nous que la lune exécute sa révolution synodique en 29^j,5305885, c'est-à-dire qu'après ce temps elle se retrouve dans la même position par rapport au soleil. Le temps employé par le soleil pour revenir au même nœud lunaire, qu'on appelle *révolution synodique du nœud*, et qu'on obtient en divisant 360 par la somme des vitesses moyennes du soleil et du nœud 59' 8",33 + 3' 10",64 = 62' 18",97 est de 346^j,619851. Par conséquent, *une révolution synodique du nœud vaut* $\dfrac{346,619851}{29,5305885} = 11,73765\ldots$ *révolutions synodiques lunaires*; ou, en d'autres termes, après 100000 révolutions synodiques du nœud, la lune a effectué 1173765 révolutions synodiques complètes, et le soleil, la lune et son nœud sont revenus à la même position.

Mais on peut, avec moins d'exactitude, obtenir une période beaucoup plus simple. En effet, si l'on multiplie par 19 le nombre 11,73765… on a 223,0154…, et partant on peut considérer 19 révolutions synodiques du nœud comme sensiblement égales à 223 lunaisons, qui valent sensiblement 18 ans 11 jours. Ainsi, *après une période de 18 ans 11 jours, le soleil, la lune et le nœud se retrouvent sensiblement dans la même position*, et par suite les mêmes éclipses se reproduisent à peu près dans le même ordre. Cette période, qui a été connue des Chaldéens sous le nom de *saros*, offre en général 70 éclipses, 29 de lune et 41 de soleil. Du reste, toute période de ce genre, ne pouvant être que plus ou moins approchée, cesse bientôt d'être exacte, et ne peut être par conséquent d'une grande utilité.

200. Usages des éclipses dans l'astronomie, la chronologie et la géographie. Si les éclipses ont cessé d'être un objet de frayeur pour les hommes, elles n'en présentent pas moins aux astronomes un haut degré d'intérêt. Ainsi, l'observation des éclipses de lune confirme la sphéricité du globe terrestre (65). En effet, la manière même dont se fait la disparition de la lune, quand elle pénètre dans le cône d'ombre de la terre, montre immédiatement que ce cône est toujours circulaire; d'ailleurs, les calculs de la prédiction des éclipses supposent la terre sensiblement sphérique, et l'accord parfait des résultats observés avec ceux de la théorie prouve l'exactitude de l'hypothèse admise.

Les éclipses totales de soleil confirment aussi l'absence d'atmosphère à la surface de la lune. En effet, aussitôt qu'un point de la terre pénètre dans l'ombre pure de la lune, il règne en ce lieu une obscurité complète, on voit briller les étoiles dans le ciel, et l'on est témoin de tous les phénomènes qui accompagnent ordinairement la chute du jour. Mais, aussitôt qu'un seul filet lumineux du soleil a reparu, les ténèbres sont entièrement dissipées. Or, si la lune avait une atmosphère, les rayons lumi-

13.

neux qui effleurent la surface de l'astre seraient infléchis par la
réfraction, et par conséquent l'obscurité ne serait point complète, surtout au sommet du cône d'ombre lunaire, ainsi que
cela arrive dans les éclipses de lune (n° 192).

C'est aussi par le moyen des éclipses que les astronomes ont
calculé la durée exacte de la révolution synodique moyenne de
la lune, ainsi que l'accélération séculaire de ce mouvement. En
effet, Ptolémée rapporte une éclipse de lune observée par les
Chaldéens l'an 720 avant J. C. En calculant cette éclipse comme
pour la prédire, on a déterminé l'heure précise, en temps moyen
du méridien de Paris, à laquelle eut lieu l'opposition. L'observation d'une éclipse moderne a fait connaître combien il s'était
écoulé de jours et aussi combien il s'était effectué de révolutions
synodiques lunaires entre ces deux oppositions : le nombre de
jours divisé par celui des révolutions lunaires a donné la longueur de la révolution moyenne 29^j 12^h $44'$ $2''$,85.

Halley reconnut le premier, en 1693, que ce moyen mouvement n'est pas tout à fait uniforme. En effet, trois éclipses, une
de lune et deux de soleil, observées par les Arabes près du Caire
en 977, 978 et 979, ont permis de déterminer, ainsi que nous
venons de l'expliquer, les vitesses moyennes lunaires pour deux
périodes, l'une comprise entre l'éclipse de Ptolémée et une des
éclipses des Arabes, et l'autre entre celle-ci et une éclipse moderne. En comparant les deux résultats ainsi obtenus, on a
constaté une accélération qui s'élève environ à $10''$,2 par siècle.

Les éclipses ont aussi fourni le moyen de fixer avec précision
les dates historiques. En effet, on trouve dans presque tous
les historiens anciens le récit détaillé des éclipses qui ont accompagné, suivi ou précédé les événements décrits par eux.
Mais alors on peut calculer l'époque précise de ces éclipses,
comme s'il s'agissait de les prédire, et partant on a les dates
exactes d'un certain nombre de faits principaux auxquels il
devient facile de rattacher les autres : tel est le principe de *l'art
de vérifier les dates.*

Enfin, les éclipses servent à la détermination des longitudes
terrestres. En effet, on publie plusieurs années à l'avance, dans
la *Connaissance des temps,* l'heure, en temps moyen du méridien de Paris, des principales circonstances de toutes les éclipses,
et quand il s'agit de celles de soleil, la position géographique
des lieux qui voient ce phénomène. Si donc on observe, par
exemple, une éclipse de lune en un lieu quelconque, et que l'on
détermine l'heure, au méridien de ce lieu, du milieu de l'éclipse,

comme ce phénomène est visible partout au même instant, on aura dans la *Connaissance des temps* l'heure de Paris pour le même moment. On connaîtra donc la différence des heures locales, et par suite la longitude du lieu de l'observation par rapport au méridien de Paris (74). A la vérité, l'observation des éclipses de lune n'est pas susceptible d'une grande précision, parce que les bords de l'ombre pure de la terre sont si mal terminés, qu'il en résulte une grande incertitude sur les vrais instants des phases. Les éclipses de soleil ne présentent pas le même inconvénient, mais elles ne peuvent être observées au même instant dans des lieux différents; toutefois, par un calcul qui ne peut trouver place ici, quoique facile, on détermine l'heure au méridien du lieu de l'observation de la *conjonction vraie* du soleil, et les tables font connaître l'heure de ce même instant au méridien de Paris.

Du reste, les éclipses de lune et de soleil étant des phénomènes assez rares, on a le plus souvent recours, pour la détermination des longitudes, aux *occultations* d'étoiles par la lune, qui sont aussi de véritables éclipses, et que l'on peut observer, pour ainsi dire, à chaque moment. Lorsqu'on a déterminé l'instant du commencement et de la fin, on obtient, par un calcul analogue à celui que nécessite une éclipse de soleil, l'heure de la conjonction vraie pour le méridien du lieu de l'observation, et l'on trouve dans la *Connaissance des temps* l'heure du même phénomène en temps moyen de Paris. On a donc la différence des heures locales, et par suite la longitude du lieu de l'observation.

LIVRE CINQUIÈME.

DES PLANÈTES ET DES COMÈTES.

§ 1.

Des planètes. — Noms des principales. — Leurs distances moyennes. — Leurs mouvements autour du soleil s'effectuent suivant les lois de Képler. — Énoncé du principe de la gravitation universelle.

201. Des planètes. Parmi cette multitude d'astres que l'on appelle indistinctement *étoiles*, quelques-uns, nommés *planètes*, jouissent comme le soleil et la lune d'un mouvement propre en vertu duquel nous les voyons occuper successivement des points différents sur la sphère céleste. On les distingue des étoiles fixes non-seulement à leur mouvement propre, qui devient toujours très-sensible après un temps suffisant, mais encore à leurs diamètres apparents que les lunettes ou télescopes amplifient en raison de leur pouvoir grossissant, et que l'on peut mesurer comme ceux du soleil et de la lune; enfin la plupart des planètes principales se reconnaissent à leur éclat brillant, mais dépourvu de la scintillation propre aux étoiles.

202. Noms des principales, leurs distances moyennes. Les planètes principales ou grandes planètes sont au nombre de sept, auxquelles il faut joindre la terre, qui est elle-même une véritable planète, comme nous le verrons bientôt. Les anciens n'en ont connu que cinq : *Mercure, Vénus, Mars, Jupiter* et *Saturne,* les seules que l'on puisse voir à l'œil nu. La sixième, *Uranus,* a été découverte par

Herschel père en 1781 ; et la septième, *Neptune*, annoncée par M. Leverrier de l'Institut de France, le 1er juin 1846, a été vue par M. Galle de Prusse, le 23 septembre suivant.

Outre les planètes principales, il existe un groupe de petites planètes appelées souvent *astéroïdes* ou *planètes télescopiques*. Elles ont toutes été découvertes depuis le commencement de ce siècle et leur nombre augmente chaque jour.

Les grandes planètes ne sortent jamais de la zone céleste d'environ 18° que nous avons nommée *zodiaque* (118) et que l'écliptique divise en deux parties égales. Quant aux planètes télescopiques, elles s'écartent aussi généralement assez peu de l'écliptique; quelques-unes cependant sortent du zodiaque, ainsi qu'on peut le voir par les inclinaisons de leurs orbites, que nous indiquons dans le tableau de ces astres.

Voici les noms des planètes principales avec les signes que les astronomes emploient pour les désigner et leurs distances moyennes au soleil, celle de la terre étant prise pour unité :

Noms.	Signes.	Distances moyennes.
Mercure	☿	0,387
Vénus	♀	0,723
La Terre	♁	1
Mars	♂	1,523
Jupiter	♃	5,203
Saturne	♄	9,539
Uranus	♅	19,182
Neptune	♆	33,897

Les petites planètes sont toutes situées entre Mars et Jupiter, à des distances comprises entre 2,15 et 3,20.

Quant aux grandes planètes, deux, Mercure et Vénus, sont plus rapprochées du soleil que la terre; on les nomme planètes *inférieures*. Toutes les autres sont plus éloignées du soleil que nous et sont dites *planètes supérieures*.

203. Mouvements des planètes. Concevons qu'à un instant donné on ait mesuré l'ascensiondroite et la déclinaison d'une certaine planète; en corrigeant les résultats
observés de la réfraction et de la parallaxe, on aura la direction de la droite qui joint le centre de la terre à celui de
l'astre. Le point où cette droite, suffisamment prolongée,
coupera la sphère céleste sera la *position apparente* de la
planète pour l'instant de l'observation. Si l'on opère de
même pendant un certain nombre de jours consécutifs, on
reconnaît bientôt que la planète correspond successivement
à des points différents du ciel; elle s'éloigne de certaines
étoiles pour se rapprocher des autres et traverse peu à
peu diverses constellations. L'ensemble des positions que
la planète semble ainsi occuper successivement, pour un
observateur placé au centre de la terre, constitue son *mou-*
vement propre apparent. En général, le mouvement propre
d'un astre est dit *direct* lorsque cet astre s'avance de l'ouest
à l'est, c'est-à-dire en sens contraire du mouvement diurne,
ou dans l'ordre des signes du zodiaque, et *rétrograde* quand
l'astre se déplace en sens inverse, c'est-à-dire de l'est à
l'ouest : dans le premier cas, l'astre retarde chaque jour, et,
dans le second, il avance sur les étoiles, dans son passage
au méridien. Les mouvements propres du soleil et de la
lune sont toujours directs, mais il n'en est pas de même des
mouvements planétaires.

Si l'on observe une planète quelconque pendant une
longue suite de jours et que sa marche soit d'abord directe,
je suppose, bientôt on verra l'astre se ralentir peu à peu et
rester quelques jours sans mouvement apparent; c'est-à-
dire que, si à cette époque il passe au méridien en même
temps qu'une certaine étoile, il y reviendra exactement
avec cette même étoile pendant plusieurs jours consécutifs :
on dit alors qu'il y a *station.* Mais, bientôt après, la planète
semblera gagner peu à peu de vitesse sur l'étoile, et enfin
sa marche deviendra tout à fait rétrograde. Après un certain temps, le mouvement rétrograde sera suivi d'une nouvelle station, puis redeviendra direct, et ainsi de suite indé-

finiment. Si l'on suppose qu'on ait marqué sur un globe céleste (52) la suite des points que paraît occuper successivement une planète, puis qu'on *déroule* sur un plan la zone correspondante, l'écliptique sera représentée par la droite EE' (*fig.* 79), et l'orbite apparente de la planète par une courbe telle que PNP'. Il y a station en chacun des points S, mouvement direct en D et rétrograde en R. Après un temps considérable, la somme des mouvements directs l'emporte toujours sur celle des mouvements rétrogrades, et par conséquent, en définitive, l'astre finit par effectuer le tour entier du ciel, en sens contraire du mouvement diurne.

204. Nœuds, orbite apparente, ligne des nœuds. Lorsqu'on réfléchit à la grande régularité du mouvement diurne et des mouvements propres du soleil et de la lune, on est porté à attribuer la complication des mouvements apparents des planètes au point de vue d'où nous les suivons. On conçoit en effet que si deux observateurs occupaient des points très-éloignés, l'un, par exemple, le centre de la terre, et l'autre le centre du soleil, la même planète leur offrirait au même instant des positions apparentes toutes différentes, et, par suite, le mouvement de l'astre, quoique d'une très-grande régularité pour celui des observateurs qui en occuperait le centre, pourrait paraître plus ou moins compliqué à celui qui le verrait d'un autre point. On reconnaît tout d'abord que les planètes ne se meuvent point dans le plan de l'écliptique, car leurs latitudes, déduites de l'observation des ascensions droites et des déclinaisons (158), sont généralement différentes de zéro; mais on trouve qu'elles sont boréales pour une partie du cours de l'astre, et australes pour l'autre, d'où résulte que les orbites planétaires coupent le plan de l'écliptique.

On appelle *nœuds* d'une planète les points où son orbite coupe le plan de l'écliptique, et l'on en distingue deux, qui sont dits : l'un le nœud ascendant, et l'autre le nœud descendant. On détermine ces points en cherchant, comme nous l'avons expliqué au n° 116, l'instant où la latitude de la planète est nulle. On remarque que le temps qui s'écoule entre deux passages consécutifs d'une planète au même nœud est toujours le même, quel que soit le nombre des stations et rétrogradations intermédiaires, et indépendamment de la nature du mouvement à l'instant du phénomène. C'est que le passage au nœud offre une circonstance unique dans le mouvement d'une planète, où le résultat est indépendant de la position occupée par l'observateur terrestre ; car, la terre étant elle-même dans le plan de l'écliptique, la droite qui va de l'œil de l'observateur au centre de la planète, à l'instant où celle-ci est à son nœud, est tout entière dans le plan de l'écliptique, de sorte que l'astre est réellement observé dans ce plan à l'instant où il y est physiquement. Par conséquent, la régularité ordinaire des mouvements célestes reparaissant aussitôt que le résultat devient indépendant de la position du point de vue, on a été conduit à rechercher s'il n'existe pas quelque autre point pour lequel cette régularité soit complète, et l'on a reconnu que c'est en effet ce qui arrive quand on considère le soleil comme centre des mouvements planétaires.

205. Expliquons d'abord comment on peut déterminer, à un instant donné, la position apparente p d'une planète P (*fig.* 80) pour un observateur qui occuperait le centre du soleil S. Soit T le centre de la terre au même instant ; on connaît la distance ST, et nous admettrons que l'on ait aussi calculé la distance PT de la planète à la terre, ce qui est facile quand on connaît la parallaxe de cet astre. Si donc on mesure l'angle STP, on aura dans le triangle STP deux côtés et l'angle compris, d'où il sera facile de déduire l'angle SPT. On pourra donc mener dans le plan du triangle STP la droite Tp' faisant l'angle p'TP $=$ SPT, et les deux droites Sp et Tp' étant parallèles, on pourra les considérer comme rencontrant la sphère céleste au même point p (25). Donc la position apparente p de la planète P, vue du soleil, sera donnée par le point où la droite Tp', parallèle à SP, coupe la sphère céleste.

Si l'on marque ainsi sur un globe céleste un grand nombre de positions apparentes d'une même planète vue du soleil, on reconnaîtra, en raisonnant comme au n° 113, que l'*orbite apparente* de la planète est un grand cercle dont le plan coupe l'écliptique suivant un diamètre et sous un angle qui ne surpasse pas 8 ou 9°. La ligne suivant laquelle le plan de l'orbite d'une planète coupe celui de l'écliptique est dite la *ligne des nœuds*, et l'angle de ces deux plans est l'*inclinaison de l'orbite*. Puisque la ligne des nœuds passe par le centre du soleil, il suffit, pour la déterminer, de connaître l'un des nœuds de la planète, ou seulement la longitude de ce point. Quant à l'inclinaison de l'orbite, on l'obtient en cherchant, comme nous l'avons expliqué au n° 115, la latitude de l'astre pour le moment où elle atteint la plus grande valeur.

206. Les planètes sont des corps opaques qui tournent autour du soleil. La construction ou mieux la résolution trigonométrique du triangle STP fera connaître, pour chaque position de la planète P, la valeur SP de la distance au soleil. On reconnaît que cette distance varie en plus et en moins entre deux limites qu'elle ne dépasse jamais, et qu'elle atteint pour deux positions apparentes dont les longitudes diffèrent toujours de 180°. Le point de l'orbite d'une planète où celle-ci est le plus près possible du soleil se nomme *périhélie*, et celui où elle en est le plus loin, *aphélie*. Ces deux points sont toujours situés sur une même droite passant par le centre du soleil et appelée *ligne des apsides*. On nomme *distance moyenne* d'une planète au soleil la demi-somme de la distance périhélie et de la distance aphélie; si l'on prend cette distance moyenne pour unité, la différence entre la distance aphélie et la distance périhélie sera l'*excentricité* de la planète.

Que l'on détermine la position apparente d'une planète telle qu'on la verrait chaque jour du centre du soleil, on connaîtra la *vitesse angulaire* de l'astre autour du soleil. En comparant les longueurs des rayons vecteurs SP aux vitesses angulaires correspondantes, on a reconnu que toutes les planètes décrivent des ellipses dont le soleil occupe un foyer commun. L'observation prouve aussi qu'elles sont toutes des corps opaques éclairés par le soleil ; car, observées au télescope, elles nous offrent en général des phases semblables à celles de la lune. Lorsque la partie éclairée est entièrement tournée vers la terre, nous voyons la planète sous la forme d'un cercle entièrement brillant ; mais quand l'astre ne nous présente qu'une portion de la partie éclairée par le soleil, il nous offre un croissant plus ou moins étendu, ou tout au moins une forme aplatie, selon que l'astre est plus ou moins éloigné du soleil. Nous pouvons donc conclure que *les planètes sont des corps opaques qui tournent autour du soleil.*

207. Éléments d'une planète. Un astre quelconque est dit avoir un mouvement *géocentrique* ou *héliocentrique* suivant qu'il tourne autour de la terre ou du soleil. Le mouvement de la lune est géocentrique et ceux des planètes sont héliocentriques.

On nomme *révolution périodique* d'une planète le temps employé par cet astre pour revenir au même point de son orbite, par exemple, au même nœud. Nous avons vu (204) comment on peut la déduire de l'observation.

La *révolution sidérale* est le temps que met la planète à revenir en conjonction avec une même étoile, pour un observateur placé au centre du soleil. Elle diffère de la révolution périodique de la quantité dont se déplace le nœud pendant le même temps, et qu'on nomme la *rétrogradation* de la ligne des nœuds.

La *révolution tropique* est le temps après lequel, pour un observateur toujours placé au centre du soleil, la planète revient au même cercle de longitude en même temps que l'équinoxe du printemps.

Enfin, la *révolution synodique* consiste dans le retour de la planète à la même position par rapport au soleil, à l'opposition ou à la conjonction par exemple, pour un observateur placé au centre de la terre.

Pour pouvoir assigner le lieu d'une planète quelconque à un instant donné, il suffit évidemment de connaître la position du plan de l'orbite de cette planète, la situation et la forme de l'ellipse qu'elle décrit dans ce plan, la vitesse avec laquelle elle la parcourt et le point occupé par l'astre à une certaine époque. Or, pour déterminer le plan de l'orbite d'une planète quelconque, il suffit de connaître la position de l'un des nœuds et l'inclinaison de l'orbite ; quant à la trajectoire, elle pourra être tracée dans ce plan si l'on a la position du périhélie, la longueur du demi-grand axe et l'excentricité. Enfin, la vitesse de l'astre sera connue si l'on donne la durée de la révolution sidérale. Par conséquent, pour pouvoir assigner la position d'une planète à une époque quelconque, il est nécessaire de connaître *sept quantités* qu'on nomme les éléments de la planète et qui sont : 1° la *longitude du nœud ;* 2° l'*inclinaison de l'orbite ;* 3° la *longitude du périhélie ;* 4° la *distance moyenne* ou le *demi-grand axe ;* 5° l'*excentricité ;* 6° la *durée de la révolution sidérale ;* 7° la *longitude de la planète à une époque déterminée.*

208. Lois de Képler. Pour faire disparaître l'extrême complication des mouvements apparents des planètes (203), Copernic avait eu l'idée de supposer un observateur placé au centre du soleil et de considérer ce point comme le centre commun autour duquel toutes les planètes exécutent leurs révolutions. Il avait reconnu que ces astres, ainsi que la terre, décrivent des courbes peu différentes du cercle et situées toutes dans des plans voisins de l'écliptique. Mais c'est à Képler qu'on doit la découverte des lois des mouvements planétaires. En discutant attentivement les observations de Ticho-Brahé, il fut conduit à trois lois, qui sont connues sous le nom de *lois de Képler,* et qui comprennent toute la théorie des mouvements des planètes. Ces trois lois peuvent être énoncées de la manière suivante :

1re Loi. *Toutes les planètes se meuvent dans des plans, et les aires décrites par le rayon vecteur mené d'une planète quelconque au centre du soleil sont proportionnelles aux temps employés à les décrire.*

2ᵐᵉ Loi. *Toutes les planètes décrivent des ellipses dont le soleil occupe un foyer commun.*

3ᵐᵉ Loi. *Les carrés des temps des révolutions sidérales des différentes planètes sont proportionnels aux cubes de leurs distances moyennes au soleil.*

Les deux premières lois s'appliquent au mouvement apparent du soleil, c'est-à-dire au mouvement réel de la terre autour du soleil (162), et les explications que nous avons données aux nᵒˢ 122 et 123 peuvent être répétées pour chacune des planètes. Quant à la 3ᵐᵉ loi, il faut, pour l'appliquer, considérer deux planètes : ainsi, par exemple, Vénus et Mars exécutent respectivement leurs révolutions sidérales en 224ʲ,700824 et 686ʲ,679686 ; leurs distances moyennes au soleil étant de 0,72333 et de 1,52369, on a l'égalité de rapports

$$\frac{224,700824^2}{686,679686^2} = \frac{0,72333^3}{1,52369^3},$$

que l'on peut facilement vérifier.

Cette 3ᵐᵉ loi de Képler s'applique également au mouvement de la terre comparé à celui d'une planète quelconque. Ainsi la durée de la révolution sidérale apparente du soleil, qui est celle de la terre, $= 365^j,25636$, et la distance du soleil à la terre $= 1$. On a donc, en comparant ces nombres à ceux qui leur correspondent pour Mars, je suppose,

$$\frac{365,25636^2}{686,979682^2} = \frac{1}{1,52369^3}.$$

Lorsque l'on connaît la distance moyenne d'une certaine planète au centre du soleil, il est aisé, par la 3ᵐᵉ loi de Képler, de calculer les distances moyennes de toutes les autres planètes au même point. En effet, la durée de la révolution sidérale d'une planète quelconque se déduit aisément de l'observation directe du passage de l'astre à ses nœuds (204), et une simple proportion fait alors connaître sa distance au soleil.

Les lois de Képler s'appliquent aussi au mouvement de la lune dans son orbite comme à ceux des *satellites* des planètes, ainsi qu'aux mouvements des comètes. On est également parvenu à constater que, dans les divers groupes d'étoiles doubles observés (58), chaque étoile mobile exécute sa révolution autour de l'étoile fixe en suivant toujours les lois de Képler.

209. Énoncé du principe de la gravitation universelle.

La théorie des mouvements des planètes autour du soleil, comprise dans les lois de Képler, a permis à l'illustre Newton de remonter à la cause physique de ces mouvements et de les rattacher tous à un même principe qu'on appelle *principe de la pesanteur* ou *de la gravitation universelle*. Nous allons essayer de faire comprendre, autant qu'on le peut sans le secours de l'analyse mathématique, en quoi consiste le principe de la gravitation universelle, comment il rend compte de tous les phénomènes célestes connus par l'observation, et comment il en a fait découvrir d'autres que l'observation est venue confirmer ensuite.

La pesanteur terrestre agit constamment de la même manière sur tous les corps soumis aux mêmes conditions; mais son action n'est plus la même sur des corps placés dans des circonstances différentes. Concevons un corps tombant librement sous la seule action de la pesanteur : l'expérience prouve qu'il suit toujours la verticale, et qu'à Paris il parcourt $4^m,90448$ pendant la première seconde, et que les espaces parcourus augmentent de $4^m,90448 \times 2 = 9,80896$ pendant chacune des secondes suivantes ; il parcourt donc $14^m,71344$ pendant la deuxième seconde, $24^m,52240$ pendant la troisième, et ainsi de suite. Ce mouvement est dit *uniformément accéléré*, parce que la vitesse augmente toujours de la même quantité pendant chacune des secondes du mouvement. Cette accélération constante, que l'on désigne par g, étant due à l'action continue de la

pesanteur, on dit que celle-ci est une force *accélératrice
constante*. Elle a pour *mesure de son intensité* l'augmentation de vitesse qu'elle produit en 1″ de temps, $g = 9,80896$.

Si l'on transporte le même corps en un autre lieu dont
la latitude et par conséquent la distance au centre de la
terre soient différentes, l'accélération de la vitesse avec
laquelle il tombera verticalement sera encore la même pendant toute la durée de la chute; mais cette accélération g'
ne sera plus la même qu'à Paris. La pesanteur a donc en
ces deux lieux des intensités différentes, et l'on a reconnu
*qu'en deux lieux quelconques, situés à des distances diffé-
rentes du centre de la terre, les intensités g et g′ de la pesanteur sont inversement proportionnelles aux carrés de ces
mêmes distances.*

On a aussi constaté par expérience que, dans le même
lieu et dans le vide, tous les corps, les substances les plus
lourdes comme le duvet le plus léger, mettent exactement
le même temps à tomber d'une même hauteur. On en déduit que la pesanteur agit avec la même intensité, toujours
en un même lieu, sur chaque molécule matérielle dont les
corps sont composés. On nomme *poids d'un corps* la somme
des actions de la pesanteur sur toutes les molécules dont
il se compose. Si l'on transporte le même corps en un autre
lieu, on lui trouvera un poids p' différent, et l'on sait que,
pour un même corps pesé en deux lieux différents, où les
intensités de la pesanteur soient g et g', on a $\dfrac{p}{g} = \dfrac{p'}{g'}$. Ce
rapport constant $\dfrac{p}{g}$ du poids d'un corps à l'intensité g de
la pesanteur se nomme la *masse* du corps. La *densité*
d'un corps homogène est la masse contenue sous l'unité
de volume ou, en d'autres termes, le rapport de la masse
au volume.

Le poids P d'un corps, que l'on peut considérer comme
la mesure de l'*attraction* que la terre exerce sur lui, est
égal au produit *mg* de sa masse par l'intensité de la pesan-

teur relative au lieu où l'on est. Par conséquent, en un même lieu, les attractions exercées par notre globe sur deux corps quelconques sont proportionnelles aux masses de ces corps.

Soient p, p' les poids de deux corps dont les masses soient m et m' placés à des distances d et d' du centre de la terre ; si je considère le poids p'' du corps de masse m placé à la distance d', j'aurai les deux égalités de rapports $\dfrac{p}{p''} = \dfrac{d'^2}{d^2}$ et $\dfrac{p''}{p'} = \dfrac{m}{m'}$; d'où, en multipliant, $\dfrac{p}{p'} = \dfrac{m}{d^2} : \dfrac{m'}{d'^2}$, et par conséquent, en général :

Les attractions exercées par le globe terrestre sur deux corps quelconques sont directement proportionnelles aux masses, et inversement proportionnelles aux carrés des distances de ces corps au centre de la terre.

210. Force centrifuge.

Lorsqu'un corps quelconque est mis en mouvement par une cause *instantanée* et abandonné ensuite à lui-même, il continue de se mouvoir en ligne droite avec une vitesse uniforme, c'est-à-dire qu'il parcourt des espaces rectilignes égaux en temps égaux. Tel est le mouvement qu'on nomme *uniforme*, et l'on appelle vitesse de ce mouvement l'espace parcouru pendant l'unité de temps.

Lorsqu'un corps est astreint par une cause quelconque à se mouvoir suivant une ligne courbe, il se développe, à chaque instant du mouvement, une force qui provient de la tendance de la matière à se mouvoir en ligne droite : cette force se nomme *force centrifuge*. Concevons un corps attaché à l'extrémité d'un fil AO (*fig.* 95) et mis en mouvement autour d'un point fixe O ; il décrira une circonférence ABC, et le fil AO sera constamment *tendu* en ligne droite. La *tension* éprouvée par le fil prouve l'existence d'une force qui tire le corps A et tend à l'éloigner du centre fixe O ; de telle sorte que si, à un instant quelconque, on venait à détruire la résistance du fil, le corps, abandonné à lui-même, continuerait à se mouvoir suivant la direction rectiligne de la tangente AT au point de la circonférence où il deviendrait libre : on a une vérification de ce principe dans l'exemple bien connu de la fronde.

La force centrifuge augmente avec la vitesse du mobile, et décroît quand la distance du mobile au centre du mouvement devient plus considérable. Si l'on désigne par V la vitesse d'un mobile en un point du cercle qu'il décrit, et par R le rayon de ce cercle, on démontre aisément que la force centrifuge en ce point est exprimée par $\dfrac{V^2}{R}$.

Il est évident qu'au lieu de concevoir le mobile A retenu par un fil AO, on pourrait supprimer ce fil, et le remplacer par une force dirigée de A vers O, égale à la force centrifuge qui a une direction contraire. Cette force, égale à la force centrifuge, mais de direction opposée et lui faisant équilibre à chaque instant, est dite *force centrale* ou *centripète*.

211. Idée du mouvement curviligne produit par une vitesse initiale et une force centrale. Concevons maintenant que nous lancions obliquement un certain corps, un boulet de canon par exemple. La force instantanée d'impulsion ne sera point détruite par la pesanteur; seulement notre mobile, obéissant à la fois aux actions de ces deux forces, sera animé d'une vitesse qu'on nomme la *résultante* des deux vitesses communiquées par ces deux forces. Soit AB (*fig.* 98) l'espace rectiligne que parcourrait notre boulet pendant un temps très-court, 1″ par exemple, sous l'action seule de la force d'impulsion; soit de même BA′ la hauteur dont il tomberait verticalement en 1″ sous l'action de la pesanteur : on démontre en mécanique que la diagonale AA′ du parallélogramme ABA′a représentera en grandeur et en direction *la vitesse* résultante du mobile. Arrivé en A′, au lieu de suivre A′B′, prolongement de AA′, il décrira A′A″, puis A″A‴, et ainsi de suite. Comme les changements de direction produits par la pesanteur se font successivement, et à des intervalles de temps inappréciables, les lignes AA′, A′A″, A″A‴…. seront d'une longueur insensible et le boulet décrira en réalité une courbe AA'A″..., qu'on nomme sa trajectoire. Mais on démontre, et l'expérience confirme, qu'abstraction faite de la résistance de l'air, la quantité dont le boulet s'est écarté de la direction primitive AB après 1″ est de $4^m,40448$, exactement comme s'il fût tombé verticalement sans vitesse initiale pendant ce même temps.

Lorsque le boulet vient à rencontrer la surface de la terre, il est arrêté par cet obstacle; mais à cet instant son mouvement ne se dirige point vers le centre : il fait, au contraire, avec la verticale le même angle que quand il a quitté le canon. Si donc il n'était pas arrêté, il continuerait à descendre obliquement, et son mouvement n'étant jamais dirigé vers le centre de la terre, il ne pourrait atteindre ce point. Il est donc naturel d'admettre que si rien ne venait contrarier la marche de notre boulet, et qu'il continuât d'obéir uniquement à la pesanteur et à l'impulsion primitive qu'il a reçue, il décrirait une courbe fermée autour du centre de la terre exactement comme les planètes autour du soleil. La pesanteur serait la force centrale (210) qui détruirait à chaque instant la force centrifuge produite par le mouvement curviligne autour du centre terrestre.

212. La pesanteur terrestre s'étend jusqu'à la lune. La pesanteur terrestre exerçant son action à toutes les distances connues de la surface terrestre, on doit supposer qu'elle s'étend jusqu'à la lune, et que c'est elle qui détruit à chaque instant la force centrifuge résultant du mouvement curviligne de l'astre autour de la terre. Soit L (*fig.* 99) la position de la lune à un certain instant, et LL′ l'arc qu'elle décrit en 1″; LI sera sensiblement l'espace que lui aurait fait décrire la force centrale dirigée vers la terre, si cette force avait agi seule pendant le même temps. Or, on calcule aisément l'arc LL′, et par suite LI, qui est une troisième proportionnelle au diamètre LA de l'orbite lunaire, et à la corde LL′, laquelle est à fort peu près égale à l'arc lui-même. Mais à la distance de la lune, qui est sensiblement égale à 60 fois le rayon terrestre, l'action de la pesanteur doit être

$60^2 = 3600$ fois moindre qu'à la surface de la terre; et l'on reconnaît en effet que la longueur de LI multipliée par 3600 donne sensiblement l'espace que les corps pesants parcourent à la surface de la terre pendant la première seconde de leur chute. Il est donc démontré que la force qui retient la lune dans son orbite et la fait tourner autour de la terre est identique avec la pesanteur terrestre.

213. Les lois de Képler conduisent à la gravitation des planètes vers le soleil. Les mouvements des planètes autour du soleil sont de la même nature que celui de la lune autour de la terre, et par conséquent il faut aussi qu'à chaque instant ces astres soient retenus par une force centrale qui détruit incessamment la force centrifuge développée par le mouvement curviligne. De même que la mécanique fait connaître quel mouvement produit une force donnée, de même elle permet de calculer la direction et l'intensité de la force qui produit un mouvement connu. Or les mouvements des planètes sont déterminés avec précision par les lois de Képler. On comprend donc comment il est possible de remonter de ces lois à la nature de la force qui retient les planètes dans leurs orbites. Cette question ne pouvant être traitée que par l'analyse mathématique, nous ne ferons qu'énoncer les résultats suivants :

1° De ce que, suivant la première loi de Képler, les aires décrites par le rayon vecteur d'une planète quelconque sont proportionnelles aux temps, on déduit que toutes les planètes sont sans cesse attirées par une force qui les pousse continuellement vers le centre du soleil ;

2° La deuxième loi, d'après laquelle les orbites planétaires sont des ellipses, montre que cette force croît en raison inverse du carré de la distance de l'astre au centre du soleil ;

3° De ce que les carrés des temps sont proportionnels aux cubes des moyennes distances, on conclut que la force qui attire toutes les planètes vers le soleil est la même, et que son action n'est différente d'une planète à une autre qu'en raison de leur distance du soleil. De sorte que si deux planètes quelconques étaient supposées en repos et à la même distance du soleil, elles tomberaient vers cet astre avec la même vitesse. Donc la force qui les attire agit avec la même intensité sur chacune des molécules qui les composent, et, par conséquent, elle est proportionnelle à leurs masses.

On a vérifié par le calcul que c'est aussi la même force qui retient les comètes et leur fait décrire leurs orbites allongées autour du soleil. Enfin les satellites vérifiant les lois de Képler (208), on en conclut qu'ils sont attirés par leurs planètes principales comme celles-ci le sont par le soleil. Comme il n'y a jamais d'action sans réaction, les planètes attirent elles-mêmes le soleil, celles qui ont des satellites sont attirées par eux, et elles s'attirent toutes mutuellement suivant la même loi.

214. Principe de la gravitation universelle.

Nous voilà conduits au principe de la gravitation universelle découvert par Newton, et qui peut être énoncé de la manière suivante : *Chaque point matériel dont se compose l'univers en attire un autre avec une force proportionnelle à la masse du point attirant et inversement proportionnelle au carré de la distance qui les sépare.* Toutefois, ce principe ne s'applique point immédiatement au soleil ni aux planètes, qui sont, non de simples points matériels, mais de grands corps à peu près sphériques. On a donc dû se proposer de déterminer quelle est la force avec laquelle un assemblage de points matériels composant une masse solide attire un autre assemblage de pareils points matériels. Ce problème est d'une grande difficulté, et n'a point encore été résolu dans toute sa généralité. Mais Newton lui-même a démontré que, quand les deux masses ont la forme sphérique, l'attraction est précisément la même que si toute la matière dont elles se composent était concentrée à leurs centres, et que les sphères fussent réduites à de simples points matériels. Or, tous les corps de notre système planétaire sont

sensiblement sphériques, et par conséquent la loi de la gravitation universelle leur est immédiatement applicable. En
effet, si l'on admet qu'une planète quelconque soit soumise
à l'attraction du soleil, et que dans l'origine elle ait reçu une
impulsion convenable, on prouve que son mouvement doit
satisfaire aux lois de Képler. On a donc ainsi une double démonstration de l'existence de cette puissance que nous appelons *attraction ;* mais nous ignorons quelle en est la cause
et comment elle transmet son action d'une molécule matérielle à une autre. Il faut donc la considérer comme l'expression d'un *fait* établi par l'observation, et dont il nous
suffit de connaître la loi pour en déduire par le raisonnement les conséquences diverses, qui seules ont pour nous
une importance véritable.

215. Masses du soleil et des planètes. Si nous considérons la terre comme circulant autour du soleil avec une vitesse et à une distance moyenne connues, on conçoit que
nous pourrons déterminer, ainsi que nous l'avons expliqué
pour la lune (212), l'espace que l'attraction du soleil ferait
parcourir en 1″ à notre planète supposée soumise à cette
seule force, et le nombre ainsi obtenu est la mesure de
l'attraction exercée par la masse entière du soleil. Or, on
obtient un résultat 355500 fois plus considérable que celui de la pesanteur terrestre sur un corps qui serait placé à
la distance du soleil. Mais, à distance égale, l'attraction de
deux corps sphériques est proportionnelle à leurs masses.
Donc la masse du soleil est égale à 355500 fois celle de la
terre, ou, en d'autres termes, le soleil doit être considéré
comme renfermant 355500 fois autant de molécules matérielles que la terre. Ce résultat n'a rien d'étonnant, puisque
le volume du soleil est plus de 1405000 fois celui de la
terre (147).

On est parvenu, soit par ce procédé, soit par d'autres que
nous ne pouvons exposer ici, à calculer les masses de la
lune et des principales planètes, et l'on a trouvé les résultats suivants :

Masse de Mercure	$= \dfrac{1}{14}$	Masse d'Uranus	15
id. de Vénus	1	id. de Neptune	25
id. de Mars	$\dfrac{1}{8}$	id. de la lune	$\dfrac{1}{75}$
id. de Jupiter	339	id. du soleil	355500
id. de Saturne	102		

La masse de la terre étant prise pour unité.

Les masses des petites planètes sont très-faibles. M. Leverrier a démontré que la masse totale des petites planètes situées entre les distances moyennes 2,20 et 3,16 ne peut dépasser le quart de la masse de la terre.

Quant aux masses des comètes, on n'a pas pu les déterminer; mais on sait qu'elles sont extrêmement faibles, car ces astres n'ont jamais exercé d'attraction appréciable sur les autres parties de notre système dont elles se sont le plus approchées. On a même constaté que plusieurs comètes, et notamment celle de 1770, ont traversé le système des satellites de Jupiter sans y produire le moindre dérangement.

216. Perturbations des planètes. Comment la pesanteur universelle en rend compte. Nous avons vu (181) que la lune s'écarte assez sensiblement du mouvement elliptique, et par conséquent elle n'obéit pas tout à fait rigoureusement aux lois de Képler : il en est de même du mouvement de la terre et de celui des autres planètes autour du soleil. En comparant entre eux les résultats d'observations faites avec toute la précision qu'elles comportent, et embrassant une longue période, on a constaté que tous les mouvements des planètes subissent avec le temps des altérations plus ou moins considérables, qui à la longue finissent par les écarter sensiblement des ellipses fixes assignées par les lois de Képler. Les nœuds de leurs orbites ont un mouvement rétrograde sur l'écliptique, les inclinaisons de ces plans varient peu à peu, leurs périgées tournent dans le ciel, leurs vitesses sont tantôt accélérées, tantôt retardées.... Il n'y a que les moyens mouvements et les grands axes qui restent constamment invariables. Toutes les déviations aux lois du mouvement

elliptique qui affectent les mouvements planétaires sont dites
perturbations ou *inégalités*, et, comme pour la lune (181), on
en distingue de deux sortes : les inégalités périodiques et les
inégalités séculaires. Loin de faire exception aux principes de
la gravitation universelle, toutes les perturbations des planètes
en sont une conséquence immédiate ; il n'y en a pas une seule,
en effet, dont on n'ait indiqué l'origine dans la gravitation mutuelle des parties de notre système.

Si une planète existait seule avec le soleil, elle suivrait rigoureusement les lois de Képler ; mais comme elles existent toutes
à la fois, elles exercent l'une sur l'autre une attraction qui les
fait dévier de la route que leur assignent ces lois. Mais toutes
ces déviations sont très-faibles, parce que, comparées au soleil,
les masses de toutes les planètes sont extrêmement petites, et
que, par conséquent, leurs attractions réciproques sont très-
faibles relativement à la puissance centrale qui régit leurs mouvements. Quant aux satellites, la masse troublante est le soleil
lui-même ; mais alors son action devient très-faible comparativement à celle de la planète principale, à cause du rapprochement de celle-ci et de la distance énorme du soleil. D'ailleurs
l'attraction de cet astre agit en commun sur la planète et sur le
satellite pour les retenir dans l'orbite qu'ils décrivent simul-
tanément et les empêcher de se séparer. La force troublante
n'est que la différence d'attraction exercée par le soleil sur le
satellite en raison du changement de la distance de celui-ci au
soleil par suite de sa révolution autour de la planète principale.
Ainsi, pour la lune, la portion de l'attraction solaire qui produit
les perturbations n'excède pas $\frac{1}{179}$ de la force principale qui la
retient dans l'orbite qu'elle décrit autour de la terre.

La théorie démontre que les inégalités des mouvements planétaires sont toutes *périodiques,* c'est-à-dire qu'elles se reproduisent avec la même valeur après un temps plus ou moins
long. Ainsi, par exemple, l'inclinaison de l'équateur terrestre
sur l'écliptique va actuellement en diminuant ; mais, après avoir
encore diminué pendant un certain nombre de siècles, cet angle
ira ensuite en augmentant, pour diminuer de nouveau et passer
ainsi alternativement par les mêmes états de grandeur, compris
entre des limites assez resserrées qu'il ne peut jamais dépasser.

217. Les perturbations d'Uranus ont fait découvrir Neptune.
Depuis assez longtemps déjà la théorie était parvenue à assigner
la cause de chacune des perturbations indiquées par l'observation
dans les différentes parties de notre système planétaire ; il n'y

avait qu'une exception, offerte par la planète Uranus : cet astre
éprouve, en effet, des perturbations que l'action de toutes les
planètes connues jusque dans ces derniers temps ne pouvait suffisamment expliquer. Il était donc naturel de supposer qu'il
existait quelque autre planète, non encore aperçue, dont l'action produisait sur Uranus les perturbations restées sans explication. Telle est l'idée qui a mis M. Leverrier sur la voie de la découverte de Neptune, voie entièrement neuve et bien différente
de celle qu'on avait suivie jusqu'alors. Ainsi un heureux hasard
dirige le télescope d'Herschel sur un astre qui lui paraît offrir un
diamètre apparent et qui bientôt accuse un mouvement propre ;
l'astronome le prend pour une comète, et bientôt on reconnaît
la planète Uranus. Neptune, au contraire, n'avait point été vu,
ou du moins si quelqu'un l'avait aperçu comme les autres étoiles
de même apparence, on n'avait jamais soupçonné que ce pût
être une planète. M. Leverrier, convaincu de son existence par
son action sur Uranus, l'admit avec une masse et une position
inconnues ; puis il calcula quelles doivent être cette masse et
cette position pour produire sur Uranus les perturbations observées. Il communiqua à l'Académie des sciences, le 1er juin 1846,
les résultats de la longue et difficile analyse à laquelle il venait
de se livrer, et annonça l'existence de la nouvelle planète; il
en indiqua en même temps la position très-approchée dans le
ciel; le 31 août suivant, il compléta sa communication en préci-
sant davantage la position approchée de la nouvelle planète. En
effet, le 23 septembre de la même année, M. Galle, astronome
de Berlin, l'aperçut dans le ciel, à une place très-peu différente
de celle que l'astronome français avait déduite de la théorie.

218. Cause de la précession des équinoxes et de la nutation.
La loi générale de la gravitation universelle ne s'applique rigoureusement aux planètes qu'autant qu'on leur suppose une forme
exactement sphérique (214). Or, nous savons que la terre et
toutes les planètes en général sont légèrement aplaties vers
leurs pôles et renflées vers leur équateur. De là résulte une nouvelle cause de déviation aux lois du mouvement elliptique. Ainsi
la terre peut être considérée comme composée de deux parties :
l'une serait une sphère ayant pour rayon celui des pôles, et
l'autre un *ménisque* ou enveloppe matérielle s'étendant depuis
les pôles, où son épaisseur est nulle, jusqu'à l'équateur, où elle
surpasse 2 myriamètres. L'action du soleil sur la première partie
est la même que si celle-ci était entièrement condensée en un
seul point matériel placé à son centre, et par conséquent, si elle

existait seule, elle produirait un mouvement rigoureusement elliptique. Mais il n'en est pas ainsi de l'attraction exercée par le
soleil sur le ménisque terrestre ; elle est plus énergique sur la
partie de ce ménisque la plus rapprochée du soleil, et située d'un
côté du plan de l'écliptique, que sur l'autre moitié, située du
côté opposé de ce plan. Elle tend donc à rapprocher de plus en
plus de l'écliptique le plan de l'équateur terrestre où ce ménisque
a la plus grande épaisseur, et elle finirait par amener la coïncidence de ces deux plans si la terre était en repos. Mais le ménisque, faisant corps avec la masse entière de la terre, tourne
avec elle autour de l'axe terrestre, dont l'inclinaison reste toujours à fort peu près de 23° 1/2 ; seulement il communique
à cette droite une impulsion d'où résulte le mouvement conique
qu'elle exécute autour de l'axe de l'écliptique et qui produit la
précession des équinoxes, ainsi que nous l'avons expliqué (159).

Quant à la nutation, elle résulte de l'attraction exercée par la
lune sur le ménisque terrestre, qu'elle tend de même à coucher
de plus en plus sur le plan de son orbite. On conçoit dès lors
pourquoi la période de la nutation est de dix-neuf ans comme celle
du retour de la lune à ses nœuds : en effet, quand la lune est
dans l'écliptique, c'est-à-dire à chacun de ses nœuds, son action se combine avec celle du soleil pour augmenter le moyen
mouvement conique de l'axe de rotation de la terre, tandis que,
quand elle est en dehors de ce plan, elle tend à écarter l'axe
terrestre de sa position moyenne, le rapprochant de l'axe de l'é-
cliptique pendant qu'elle est au-dessus de ce plan et l'éloignant
pendant qu'elle est au-dessous. Si elle agissait seule, cette force
ferait décrire au pôle une petite ellipse pendant le temps qui sépare deux passages de la lune au même nœud.

§ 2.

219. Planètes inférieures. Leurs digressions. L'observation attentive des deux planètes Mercure et Vénus a constaté que, vues de la terre, elles ne s'écartent jamais du soleil au delà de certaines limites et semblent osciller autour de cet astre. Elles ne viennent jamais en opposition, mais elles ont deux conjonctions : dans l'une, dite *conjonction supérieure,* l'astre est au delà du soleil, tandis que dans l'autre, qu'on appelle *conjonction inférieure,* l'astre se trouve entre le soleil et la terre ; quelquefois même nous le voyons se projeter sous la forme d'une petite tache noire sur le disque solaire. Il résulte de là que les orbites de ces deux planètes ne comprennent point la terre et qu'elles sont plus rapprochées du soleil que nous : de là le nom de *planètes inférieures,* par lequel on les désigne ordinairement (202).

On nomme *élongation* d'une planète l'angle STP (*fig.* 80) sous lequel on voit de la terre la distance SP de l'astre au soleil. Pour les planètes inférieures, cet angle atteint, deux fois à chaque révolution, une valeur plus grande que celle des jours suivants ou des jours précédents : ces valeurs maximum de l'élongation, qui correspondent à l'instant où l'angle TPS est droit, sont dites les *plus grandes élongations* ou les *digressions* de la planète. La digression d'une planète inférieure est alternativement *orientale* et *occidentale* ; celles de Mercure ne surpassent pas 28°, celles de Vénus 48°.

Nous avons vu, n° 203, que le mouvement apparent des planètes se compose de stations et de rétrogradations qui le rendent très-compliqué. Ce sont de simples apparences dues à la combinaison du mouvement de l'astre avec le mouvement de translation de la terre, ainsi que nous allons l'expliquer.

Considérons d'abord une planète inférieure, Vénus, par exemple, et supposons, pour plus de simplicité, que son orbite soit un cercle placé dans le plan même de l'écliptique, que nous regarderons aussi comme un cercle concentrique avec le premier; admettons encore que Vénus et la terre parcourent leurs orbites avec des vitesses uniformes et égales à leurs moyennes vitesses respectives. Il est évident que l'ellipticité et l'inclinaison des orbites des planètes, ainsi que les inégalités de leur mouvement, sont trop faibles pour apporter des modifications bien sensibles dans leurs positions apparentes. Cela posé, soient VV_1, V_1V_2, V_2V_3 (*fig.* 93).... les arcs parcourus par Vénus après des intervalles de temps égaux, et TT_1, T_1T_2, T_2T_3..... ceux que la terre décrit pendant le même temps; d'après la troisième loi de Képler, les derniers seront beaucoup plus petits que les autres. A l'instant où la planète est en conjonction en V, elle est vue par un observateur terrestre placé en T comme si elle occupait le point v sur la sphère céleste. Lorsque la terre se sera avancée de T en T_1 et la planète de V en V_1, celle-ci nous paraîtra avoir décrit dans le ciel l'arc vv_1 en sens contraire de son mouvement réel, c'est-à-dire dans le sens rétrograde.

Arrivés en T_2, nous verrons Vénus en v_2, et le mouvement aura continué dans le sens rétrograde. Mais quand nous serons en T_4, nous la verrons en v_4; il y aura eu dans l'intervalle un moment où, la planète décrivant sensiblement la tangente à son orbite passant par la terre, son mouvement nous aura paru stationnaire. A partir de cet instant, il aura changé de direction; nous verrons ensuite l'astre s'avancer de v_4 en v_5, et le mouvement direct continuera jusqu'au moment où la planète sera sur le point de se retrouver en conjonction avec la terre : il y aura alors une nouvelle station suivie d'une rétrogradation, et ainsi de suite.

On explique exactement de la même manière les stations et rétrogradations des planètes supérieures. Soit, par exemple, II_1I_2 (*fig. 94*).... l'orbite de Jupiter, et TT_1T_2.... celle de la terre, que nous supposerons toujours circulaires et situées dans le même plan. Au moment de la conjonction de la planète, celle-ci étant en I et la terre en T, nous verrons Jupiter en *i* sur la sphère céleste. Quelques jours après, la terre s'étant avancée en T_1, et la planète en I_1, nous verrons celle-ci en i_1, et pendant ce temps le mouvement apparent de l'astre aura été rétrograde. La terre étant parvenue en T_3 et la planète en I_3, on la verra en i_3; il y aura eu station dans l'intervalle, et, à ce moment, le mouvement sera direct. Il continuera dans le même sens jusqu'à ce que la terre et la planète soient sur le point de se trouver de nouveau en conjonction, et ainsi de suite. Donc en général, pour toute planète, *avant que l'astre et la terre ne soient en conjonction, il y a station, puis rétrogradation. Au milieu de l'arc de rétrogradation a lieu la conjonction; on observe ensuite une nouvelle station, et bientôt après la planète reprend sa marche directe.*

220. Vénus. Entrons maintenant dans quelques détails sur les principales planètes, et commençons par Vénus, la plus belle de toutes. A certaines époques de l'année, on l'aperçoit dès le coucher du soleil et même auparavant; c'est un astre brillant, qui se distingue des autres par la blancheur de sa lumière et qu'on nomme vulgairement *étoile du soir* (ἕσπερος, *vesper*). Si l'on continue de l'observer pendant quelque temps, on cesse bientôt de la distinguer le soir; elle disparaît dans les rayons du soleil, et se couche avant que le crépuscule soit assez avancé pour permettre de l'apercevoir. Peu de temps après, on la voit briller le matin avant le lever du soleil, et alors on lui donne le nom de φωσφόρος, *lucifer, étoile du berger*. Il a fallu bien des observations pour faire reconnaître dans l'étoile du soir et l'étoile du berger un seul et même astre; mais aujourd'hui les lunettes permettent de l'observer en plein jour et de ·

suivre sa marche comme celle de tous les autres corps célestes.

La distance de Vénus à la terre varie considérablement; car le diamètre apparent de cet astre, qui atteint 60″ lorsque celui-ci est le plus près de la terre, se réduit à 10″ seulement quand il en est le plus éloigné. A ces deux époques, on peut considérer le soleil comme situé sur la droite qui joint la terre aux deux points successivement occupés par la planète, et partant, si l'on prend pour unité la distance moyenne de la terre au soleil et que l'on appelle r celle de la planète au même astre, $1-r$ et $1+r$ seront les distances de Vénus à la terre correspondantes aux diamètres apparents, maximum et minimum. On aura donc la proportion $\frac{1-r}{1+r} = \frac{10}{60}$; d'où $\frac{1}{r} = \frac{7}{5}$ et $r = \frac{5}{7} = 0,71\ldots$, etc. Des calculs plus précis ont donné $0,72333$ du rayon moyen de l'écliptique pour la distance moyenne de Vénus au soleil.

En comparant les distances de Vénus aux élongations correspondantes, on a reconnu que l'orbite de cette planète tourne constamment sa convexité du côté de la terre, preuve évidente que ce n'est pas autour de nous qu'elle exécute sa révolution.

Si l'orbite de Vénus était circulaire et la terre toujours à la même distance du soleil, les digressions de la planète seraient toujours de la même grandeur; mais elles varient à chaque révolution, parce qu'elles arrivent successivement en divers points de l'orbite, et que la terre a de même changé de place sur la sienne. On trouve qu'elles sont toujours comprises entre 45° et 47° 12′ : ainsi l'orbite de Vénus comprend environ le quart de l'écliptique.

La durée de la révolution synodique de Vénus est de 584 jours : telle est donc la période qui sépare deux retours consécutifs de l'astre à la même conjonction; et il sera facile de connaître le moment de ces phénomènes pour une époque quelconque, si l'on se rappelle qu'en 1860 Vénus sera en conjonction inférieure le 19 juillet; elle atteindra sa plus grande élongation le 9 mai et le 28 septembre.

Vénus exécute sa révolution sidérale en 224ʲ,700824 =
224ʲ 16ʰ 49′ 11″,19, et par conséquent un observateur placé
au centre du soleil lui verrait décrire un arc de 1° 36′ par
jour en valeur moyenne. La ligne des nœuds de Vénus va
maintenant du 75ᵉ degré de longitude au 255ᵉ, et ne se déplace que de 1869″,8 par siècle; le plan de son orbite est
incliné sur l'écliptique de 3° 23′ 28″; mais la planète, vue
de la terre, semble quelquefois s'écarter de l'écliptique de
près de 9°. Elle est, de toutes les planètes anciennement
connues, celle qui s'éloigne le plus de ce plan. L'excentricité de l'orbite de Vénus est très-petite et égale à la
0,0068 partie du demi-grand axe.

221. Phases de Vénus. Vénus est, de toutes les planètes,
celle qui nous présente les phases les mieux caractérisées.
A la conjonction supérieure, nous la voyons sous la forme
d'un petit cercle parfaitement arrondi : c'est qu'alors la
partie éclairée par le soleil est entièrement tournée du côté
de la terre. A la conjonction inférieure, au contraire, placée
entre le soleil et la terre, elle tourne de notre côté la partie
obscure et disparaît entièrement, à moins qu'on ne la voie,
ainsi que cela arrive quelquefois, se projeter sur le disque
solaire sous la forme d'une petite tache entièrement noire.
Dans les points intermédiaires, elle nous présente un croissant très-sensible dont la convexité regarde toujours le soleil, et qui va continuellement en augmentant depuis la
conjonction inférieure jusqu'à la conjonction supérieure.

Vénus est quelquefois tellement brillante qu'on la voit en
plein jour à l'œil nu; mais ce phénomène n'arrive pas au
moment où l'astre nous présente un disque parfaitement
rond, parce qu'alors il est trop loin de nous et se trouve
d'ailleurs à peu près sur la même ligne que le soleil. A mesure qu'il se rapproche de la terre, la portion de la partie
éclairée qui est visible pour nous diminue, mais en même
temps le diamètre apparent augmente rapidement. On conçoit qu'il puisse exister une position intermédiaire où la
partie du disque à la fois visible et éclairée soit la plus

grande, et c'est à ce moment que l'astre brille de son plus vif éclat.

222. Passages de Vénus. Parallaxe du soleil. Supposons que Vénus se trouve en conjonction inférieure à l'instant même où elle est à l'un de ses nœuds : l'astre sera exactement situé sur la droite qui joint le centre de la terre au centre du soleil et formera une espèce d'*éclipse annulaire*. A l'instant de la conjonction, on verra un point noir d'environ une minute de diamètre au centre du soleil ; comme la lumière de l'astre n'est point sensiblement diminuée, ce phénomène n'est point une véritable éclipse. On le nomme un *passage*, parce qu'on voit pendant quelques heures Vénus décrire sur le disque du soleil, en vertu de son mouvement relatif, un diamètre, si la conjonction arrive précisément dans le nœud, et, dans le cas contraire, une corde d'autant plus longue que la latitude de l'astre est plus petite. Le passage, qui est d'environ 7 heures 52 minutes quand il est central, dure d'autant moins de temps que Vénus passe plus loin du centre du soleil et cesse entièrement d'avoir lieu quand, au moment de la conjonction, la latitude de Vénus surpasse la somme des demi-diamètres apparents de Vénus et du soleil (*fig.* 81).

Les passages de Vénus se calculent comme les éclipses de soleil ; seulement, on a reconnu qu'ils sont visibles de presque tous les lieux qui ont le soleil sur leur horizon au moment du phénomène ; mais la durée et l'heure du passage varient suivant la position de l'observateur à la surface de la terre. En général, les circonstances des passages de Vénus dépendent de la parallaxe du soleil, et fournissent le moyen le plus sûr de la déterminer. Concevons, par exemple, deux observateurs placés, l'un en A et l'autre en B (*fig.* 82), à une distance AB que nous supposerons, pour plus de simplicité, égale au rayon terrestre, et sensiblement parallèle à l'arc de l'orbite que Vénus décrit au moment du passage ; admettons qu'ils voient l'un et l'autre la planète se projeter exactement sur le centre du soleil S, et qu'ils observent l'heure précise du phénomène. On en déduira le temps que Vénus met à aller de V en V', et, comme on connaît la vitesse de l'astre, on aura l'arc VV', qui est précisément la mesure de l'angle ASB sous lequel un observateur placé au centre du soleil verrait le rayon de la terre dans sa plus grande valeur. Cet angle est donc la parallaxe horizontale du soleil (145). Une fois cette parallaxe connue, on en a déduit celle de Vénus et celles de toutes les autres planètes qui en découlent.

Képler est le premier qui ait annoncé les passages de Vénus, mais il n'avait pas prévu l'usage important qu'on en pourrait faire. Cet honneur revient au célèbre astronome anglais Halley, qui a fondé la théorie de ce phénomène et indiqué les fameux passages de 1761 et de 1769. Ce dernier fut attendu avec la plus grande impatience par les astronomes, qui entreprirent de longs voyages pour aller l'observer en des lieux et dans les circonstances les plus favorables. La comparaison des résultats obtenus en des lieux très-différents, tels que *Taïti,* dans la mer du Sud, et *Cajanebourg,* dans la Laponie suédoise, la *Californie* et la *baie d'Hudson, etc., etc.,* a donné 8″,5776 pour la valeur de la parallaxe horizontale du soleil.

223. Périodicité des passages de Vénus. Les passages de Vénus sur le soleil sont des phénomènes nécessairement très-rares, puisqu'ils ne sont possibles que dans un très-petit arc à chacun des nœuds de la planète ; mais ils doivent se reproduire périodiquement toutes les fois que le soleil et Vénus, ayant exécuté chacun un nombre rond de révolutions sidérales, se retrouvent correspondre sensiblement au même point du ciel, attendu que le mouvement du nœud de Vénus est très-lent. Or, la révolution sidérale du soleil étant de 365^j,2563833, et celle de Vénus de 224^j,7008240, si l'on divise le premier de ces nombres par le second, on trouve que

(1)   1 rév. sid. $\odot = 1,6255227\ldots$ rév. sid. ♀.

En multipliant par 8 les deux membres de cette égalité, on a

$$8 \text{ rév. sid. } \odot = 12,004173\dots \text{ rév. sid. } ♀.$$

Par conséquent, huit ans après un passage, Vénus a exécuté sensiblement douze révolutions autour du soleil, et se retrouve en conjonction presque au même point du ciel. Il y a donc encore généralement passage de l'astre. Mais d'un passage à l'autre, la différence en latitude est de 20 à 24′; en seize ans elle croît de 40 à 48′, qui surpassent de beaucoup le diamètre du soleil : on ne peut donc jamais attendre trois passages en seize ans.

En multipliant par 235 les deux membres de l'égalité (1), nous avons

$$235 \text{ rév. sid. } \odot = 379,9978345\dots \text{ rév. sid. } ☿,$$

et, par conséquent, après une période de 235 ans, Vénus et le soleil sont sensiblement revenus de nouveau au même point du ciel. Aussi on observe, en général, un nouveau passage suivi d'un autre 8 ans après, puis un troisième 235 ans plus tard, et ainsi de suite. Le passage de Vénus de 1769 se reproduira donc en juin 2004, et sera suivi d'un autre en 2012, etc. D'ailleurs, il y a eu passage à l'autre nœud en 1639 : il y aura donc de nouveau passage en décembre 1874 et 1882.

224. Constitution physique. Le rayon de Vénus est presque égal à celui de la terre ; son volume n'est moindre que d'un neuvième environ. La chaleur et la lumière y sont deux fois plus considérables que sur notre globe. L'observation des taches que nous offre le disque de Vénus a permis de constater que cette planète tourne en 23^h $21'$ $7''$ sur un axe qui reste constamment parallèle à une même droite fixe. L'équateur de Vénus est incliné de 72° sur l'écliptique. On a aussi reconnu que la surface de Vénus est recouverte de montagnes plus hautes que celles de la terre, et environnée d'une atmosphère analogue à la nôtre. En général, la constitution physique de cette planète doit se rapprocher beaucoup de celle de la terre, car ces deux corps ont une grande ressemblance dans leurs volumes, leurs densités et la durée de leurs révolutions.

225. Mercure. Distance à la terre et au soleil, durée de sa révolution. MERCURE offre une grande analogie avec Vénus ; seulement il est beaucoup plus petit, plus loin de nous et plus près du soleil, dont il s'écarte beaucoup moins. Engagé souvent dans les rayons solaires, il est difficile à apercevoir à la vue simple dans nos climats septentrionaux. Cependant, avec de bons yeux, on le découvre quelquefois le soir, un peu après le coucher du soleil, ou, dans d'autres circonstances, le matin peu de temps avant le lever.

Le diamètre apparent de Mercure varie de 5″ à 12″ ; sa distance moyenne au soleil est de 0,387098, environ les 2/5 de celle de la terre à ce même astre. Ses plus grandes élongations varient de 16° 12′ à 28° 48′, et la durée de sa révolution synodique de 106 à 130 jours. Quant à la révolution sidérale, elle est de 87,969258 jours = 87^j 23^h 15′ 44″. L'orbite de Mercure, dont le plan est incliné sur l'écliptique de 7°, est une ellipse très-allongée ; l'excentricité surpasse le 5e de la distance moyenne. La ligne des nœuds va maintenant du 46e au 226e degré de longitude, et se déplace seulement de 782″,27 par siècle.

Les phases de Mercure, quoique bien moins apparentes que celles de Vénus, prouvent que cette planète est opaque et ne brille que de la lumière qu'elle reçoit du soleil. Lorsqu'elle se trouve en conjonction inférieure à l'un de ses nœuds, elle nous offre, comme Vénus, le phénomène *des passages*. Quoique beaucoup plus fréquents que ceux de Vénus, les passages de Mercure ne présentent pas le même intérêt, parce que la planète est beaucoup trop près du soleil pour qu'on en puisse déduire la parallaxe de cet astre ; ils ne servent qu'à corriger la théorie de Mercure, en facilitant les observations des conjonctions inférieures. Le dernier a eu lieu le 9 novembre 1848, et le suivant arrivera le 11 novembre 1861.

Le rayon de Mercure est égal au $\frac{2}{5}$ et son volume au 16ᵉ
environ du·rayon et du volume de la terre. La chaleur et la
lumière y sont 7 fois plus intenses qu'à la surface de notre
globe. Le vif éclat dont brille cette planète, par suite de
son peu de distance au soleil, n'a permis d'y apercevoir
aucune tache; mais, par l'observation suivie des variations
des *cornes* de ses phases, on est parvenu à reconnaître
qu'elle tourne en 24ʰ 5' 28" sur un axe constamment
parallèle à lui-même. Le plan de l'équateur de Mercure fait un angle très-grand avec celui de l'orbite, et
par suite la variation des saisons doit y être très-considérable. Plusieurs astronomes attribuent à Mercure des
montagnes élevées et une atmosphère très-dense; cependant des observations très-délicates des passages de
la planète sur le soleil n'ont révélé à Herschel père
aucune trace de l'existence d'une atmosphère à la surface de Mercure.

**226. Mars. Sa distance au soleil, son orbite, durée de sa
révolution.** Mars est la première des planètes supérieures
suivant l'ordre des distances au soleil; il est moins brillant
que Vénus et se reconnaît aisément à sa couleur d'un rouge
ocreux très-prononcé. Son diamètre apparent varie de 4" à
18", ce qui accuse de grands changements dans la distance
qui nous en sépare : il s'éloigne, en effet, de la terre jusqu'à
la distance de 1,52 et s'en rapproche jusqu'à celle de 0,52,
le rayon moyen de l'écliptique étant pris pour unité. Nous
sommes à peu près à la même distance moyenne du soleil
et de Mars.

L'orbite de cette planète, dont le plan est incliné à l'écliptique de 1° 51', est une ellipse très-allongée. L'excentricité
est de 0,1419 du demi-axe moyen, lequel est de 1,52369
rayons moyens de l'écliptique. La ligne des nœuds va du
46ᵉ au 226ᵉ degré de longitude. En 1860, Mars sera en
quadrature le 16 mars et le 23 novembre; il sera en opposition le 17 juillet. Sa révolution sidérale est d'environ

687^j (686^j 22^h 18' 27") = 686,9796186, ce qui fait un mouvement moyen de 31' 27" par jour.

227. Phases. Mars est très-brillant dans les oppositions; à mesure qu'il se rapproche du soleil, son éclat diminue, et, vers la conjonction, on ne peut l'apercevoir sans lunettes. Les phases de cette planète ne se présentent plus, comme celles de Vénus et de Mercure, sous la forme d'un croissant, mais bien sous celle d'un ovale plus ou moins allongé. On conçoit, en effet, que plus une planète est éloignée du soleil, moins ses phases doivent être sensibles. Soient (*fig.* 83) S le soleil, T la terre et P une planète supérieure; plus SP est grand, plus l'angle SPT est petit, et plus est petite aussi la portion CPA éclairée et non visible du disque de l'astre. Les phases, encore très-appréciables pour Mars, sont insensibles pour les autres planètes supérieures.

228. Rotation, constitution physique. On a découvert à la surface de Mars des taches nombreuses qui ont permis de constater que la planète tourne en 24^h 39' 22" sur un axe incliné de 61° 18' au plan de son orbite. Il en résulte que la variation des jours et des saisons doit y être sensiblement la même que chez nous, puisque notre axe de rotation est incliné à l'écliptique de 67° 1/2 environ. La forme de Mars est celle d'un sphéroïde aplati. Son aplatissement est de $\frac{1}{30}$ d'après Arago. Son rayon moyen est égal aux 0,52 de celui de la terre, et par conséquent son volume est égal aux 0,14 environ de celui de notre globe. La chaleur et la lumière n'y sont que les 4/9 de celles de la terre.

On distingue aux pôles de rotation de Mars des taches brillantes que l'on suppose formées par des amas de glace et de neige. Les changements observés dans leur grandeur absolue s'accordent, en effet, parfaitement bien avec cette hypothèse. Ainsi, par exemple, on vit en 1781 une tache extrêmement étendue au pôle sud; et, en effet, l'hémisphère correspondant de la planète avait éprouvé un long hiver et

le pôle avait été entièrement privé de la vue du soleil pendant une période de 12 mois. En 1783, au contraire, la
même tache se montra très-petite ; mais à cette époque, depuis plus de 8 mois, le soleil dardait ses rayons d'une manière continue sur le pôle sud de Mars. On a fait les mêmes
observations sur les taches du pôle boréal. Enfin, diverses
observations de changements sensibles survenus dans différentes bandes au milieu des taches permanentes de Mars
accusent à la surface de cette planète une atmosphère d'une
densité considérable.

229. Jupiter. Sa distance à la terre et au soleil. Jupiter,
qui vient après Mars en suivant l'ordre des planètes anciennement connues, est la plus importante de tout notre
système par son éclat, qui surpasse quelquefois celui de
Vénus, par son volume, supérieur à 1400 fois celui de la
terre, et par l'utilité que nous retirons de ses quatre lunes
ou *satellites*. Sa distance à la terre varie entre 3,92 et 6,48
rayons moyens de l'écliptique. A la distance moyenne, son
diamètre apparent est de 37″ ; il serait de 3′ 17″ s'il était vu
à la distance où nous voyons le soleil. La distance moyenne
de Jupiter au soleil est de 5,2028, environ 5 $\frac{1}{5}$, le rayon
moyen de l'écliptique étant pris pour unité.

De Jupiter la terre ne serait jamais vue à plus de 11° ou
12° du soleil ; les plus grandes élongations de Mars seraient
de 17° 2′, celles de Vénus de 8°, et celles de Mercure de
4° 16′ seulement. Pour un habitant de cette planète, la terre
n'aurait que 4″ de diamètre et le soleil 6′ ; le disque solaire
paraîtrait 27 fois plus petit qu'à nous. La chaleur et la lumière y sont 27 fois moindres qu'à la surface de la terre.

230. Orbite, durée de la révolution. L'orbite de Jupiter
est inclinée sur l'écliptique de 1° 18′ 40″ ; la ligne de ses
nœuds va du 99e au 270e degré de longitude. En 1860, Jupiter sera en quadrature le 5 avril et le 18 novembre, en
opposition le 11 janvier et en conjonction le 29 juillet.
La durée de sa révolution sidérale est de 4332^j,5963076
= 11^{ans} 315^{j.} 12^{h.}, ce qui fait à fort peu près 1° en 12 jours.

Les phases de Jupiter sont presque insensibles, à cause de sa grande distance du soleil.

231. Rotation, aplatissement de son disque. Des taches observées à la surface de Jupiter ont permis de constater qu'il tourne en 9^h $55'$ $40''$ autour d'un axe presque perpendiculaire au plan de son orbite : d'où il résulte que la variation des jours et des saisons doit y être peu considérable. Le disque de Jupiter présente des bandes ou zones parallèles à son équateur : on les attribue à l'existence de vents réguliers analogues à nos alizés, dont l'effet principal est de disposer, de réunir les vapeurs équatoriales en bandes parallèles, ce qui suppose cette planète environnée d'une atmosphère considérable. On a aussi constaté que son aplatissement est de beaucoup supérieur à celui de la terre ; l'axe des pôles est au diamètre de l'équateur dans le rapport de $\dfrac{100}{107}$ à fort peu près, ce qui donne $\dfrac{1}{16}$ environ pour l'aplatissement, tandis que celui de la terre est de $\dfrac{1}{305}$.

232. Satellites. On nomme *satellites* des planètes secondaires qui circulent autour d'une planète principale et qui accompagnent celle-ci dans sa révolution autour du soleil : ainsi la lune est le satellite de la terre ; Mercure, Vénus et Mars n'ont point de satellites, mais toutes les autres planètes principales sont accompagnées de satellites et de plusieurs pour la plupart.

En étudiant les mouvements des satellites autour des planètes principales, on a constaté qu'ils ont tous lieu d'occident en orient et suivant les lois de Képler. Ainsi tout satellite décrit une ellipse dont la planète principale occupe le foyer ; les aires décrites par les rayons vecteurs sont proportionnelles aux temps, et, quand une planète a plusieurs satellites, les carrés des temps de leurs révolutions sont proportionnels aux cubes des demi-grands axes de leurs orbites. Il en résulte que le principe de la gravitation universelle s'étend aux satellites comme aux planètes elles-mêmes.

Jupiter a quatre satellites. Invisibles à l'œil nu, et par conséquent inconnus des anciens astronomes, ils ont été découverts par Galilée en 1610, peu de temps après l'invention des lunettes. Ils exécutent leurs révolutions autour de la planète dans des plans qui coïncident presque avec l'équateur de Jupiter, et nous semblent osciller suivant des droites de part et d'autre de la planète. Si l'on désigne par 1er satellite le plus rapproché de la planète, et ainsi des autres suivant l'ordre de leurs distances, on a les résultats suivants déduits de l'observation :

SATELLITES.	DURÉE des révolutions sidérales.				DISTANCES MOYENNES, le demi-diamètre de la planète étant 1.	INCLINAISONS sur l'écliptique.	DIAMÈTRES apparents.	MASSES, celle de la planète étant 1.
1er	1j	18h.	27'	35″,5	6,04853	4°22'51″	1″,015	0,0000173
2e	3	13	14	36 ,4	9,62347	4 51 40	0 ,911	0,0000232
3e	7	3	42	33 ,4	15,35024	4 40 7	1 ,488	0,0000885
4e	16	16	31	49 ,7	26,99835	5 1 47	1 ,273	0,0000426

On a remarqué aussi que, comme notre lune, les satellites de Jupiter tournent sur eux-mêmes dans un temps égal à celui de leurs révolutions autour de l'astre; par conséquent, ils montrent toujours la même face à la planète.

233. Éclipses des satellites de Jupiter. En appliquant à Jupiter le raisonnement du n° 188, on verra que cette planète doit projeter, comme la terre, un cône d'ombre, mais beaucoup plus large et plus long, puisque le rayon de Jupiter est environ onze fois celui de la terre et sa distance au soleil plus de cinq fois plus considérable. Il en résulte que les satellites de Jupiter, lorsqu'ils passent par derrière la planète, sont *éclipsés* par elle exactement comme la lune est éclipsée par la terre. On les voit aussi se projeter sur le disque de la planète et en éclipser de petites portions.

On a reconnu que la longueur de l'axe du cône d'ombre de Jupiter est égal à 47 fois le rayon de l'orbite du quatrième satellite. Aussi tous les satellites s'éclipsent à chacune de leurs révolutions, excepté le quatrième, qui, à cause de l'inclinaison de son orbite sur celle de Jupiter, passe quelquefois assez loin de l'axe du cône d'ombre de la planète pour n'être pas atteint par cette ombre.

Les éclipses des satellites de Jupiter, dont l'heure précise au méridien de Paris est publiée plusieurs années d'avance, offrent le procédé le plus précis pour la détermination des longitudes terrestres (78).

234. Vitesse de la lumière. Ces phénomènes ont aussi fourni le moyen de calculer la vitesse prodigieuse avec laquelle la lumière se propage dans les espaces célestes. En effet, la loi bien connue des mouvements des satellites permet de calculer l'instant précis de leurs éclipses, et l'on observerait le phénomène à l'heure même indiquée par le calcul, en quelque point de l'espace qu'on fût placé, si la lumière se communiquait instantanément de l'astre à l'observateur. Or, soit le soleil en S (*fig.* 85), sensiblement au centre de l'orbite de Jupiter, et la terre en T, à une distance TS du soleil égale au rayon moyen de l'écliptique ; lorsque Jupiter sera en conjonction en J, il sera plus éloigné de nous qu'à l'opposition J' du double de la distance TS, et l'on observe que les éclipses des satellites sont en retard en J et en avance en J' sur le résultat du calcul. En général, pour tous les points intermédiaires J'', J'''... il y a entre le résultat de l'observation et celui du calcul un retard proportionnel à l'excès des distances TJ'', TJ''' sur TJ'. Ce retard est tel, que si deux observateurs étaient placés l'un en T et l'autre en T', à égale distance du soleil, ils verraient à 16' 26" d'intervalle un même phénomène instantané. Il faut bien conclure de là que la lumière emploie 16′ 26″ à parcourir le diamètre moyen de l'écliptique TT′, qui est de 30616980 myriamètres, d'où résulte que *la lumière parcourt à fort peu près* 31000 myriamètres ou 70000 *lieues par seconde,* vitesse plus d'un million de fois supérieure à celle du boulet au sortir du canon.

235. Saturne. Bandes, rotation, aplatissement. Saturne, presque aussi gros que Jupiter (son volume est égal à 975 fois celui de la terre), ne nous envoie cependant qu'une lumière faible, pâle et comme plombée. A la distance moyenne, son diamètre apparent est de 18″. Si l'on prend pour unité le rayon moyen de l'écliptique, la distance de Saturne à la terre varie entre 7,98 et 11,07; sa distance moyenne au soleil est de 9,5388. La durée de sa révolution sidérale est de 10759^j,2198, environ 30 ans. On a constaté que Saturne tourne en 10^h 16′ autour d'un axe incliné de 61° 49′ sur l'écliptique. Il doit en résulter un aplatissement très-considérable; on l'a trouvé en effet de $\frac{1}{10}$ environ.

Le soleil, vu de Saturne, doit paraître 80 fois plus petit que de la terre; la chaleur et la lumière y sont aussi 80 fois moindres.

Comme Jupiter, Saturne offre des bandes parallèles à son équateur; mais elles sont beaucoup plus difficiles à distinguer. Herschel a remarqué des changements de teinte dans les *régions polaires*; celles-ci lui ont paru d'autant moins brillantes que le soleil les avait plus longtemps éclairées. Qu'on explique ces changements par de la neige ou par des agglomérations nuageuses, l'une et l'autre hypothèse suppose une atmosphère.

En 1860 Saturne sera en quadrature le 9 mai et le 1er décembre, en opposition le 12 février et en conjonction le 22 août.

236. Satellites. Saturne a huit satellites, mais ils n'ont pas la même importance que ceux de Jupiter; ils sont si petits et si éloignés de nous que, pour les voir, il faut de très-puissantes lunettes. Le septième, dans l'ordre des distances à la planète, est beaucoup plus gros que les autres, et le plan de son orbite paraît être considérablement incliné sur l'équateur de la planète. Le huitième n'a été découvert qu'en 1848. Voici le tableau de la durée de leurs révolutions sidérales avec leurs distances moyennes au centre de la planète.

SATELLITES.	DURÉE des révolutions sidérales.				DISTANCES moyennes, le demi-diamètre de la planète étant 1.
1ᵉʳ	0ʲ.	22ʰ.	36'	17″,7	3,3607
2ᵉ	1	8	53	6 ,7	4,3125
3ᵉ	1	21	18	25 ,9	5,3396
4ᵉ	2	17	44	51 ,2	6,8398
5ᵉ	4	12	25	11 ,1	9,5528
6ᵉ	15	22	41	24 ,8	22,1450
7ᵉ	21	4	20	0	28,0000
8ᵉ	79	7	54	40 ,8	64,3590

237. Anneau de Saturne. Saturne est encore entouré d'un anneau circulaire composé de deux bandes plates, larges et très-minces, à peu près concentriques, et couchées dans un même plan qui coïncide avec l'équateur de la planète.

Ce système de la planète et de ses anneaux nous présente des aspects fort divers, suivant la position relative de l'astre, du soleil et de la terre. Lorsque le plan de l'anneau laisse du même côté le soleil et la terre, nous voyons la face éclairée qui nous apparaît sous la forme d'une ellipse plus ou moins aplatie. Lorsqu'au contraire le plan de l'anneau passe entre le soleil et nous, la partie obscure est tournée de notre côté, et l'anneau est invisible; mais alors il projette une ombre sur la planète, et y forme une bande obscure ; Saturne porte aussi ombre sur l'anneau, ce qui prouve que ces deux corps sont obscurs et opaques.

Or, le plan des anneaux coupe celui de l'écliptique suivant une droite qui va du 170e au 250e degré de longitude, est incliné sur celui-ci de 28° 40′ et reste constamment parallèle à lui-même. Par conséquent, il y a un moment où le plan de l'anneau prolongé AB (*fig.* 87) passe par la terre ; alors nous ne voyons que la tranche, nécessairement éclairée par le soleil, qui est toujours beaucoup plus près de la terre que de Saturne, et l'anneau paraît comme une ligne droite très-déliée qui coupe le disque de la planète et la dépasse des deux côtés. On ne l'aperçoit alors qu'avec des instruments d'une très-grande puissance. Ce fut en observant Saturne dans cette circonstance, en 1789, que Herschel découvrit le premier et le deuxième satellite qui circulent autour de l'anneau et dans son plan. Ils lui parurent comme des perles enfilées par un fil très-mince, changeant de place et quittant le fil dans leurs digressions ; ces satellites n'ont pas 1″ de diamètre apparent ; l'épaisseur de l'anneau est encore moindre.

En vertu de son mouvement propre, la planète s'avance lentement de A en A′, je suppose ; le plan des anneaux coupe l'écliptique suivant la droite A′B′, parallèle à AB, et le soleil se trouve en S au delà de ce plan, par rapport à nous : l'anneau est alors complétement invisible. Plus tard l'anneau cesse de rencontrer la trajectoire solaire, et par conséquent, la terre et le soleil étant du même côté de l'anneau, nous le voyons pendant plusieurs années sous la forme d'une ellipse qui va continuellement en s'élargissant jusqu'à ce que la planète soit parvenue en A‴, pour se rétrécir ensuite et redevenir un simple filet en B. Les mêmes aspects se reproduisent pendant que Saturne parcourt la seconde partie BCA de son orbite. Les retours de ces apparences diverses forment une période d'environ 15 ans. Invisible en 1848, l'anneau de Saturne nous présentera sa face australe jusqu'en 1861, et il a atteint sa plus grande largeur en 1855, vers le 11 septembre.

238. Différentes parties de ce système; leurs dimensions.
Pendant longtemps on avait regardé l'anneau de Saturne
comme un corps unique, séparé de la planète par un espace
entièrement vide. Dominique Cassini reconnut le premier
l'existence d'une ligne noire, finement tracée sur toute l'é-
tendue du contour de l'anneau et se montrant avec une
égale fixité sur les deux faces à la même distance du bord
extérieur. On en a conclu la division de l'anneau en deux
parties annulaires, distinctes et concentriques entre elles.
Divers perfectionnements apportés aux télescopes ont permis, dans ces derniers temps, d'étudier beaucoup mieux les
différentes parties dont se compose le système des anneaux
de Saturne. Nous donnons, d'après M. Biot, une figure représentant l'aspect général de Saturne et de ses anneaux
tels qu'ils ont été observés à Malte par M. Lasselle le 13 novembre 1852. Le système annulaire, composé de trois
zones distinctes A, B, C, s'y voit suspendu concentrique-
ment autour du globe de Saturne, dont il est séparé par un
espace noir, qui paraît être le vide du ciel. La première
bande intérieure, C, est *transparente*, de sorte que la portion inférieure de Saturne qu'elle recouvre s'aperçoit dis-
tinctement à travers son épaisseur.

Les deux autres bandes A et B sont opaques et ne brillent que par la lumière du soleil qu'elles nous renvoient.
Leur éclat n'est point uniforme dans toute leur étendue ;
leurs portions intérieures sont relativement plus sombres
que le reste, et semblent striées de raies fines, sans qu'on
y aperçoive de divisions tranchées.

Voici les dimensions optiques et linéaires des différentes
parties de ce système :

1	Diamètre extérieur de l'anneau A,	40″,095	ou 289600 kilom.
2	id. intérieur du même,	35 ,289	250104
3	Épaisseur de la ligne noire entre A et B,	0 ,408	2280
4	Diamètre extérieur de l'anneau B,	34 ,475	245514
5	id. intérieur du même,	26 ,668	186981
6	id. intérieur de C,	22 ,329	78532
7	id. du globe de Saturne,	17 ,991	

On ne connaît pas exactement l'épaisseur des anneaux, mais on croit qu'elle ne surpasse pas 320 kilomètres.

On a constaté que les anneaux tournent ensemble en 10ʰ 32′ 15″.

239. Uranus. Telles étaient les seules planètes connues, lorsqu'en 1781 Herschel découvrit, dans la constellation des Gémeaux, un astre nouveau qui offrait un diamètre apparent sensible, et qui bientôt manifesta un mouvement propre très-prononcé. Cet astre fut pris d'abord pour une comète; mais on reconnut peu de temps après que c'était une véritable planète, circulant comme les autres autour du soleil, dans une ellipse assez peu excentrique : plusieurs noms furent proposés par divers astronomes; celui d'*Uranus* a prévalu. Son diamètre apparent n'est que de 4″ et son diamètre réel est environ 4 fois 1/2 celui de la terre; le rayon moyen de l'écliptique étant pris pour unité, la distance d'Uranus à la terre varie entre 17,29 et 21,08, et sa distance moyenne au soleil est de 19,1833, le double à peu près de celle de Saturne. Le plan de l'orbite d'Uranus est incliné à l'écliptique de 46′ 30″, et la durée de sa révolution sidérale est de 30686ʲ,8208, un peu plus de 80 ans. Il n'a pas été possible de constater le mouvement de rotation ni l'aplatissement d'Uranus.

En 1860, Uranus sera en quadrature le 23 février et le 4 septembre, en conjonction le 28 mai et en opposition le 1ᵉʳ décembre.

Uranus est escorté de 8 satellites. Le quatrième et le cinquième, dans l'ordre des distances à la planète, exécutent leurs révolutions dans des orbes circulaires presque perpendiculaires à l'écliptique et d'un mouvement rétrograde : c'est la seule exception à la disposition générale des différents astres de notre système. Voici le tableau de leurs distances à la planète et des durées de leurs révolutions sidérales :

SATELLITES.	DURÉE de leurs révolutions sidérales.				DISTANCES moyennes, le demi-diamètre de la planète étant 1.
1ᵉʳ	2 J.	12ʰ.	28′	48″	7,44
2ᵉ	4	3	27	31 ,6	10,37
3ᵉ	5	11	25	55 ,2	13,12
4ᵉ	8	16	56	24 ,9	17,01
5ᵉ	10	23	2	47 ,9	19,85
6ᵉ	13	11	6	55 ,2	22,75
7ᵉ	38	1	48	0 ,0	45,51
8ᵉ	107	16	39	56 ,0	31,01

240. Neptune. Si déjà les limites de notre système planétaire avaient été considérablement étendues par la découverte d'Uranus, combien ne l'ont-elles pas été davantage par celle de Neptune! En effet, la distance moyenne de cette planète au soleil surpasse 30 fois le rayon moyen de l'écliptique, c'est-à-dire qu'elle est de plus de 1100 millions de lieues. Elle offre l'aspect d'une étoile de neuvième grandeur, mais avec de puissants télescopes on lui a trouvé un diamètre apparent de 2″. Elle met environ 165 ans pour exécuter sa révolution sidérale, et son volume est à peu près égal à 111 fois celui de la terre. La chaleur et la lumière n'y sont que le $\frac{°1}{1000}$ environ de ce qu'elles sont à la surface de la terre.

Neptune ne paraît être accompagné que d'un seul satellite qui exécute sa révolution sidérale en 5ᴶ 20ʰ 50′ 45″, à une distance moyenne de la planète égale à 12 fois son rayon.

241. Grand nombre de très-petites planètes situées entre Mars et Jupiter. En comparant la distance des planètes principales au soleil, on remarque entre Mars et Jupiter une lacune qui avait fait soupçonner à Képler l'existence de quelque petite planète intermédiaire. Bode eut l'idée de former la suite des nombres

$$0, 3, 6, 12, 24, 48, 96, 192,$$

dans laquelle chaque terme, à partir du troisième, est double du précédent. Puis, ajoutant 4 à chacun de ces nombres, il trouve la nouvelle suite de nombres

(1)   4, 7, 10, 16, 28, 52, 100, 196,

que l'on peut considérer, excepté le cinquième, 28, comme représentant sensiblement les distances des planètes au soleil.

En effet, 10 étant la distance de la terre au soleil,

4 devient la distance de Mercure, qui est exactement 3,87
7   —   de Vénus,   —   7,23
10   —   de la Terre,   —   10
16   —   de Mars,   —   15,24
28 ne répondait à rien : c'était une *lacune*.
52, distance de Jupiter;   distance exacte   52,03
100   —   de Saturne;   —   95,39
196   —   d'Uranus;   —   191,82

La série (1) connue sous le nom de *loi de Bode* donne $4 + 2 \times 192 = 388$ pour la distance de Neptune au soleil; ce nombre est un peu trop fort, car on a seulement 300,4 pour cette distance, celle de la terre étant toujours représentée par 10.

La lacune semblait indiquer qu'une ou plusieurs planètes inconnues devaient circuler autour du soleil à la distance 28, c'est-à-dire entre Mars et Jupiter. C'est en effet dans cette région du ciel qu'on a découvert successivement, depuis le commencement de ce siècle, un grand nombre de très-petites planètes dont les diamètres apparents ne sont que des fractions de seconde, et qu'on appelle, pour cette raison, *planètes télescopiques* ou *microscopiques*. La première, *Cérès*, fut découverte par Piazzi dans la nuit du

1ᵉʳ janvier 1801. Sa distance au soleil est de 27,66, nombre très-voisin de 28, terme assigné par la loi de Bode. Depuis, on a découvert successivement *Pallas, Junon, Vesta, etc.* Aujourd'hui le nombre de ces petites planètes s'élève à 54 et leurs distances au soleil sont toutes comprises entre les nombres 22 et 32.

La figure 84 donne une idée des distances relatives des différentes planètes au soleil. Mais aucun dessin ne peut avoir assez d'étendue pour présenter réunis les rapports de distance et de dimension de ces astres. Quant aux *planétaires,* ou machines destinées à figurer les mouvements des planètes, ils ne peuvent donner qu'une idée fausse de l'ensemble de notre système. On en peut juger par la comparaison suivante, qui, sans être d'une grande exactitude, peut servir à graver dans l'esprit les rapports de distance et de volume des planètes principales. Concevons le soleil figuré par un globe de 65 centimètres de diamètre : Mercure sera représenté par un grain de moutarde placé sur une circonférence de 27 mètres de rayon; Vénus, par un pois ordinaire placé à 46 mètres du soleil; la terre, par un pois un peu plus gros, à 70 mètres; Mars, par une grosse tête d'épingle, sur une orbite de 105 mètres de rayon; les planètes télescopiques, par des grains de sable, sur des cercles de 163 à 195 mètres; Jupiter, par une orange moyenne, sur un cercle de 357 mètres; Saturne, par une petite orange, sur un cercle de 650 mètres de rayon; Uranus, par une grosse cerise à la distance de 1330 mètres, et enfin, Neptune, par une grosse prune, à la distance de 2371 mètres. En outre, Mercure décrit une longueur égale à son diamètre en 41″; Vénus en 4′ 14″; la terre en 7″; Mars en 2′ 48″; Jupiter en 3ʰ 56′; Saturne en 3ʰ 15′.

Pour terminer, nous réunissons dans divers tableaux les éléments des planètes principales ainsi que les noms, les auteurs et les dates des découvertes, etc., des planètes télescopiques.

Éléments principaux des huit grandes planètes.

1° *Éléments des orbites, à midi du 1ᵉʳ janvier 1850, temps moyen de Paris, rapportés à l'écliptique et à l'équinoxe moyen de cette époque.*

NOMS des planètes.	LONGITUDES des nœuds ascendants.	INCLINAISONS sur l'écliptique.	LONGITUDES des périhélies.	DISTANCES moyennes au soleil.	EXCENTRICITÉS.	DURÉE des révolutions sidérales en jours moyens.	LONGITUDES moyennes au 1ᵉʳ janvier 1850.	MOYENS MOUVEMENTS en secondes sexagésimales dans une année julienne.
Mercure..	46° 33′ 3″,25	7° 0′ 8″,16	75° 7′ 6″,0	0,3870987	0,2056179	87ʲ,969258	327° 15′ 19″,9	5381016″,2
Vénus...	75 19 4,15	3 23 30,75	129 23 56,0	0,7233322	0,0068334	224,700787	245 33 14,4	2106641,49
La Terre..	0 0 0,00	0 0 0,00	100 21 40,0	1,0000000	0,0167705	365,256374	100 46 36,4	
Mars...	48 22 44,75	1 51 5,08	333 17 50,5	1,523691	0,0932616	686,979646	83 40 50,6	1295972,38
Jupiter..	98 54 20,45	1 48 40,31	11 54 53,1	5,202798	0,0482388	4332,584821	160 1 20,3	689256,719
Saturne..	112 21 43,196	2 29 28,14	90 6 14,0	9,538852	0,0559956	10759,219817	14 50 40,6	43996,127
Uranus..	73 14 14,35	0 46 29,91	168 16 45,0	19,182639	0,0465775	30686,820829	28 26 41,5	15425,645
Neptune..	130 6 51,58	1 46 58,97	47 14 37,3	30,03697	0,0087195	60126,72	335 8 58,5	7872,774

2° *Éléments relatifs à la constitution géométrique et physique.*

NOMS des planètes.	RAYONS, celui de la terre étant 1.	VOLUMES, celui de la terre étant 1.	DENSITÉS, celle de la terre étant 1.	DURÉE de la rotation.	APLATISSEMENT.
Mercure. . .	0,350	0,043	2,753	0j. 24h. 5′	$\frac{1}{150}$
Vénus. . . .	0,962	0,891	0,992	23 21	»
La Terre . .	1,000	1,000	1,000	23 56	$\frac{1}{314}$
Mars.	0,515	0,136	0,971	24 37	$\frac{1}{50}$
Jupiter . . .	11,661	1585,560	0,213	9 55	$\frac{1}{18}$
Saturne . . .	9,471	849,655	0,119	10 30	$\frac{1}{10,3}$
Uranus . . .	4,577	95,914	0,154	»	»
Neptune. . .	4,441	88,761	0,278	»	»
Soleil	112,321	1417044,770	0,251	25 12	»

16.

Tableau des planètes télescopiques.

NOMS des planètes.	AUTEURS ET DATES de la découverte.	DURÉE des révolutions sidérales.	DISTANCES moyennes au soleil.	INCLINAISONS des orbites.	EXCENTRICITÉS.
(1) Cérès.	Piazzi, 1er janv. 1801.	1680J.,752	2,76654	10° 36′ 28″	0,0764
(2) Pallas.	Olbers, 28 mars 1802.	1683 ,523	2,76958	34 42 41	0 2391
(3) Junon.	Harding, 1er sept. 1804.	1592 ,304	2,66861	13 3 21	0 2565
(4) Vesta.	Olbers, 29 mars 1807.	1324 ,767	2,36063	7 8 16	0 9018
(5) Astrée.	Hencke, 8 déc. 1845.	1511 ,369	2,57740	5 19 23	0 1887
(6) Hébé.	Hencke, 1er juill. 1847.	1379 ,635	2,42537	14 46 32	0 2020
(7) Iris.	Hind, 13 août 1847.	1345 ,600	2,38531	5 28 16	0 2324
(8) Flore.	Hind, 18 oct. 1847.	1193 ,282	2,20173	5 53 3	0 1568
(9) Métis.	Graham, 26 avril 1848.	1346 ,940	2,38689	5 35 55	0 1228
(10) Hygie.	De Gasparis, 14 avril 1849.	2043 ,386	3,15139	3 47 11	0 1009
(11) Parthénope.	De Gasparis, 11 mai 1850.	1402 ,106	2,45163	4 37 1	0 0996
(12) Victoria.	Hind, 13 sept. 1850.	1303 ,254	2,33500	8 23 7	0 2182
(13) Égérie.	De Gasparis, 9 nov. 1850.	1510 ,893	2,57686	16 32 14	0 0891
(14) Irène.	Hind, 19 mai 1851.	1518 ,287	2,58526	9 6 44	0 1687
(15) Eunomia.	De Gasparis, 29 juill. 1851.	1576 ,493	2,65092	11 43 50	0 1893
(16) Psyché.	De Gasparis, 17 mars 1852.	1825 ,202	2,92287	3 4 9	0 1346
(17) Thétis.	Luther, 17 avril 1852.	1420 ,130	2,47259	5 35 28	0 1268
(18) Melpomène.	Hind, 24 juin 1852.	1270 ,531	2,29575	10 9 2	0 2172
(19) Fortuna.	Hind, 22 août 1852.	1397 ,192	2,44590	1 33 18	0 1555
(20) Massalia.	De Gasparis, 19 sept. 1852.	1365 ,869	2,40921	0 41 10	0 1437
(21) Lutetia.	Goldschmidt, 15 nov. 1852.	1387 ,142	2,43416	3 5 22	0 1624
(22) Calliope.	Hind, 16 nov. 1852.	1812 ,817	2,909628	13 44 52	0 1036
(23) Thalie.	Hind, 15 déc. 1852.	1554 ,209	2,62588	10 13 59	0 2359
(24) Phocéa.	Chacornac, 6 avril 1853.	1350 ,281	2,39084	21 42 30	0 2464
(25) Thémis.	De Gasparis, 6 avril 1853.	2033 ,839	3,14156	0 49 26	0 1226
(26) Proserpine.	Luther, 5 mai 1853.	1580 ,511	2,65542	3 35 47	0 0871
(27) Euterpe.	Hind, 8 nov. 1853.	1313 ,736	2,34751	1 35 30	0 1745
(28) Bellone.	Luther, 1er mars 1854.	1688 ,546	2,77509	9 22 33	0 1547
(29) Amphitrite.	Marth, 1er mars 1854.	1490 ,540	2,55366	6 7 41	0 0745
(30) Uranie.	Hind, 22 juill. 1854.	1328 ,945	2,36559	2 5 56	0 1264
(31) Euphrosine.	Fergusson, 1er sept. 1854.	2048 ,029	3,15616	26 25 12	0 2160
(32) Pomone.	Goldschmidt, 26 oct. 1854.	1516 ,280	2,58998	5 29 14	0 0820
(33) Polymnie.	Chacornac, 28 oct. 1854.	1771 ,737	2,86550	1 56 56	0 3368
(34) Circé.	Chacornac, 6 avril 1855.	1606 ,576	2,68453	5 26 55	0 1119
(35) Leucothée.	Luther, 19 avril 1855.	1800 ,434	2,89636	8 23 4	0 1984
(36) Atalante.	Goldschmidt, 5 oct. 1855.	1665 ,600	2,74989	18 42 9	0 2982
(37) Fidès.	Luther, 5 oct. 1855.	1439 ,037	2,51755	3 31 36	0 0580
(38) Léda.	Chacornac, 12 janv. 1856.	1656 ,705	2,74009	6 59 18	0 1562
(39) Lœtitia.	Chacornac, 8 févr. 1856.	1682 ,167	2,76809	10 28 10	0 1164
(40) Harmonia.	Goldschmidt, 31 mars 1856.	1246 ,860	2,26715	4 15 48	0 0461
(41) Daphné.	Goldschmidt, 22 mai 1856.	1435 ,061	2,48990	15 0 9	0 2150
(42) Isis.	Pogson, 23 mai 1856.	1368 ,668	2,41250	8 34 45	0 2127
(43) Ariane.	Pogson, 15 avril 1857.	1191 ,104	3,19905	3 28 2	0 158
(44) Nysa.	Goldschmidt, 19 sept. 1857.	1599 ,699	2,676809	3 53 96	0 6533
(45) Eugenia.	Goldschmidt, 11 juill. 1857.	1617 ,638	2,696844	6 34 53	0 9141
(46) Hestia.	Pogson, 16 août 1857.	1406 ,615	2,456884	2 17 47	0 1226
(47) Aglaia.	Luther, 15 sept. 1857.				
(48) Doris.	} Goldschmidt, 19 sept. 1857.				
(49) Palès.					
(50) Virginia.	Fergusson, 4 oct. 1857.				
(51) Nemausia.	Laurent, 5 oct. 1857.				
(52) Europe.	Goldschmidt, 4 févr. 1858.				
(53) Calypso.	Luther, 4 avril 1858.				
(54) Alexandra.	Goldschmidt, 10 sept. 1858.				

§ 3.

242. Comètes, noyau, chevelure, queue. Pour compléter l'étude de notre système planétaire il nous reste à parler des *comètes*. On donne ce nom, dont l'étymologie veut dire *étoile chevelue*, à des astres qui, après avoir brillé quelque temps dans le ciel, disparaissent bientôt complétement, emportés par la rapidité de leur mouvement à des distances où nous ne pouvons plus les apercevoir.

Les comètes consistent pour la plupart en une grande quantité de matière nébuleuse, brillante et mal terminée qu'on nomme la *tête*; elle est ordinairement beaucoup plus brillante vers le centre et offre un *noyau* éclatant assez semblable à une étoile ou à une planète. On nomme *chevelure* ou *nébulosité* la matière moins brillante qui environne le noyau. A partir de la tête et dans la direction, en général, opposée à celle dans laquelle est situé le soleil par rapport à la comète, on voit une traînée lumineuse qu'on appelle la *queue*, et qui atteint quelquefois une longueur immense. La queue de la comète de 1680 couvrit une étendue du ciel de près de 90°, et Newton a calculé qu'elle avait au moins 17500000 myriamètres de longueur; la queue de la comète de 1769 en avait 6237000, et celle de la comète de 1811 plus de 14000000. Dans certaines comètes la queue dévie de la droite qui joint l'astre au soleil; on en a vu quelques-unes dont la queue était perpendiculaire à cette droite.

On remarque ordinairement dans le milieu de la queue une zone obscure comprise entre deux zones latérales beaucoup plus lumineuses. On avait prétendu que cette obscurité était l'ombre du noyau; mais cette explication devient inadmissible lorsque la queue de la comète dévie de la droite qui passe par le noyau et par le centre du soleil. On s'en rend au contraire un compte satisfaisant en supposant que la queue soit un cône creux dont l'enveloppe seule est brillante, parce qu'évidemment, les rayons qui passent près des bords traversant une quantité de matière éclairée beaucoup plus considérable que ceux qui pénètrent vers le centre, les extrémités doivent paraître beaucoup plus lumineuses que le milieu.

Beaucoup de comètes n'offrent aucun vestige de queue, tandis que d'autres en ont plusieurs : celle de 1744 en avait au moins six disposées en éventail. Souvent une comète consiste en une masse vaporeuse, arrondie, ou un peu ovale, plus dense vers le centre, mais n'offrant aucune trace de noyau. En général, la matière qui compose les comètes est d'une densité si faible, qu'elle n'arrête pas ou même ne diminue pas sensiblement la lumière des étoiles. Le noyau lui-même, observé au télescope, perd le plus ordinairement toute ressemblance avec un corps solide ; il n'y a que quelques exceptions où l'on voit persister un petit point semblable à une étoile et qui semble indiquer l'existence d'un corps solide.

243. Petitesse de la masse des comètes. Une autre preuve que la masse entière d'une comète est très-faible, c'est que l'attraction qu'elles exercent sur les planètes est complétement insensible, tandis qu'au contraire les planètes produisent sur elles par leur attraction des perturbations considérables. Ainsi la comète de 1770 s'approcha très-près de la terre et passa au milieu même des satellites de Jupiter ; cependant elle ne produisit aucun effet appréciable sur aucune des parties de notre système planétaire. Au contraire, la plupart des comètes éprouvent des changements très-notables dans leur marche de l'action des planètes dont elles s'approchent.

244. Nature des orbites des comètes. Pendant longtemps on avait pris les comètes pour de simples météores ; mais leur parallaxe prouve qu'elles sont toujours situées dans la région des astres bien au delà des limites de notre atmosphère, et les lois de leurs mouvements établissent qu'elles sont elles-mêmes de véritables astres. Elles présentent toutefois avec les planètes des différences sensibles : leurs trajectoires sont en général beaucoup plus allongées, d'où il résulte que nous ne les voyons que pendant la partie de leur révolution où elles sont le plus près du soleil ; les plans de leurs orbites peuvent couper l'écliptique sous toutes sortes d'inclinaisons, et partant elles sillonnent l'espace suivant toutes les directions ; enfin, le sens de leur mouvement paraît être indifférent, car on en a observé à peu près autant avec une marche rétrograde qu'avec une marche directe.

Le procédé que l'on suit pour déterminer l'orbite d'une comète est le même que pour les autres astres. On commence par faire, à des intervalles de temps un peu considérables, trois observations de l'ascension droite et de la déclinaison de l'astre qui fixent dans le ciel la position apparente de trois points qu'il occupe successivement. On imagine ensuite une ellipse passant par ces trois points, et l'on reconnaît que la comète suit cette courbe pendant toute la durée de sa révolution, en observant les lois du mouvement elliptique. On a constaté ainsi qu'en général les comètes décrivent des ellipses très-allongées. La grande excentricité des orbites cométaires permet de simplifier la détermination du mouvement de ces astres. En effet, traçons une suite d'ellipses (*fig.* 88) ayant toutes le même foyer F, le même sommet A et leurs axes principaux AB, AB', AB"…. de plus en plus grands ; on peut concevoir que, sans cesser d'avoir le même sommet et le même foyer, l'une d'elles CAD s'allonge jusqu'à l'infini. On obtient ainsi la courbe appelée *parabole,* qui peut être définie la limite vers laquelle tend une ellipse dont le grand axe croît indéfiniment, le sommet et le foyer restant fixes. On obtient aussi cette courbe en coupant un cône circulaire par un plan parallèle à l'une des génératrices, et l'on voit que, dans le

voisinage du sommet commun, une ellipse très-allongée
diffère peu d'une parabole de même foyer. Or, les comètes
ne sont visibles pour nous que dans le voisinage du périhélie, point qui coïncide avec le sommet de leur trajectoire :
on peut donc, sans erreur sensible, considérer cette courbe
comme une parabole, ou, en d'autres termes, on peut substituer à l'orbite elliptique d'une comète une parabole de
même sommet et de même foyer. Il résulte de là que pour
connaître la marche actuelle d'une comète et la retrouver
à une époque quelconque, il suffit de quatre quantités,
qu'on nomme les éléments paraboliques de l'astre et qui
sont : 1° la *longitude du nœud ascendant*, ce qui détermine
l'intersection du plan de l'orbite cométaire avec celui de
l'écliptique ; 2° l'*inclinaison* de cette orbite sur l'écliptique ;
3° la *longitude du périhélie*, ce qui fait connaître l'axe de la
parabole suivie par la comète ; 4° la *distance périhélie*, qui
détermine la parabole cherchée ; on indique aussi le *sens du
mouvement* (il faut savoir si la marche de la comète est directe ou rétrograde), et enfin l'époque du passage au périhélie.

245. **Comètes périodiques.** On nomme comètes périodiques celles dont les retours successifs sont connus. Les propriétés physiques des comètes ne peuvent servir à les distinguer les unes des autres ; car elles varient considérablement
pour une même comète à ses différents retours et aussi pendant la durée d'une même apparition. Mais il arrive quelquefois qu'une comète se représente périodiquement avec
un mouvement, sinon identique, du moins assez peu différent dans tous ses éléments. On considère alors ces différentes apparitions comme les retours périodiques d'un seul
et même astre, quel que soit d'ailleurs son aspect physique.

Si les comètes décrivaient rigoureusement des ellipses
fixes et invariables dans l'espace, elles seraient toutes périodiques, et il suffirait d'un certain nombre d'observations
pour pouvoir déterminer leurs orbites et prédire les époques de leurs retours successifs à leurs périhélies. Mais

nous avons vu que les comètes, n'ayant que de très-faibles masses, éprouvent une action considérable de la part des différentes planètes dans le voisinage desquelles elles peuvent passer. Il en résulte des perturbations plus ou moins considérables dans le mouvement de ces astres ; d'où résulte que leurs orbites elliptiques sont modifiées dans leurs formes et leurs positions. Ainsi, qu'une comète vienne à passer très-près de Jupiter ou de Saturne, par exemple, l'arc d'ellipse qu'elle décrivait d'abord pourra se changer en un arc d'une autre ellipse toute différente de la première, ou même se transformer en une parabole véritable ou une branche d'hyperbole, et, dans ces deux derniers cas, nous ne reverrions plus l'astre, puisqu'il décrirait des courbes ouvertes. Il peut donc y avoir des comètes qui, après une apparition, disparaissent entièrement pour nous, et d'autres qui se représentent dans leurs apparitions successives avec des éléments tellement changés que nous ne puissions pas les reconnaître. Mais il en existe aussi un petit nombre qui reviennent à des intervalles successifs et avec des éléments si peu modifiés que les astronomes les ont reconnus pour être des astres réellement périodiques.

246. Comète de Halley. La comète de Halley est la plus remarquable de toutes les comètes périodiques connues. En comparant les éléments paraboliques de trois comètes observées par Appius en 1531, par Képler en 1607, et par Lahire, Picard, etc., en 1682, Halley reconnut que ces trois comètes devaient être un seul et même astre dont les apparitions se succédaient à des intervalles de 75 à 76 ans, et il en annonça le retour pour 1758. Cette prédiction éveilla l'attention des astronomes : Clairaut calcula que la comète serait retardée de 100 jours par l'action de Jupiter, de 518 par celle de Saturne, et que, à un mois près, elle atteindrait son périhélie vers le 12 avril 1759. Elle y arriva, en effet, le 12 mars de la même année.

Elle a reparu en 1835, et cette fois son retour a été prédit avec une grande exactitude, parce qu'on a tenu compte de la planète Uranus, qui n'était pas connue de Clairaut. Voici les éléments paraboliques de cette comète à chacune des apparitions que nous venons de citer :

DATE du passage au périhélie.	LONGITUDE du nœud ascendant.	INCLINAISON.	LONGITUDE du périhélie.	DISTANCE du périhélie.	SENS du mouvement.
1531 (le 25 août).	49° 25′	17° 56′	301° 12′	0,58	rétrograde.
1607 (le 26 octobre).	48 40	17 12	301 38	0, 58	id.
1682 (le 14 septembre).	51 11	17 45	301 56	0, 58	id.
1759 (le 12 mars).	53 48	17 38	303 10	0, 58	id.
1835 (le 15 novembre).	55 10	17 45	304 32	0, 58	id.

En remontant dans l'antiquité, de 75 en 75 ans, on reconnaît la comète de Halley dans un grand nombre de celles dont les historiens nous ont transmis de brillantes descriptions. Mais il paraît que son éclat et son volume vont continuellement en diminuant : car, dans ses derniers retours, elle ne nous a plus offert aucune de ces prodigieuses apparences qui produisaient une consternation générale, surtout lorsque les apparitions de l'astre coïncidaient avec quelque calamité publique, comme en 550, la prise de Rome par Totila; en 1305, l'invasion de la peste; en 1456, les conquêtes des Turcs en Europe, etc.

247. Autres comètes périodiques. Comète de Biéla, son dédoublement. Les autres comètes reconnues pour être périodiques sont dites à *courte période*, parce qu'elles exécutent leurs révolutions complètes dans un petit nombre d'années. Telle est la *comète d'Encke*, observée d'abord à Marseille en 1818. En 1819, M. Encke, de Berlin, qui lui a donné son nom, établit que cet astre exécute sa révolution complète dans une période de 3 ans 1/3 environ, ou, plus exactement, de 1211 jours. Cette comète, qui est dépourvue de queue, a reparu en 1822, 1825, 1828... et tout dernièrement le 18 octobre 1858.

Une autre comète remarquable, également à courte période, est la *comète de Biéla*, du nom de l'observateur qui l'aperçut le premier le 27 février 1826. Dix jours après, M. Gambart la vit à Marseille, et reconnaissant qu'elle avait déjà été observée en 1805 et 1772, il constata que sa période est d'environ 6 ans 3/4 ou 2410 jours. Elle a reparu en 1832, 1846 et 1852. Elle offre cette particularité que son orbite coupe presque celle de la terre : ainsi, en 1852, elle passa à peu près au même point de l'espace que nous avions occupé un mois plus tôt. Cette comète, visible seulement dans les télescopes, n'offre ni queue ni apparence sensible de noyau. Elle a offert, à son retour de 1846, un phénomène que n'a encore présenté aucun autre astre : elle apparut *double*. Elle s'était divisée en deux pendant sa période d'invisibilité; de sorte que l'on observa deux comètes distinctes, parfaitement semblables, n'ayant aucune communication apparente et décrivant sensiblement l'orbite que le calcul avait assignée à la comète de Biéla. On vit peu à peu diminuer l'éclat de l'un de ces astres, comme si l'autre en avait absorbé successivement toute la matière.

Ce même phénomène, dont on ignore complétement la cause, s'est reproduit au dernier retour de la comète de Biéla en 1852. .

Une cinquième comète périodique est la *comète de M. Faye*. Elle fut découverte à Paris, le 22 novembre 1843, par cet astronome, qui en a calculé les éléments elliptiques. Sa distance moyenne au soleil est de 3,738, avec une inclinaison de 11°. Sa marche est directe et sa révolution complète de 7 ans 4/5. Elle a reparu en 1851.

248. Telles sont les seules comètes dont la périodicité soit rigoureusement établie. Il y en a bien quelques autres que les astronomes croient périodiques, mais il faut attendre leur réapparition pour en avoir la certitude; car certaines comètes qu'on avait crues périodiques n'ont pas reparu. Ainsi Messier découvrit, en 1770, une comète très-remarquable qui, d'après les calculs de Lexell, devait reparaître environ 5 ans après. Cette prédiction ne s'est pas réalisée, et l'on a reconnu en effet que cette comète avait dû passer très-près de Jupiter. Calculant l'action de cette planète sur la comète de Messier, Lexell trouva qu'en 1767, avant qu'elle se fût rapprochée de Jupiter, sa période était de 50 ans, et qu'elle fut réduite à 5 ans 1/2 par l'action de cette planète, dont la comète se rapprocha très-près vers cette époque; que, s'étant de nouveau rapprochée de Jupiter vers 1779, elle fut rejetée très-loin dans l'espace. M. Faye ayant reconnu que sa comète avait dû passer très-près de Jupiter vers son aphélie, M. Valz pense que la comète de Faye pourrait bien être celle de Messier, que de nouvelles perturbations auraient ramenée dans notre système planétaire.

249. Le nombre des comètes qui circulent dans les espaces célestes doit être très-considérable; on estime qu'il s'élève à plusieurs millions : en effet, il y en a plus de 150 dont les éléments ont été calculés et plus de 500 qui ont été observées! Or, jusqu'à l'invention des lunettes, on ne notait que celles dont l'apparence était frappante, tandis qu'actuellement il se passe peu d'années sans que l'on observe plusieurs de ces astres, et que souvent même il en paraît deux ou trois à la fois. D'ailleurs il doit en échapper un grand nombre à toute observation parce que leurs orbites ne traversent que la partie du ciel qui est au-dessus de l'horizon pendant le jour. Nous citerons quelques-unes des plus remarquables.

Comète de Charles-Quint. Il parut en 1556 une comète très-brillante que l'on regarda, suivant les idées de l'époque, comme le pronostic de quelque malheur public. Charles-Quint, se croyant personnellement menacé, se hâta d'abdiquer, dans l'espoir que l'influence qui le menaçait n'aurait plus de prise sur un moine... On a cru, dans le siècle dernier, que cette comète était périodique et devait reparaître 300 ans plus tard. Mais jusqu'à présent les astronomes l'ont inutilement attendue.

Comète de Newton. En 1680 il parut une des comètes les plus remarquables des temps modernes; sa queue occupait dans le ciel un espace de 90° et avait plus de 34 millions de lieues de longueur. Newton lui attribua une période de 575 ans et pensa qu'elle avait dû passer près de la terre 2349 ans avant J. C., époque du déluge universel, suivant la *Genèse*.

Comète de 1811. Son noyau avait environ 1000 lieues et la queue plus de 35 millions. Après avoir brillé d'une lueur pâle en avril et mai elle disparut pendant quelque temps dans les rayons du soleil et reparut à la fin d'août avec un éclat très-remarquable.

Comète de 1843. Elle fut tellement brillante qu'on put la voir en plein jour à Florence et à Palerme. A son passage périhélie elle n'était éloignée du soleil que de 12 500 myriamètres. Sa vitesse était alors de 405 kilomètres par seconde. Elle ne mit que 2^h 11' pour passer de l'un à l'autre de ses nœuds, parcourant ainsi 180°. Quelques astronomes pensent que cette comète est périodique et lui attribuent une période de 147 ans 1/2 environ.

Comète de Donati. Découverte le 2 juin 1858 à Florence par M. Donati, qui l'aperçut dans son télescope, elle ne devint visible à l'œil nu que vers le commencement de septembre. Son éclat continua d'augmenter pendant tout le mois et, en même temps, on vit se développer progressivement une queue immense, légèrement recourbée, et d'une longueur de plus de 40 millions de lieues. Son noyau passa très-près d'Arcturus sans en diminuer l'éclat.

250. Probabilité d'une atmosphère solaire. Les comètes nous paraissent diminuer de volume à mesure qu'elles s'éloignent du soleil; mais ce n'est qu'une apparence due à ce que nous les voyons à une plus grande distance. En combinant leurs dimensions apparentes avec leurs distances réelles, on a constaté qu'elles augmentent considérablement de volume à mesure qu'elles s'éloignent du soleil. Pour expliquer ce phénomène, on a imaginé de concevoir que le milieu dans lequel se meuvent les comètes soit une atmosphère du soleil dont la densité varie suivant la même loi que celle de l'atmosphère terrestre. Alors, en admettant qu'une comète soit comprimée par l'atmosphère solaire, comme le serait une vessie demi-pleine d'air que l'on transporterait sur le sommet d'une montagne, on arrive précisément aux résultats fournis par l'observation.

L'atmosphère solaire serait cette substance éthérée répandue dans les célestes espaces qui, suivant l'opinion généralement admise aujourd'hui en physique, nous transmettrait la lumière des astres de la même manière que le son se propage dans l'atmosphère. La comète d'Encke offre un nouvel argument aux partisans de cette opinion : en effet, on a constaté dans la durée de sa révolution une diminution lente, mais régulière, qui ne peut s'expliquer que par la résistance offerte au mouvement de l'astre par une substance plus ou moins analogue à notre atmosphère.

251. Prétendues influences des comètes. Il n'est pas étonnant que, dans des temps d'ignorance, l'apparition subite et inattendue d'une grande comète ait été une cause de frayeur générale, car c'est un des phénomènes les plus imposants de la nature. Mais aujourd'hui qu'il est parfaitement constaté que les comètes sont des astres comme ceux que nous voyons habituellement, et dont les mouvements sont soumis aux mêmes lois, tous ces prétendus présages qu'on leur avait attribués doivent être relégués au nombre des préjugés absurdes inventés par la superstition, entretenus par l'ignorance et exploités par les passions humaines.

On attribue vulgairement aux comètes une certaine influence sur la température. La comète de 1811, par exemple, aurait été la cause de la grande chaleur qu'on éprouva en cette année, comme la sécheresse de 1835 aurait été produite par l'apparition de la comète de Halley. L'observation vient encore détruire complétement cette croyance populaire : ainsi, l'on a vu jusqu'à quatre comètes une année qui fut cependant très-froide et très-pluvieuse. D'ailleurs, en comparant les températures moyennes d'un grand nombre d'années, on n'a pas trouvé de différence sensible entre celles où l'on a vu des comètes et celles où l'on n'en a point aperçu.

Enfin, une comète ne pourrait réagir sur notre atmosphère que par sa lumière ou par voie d'attraction : or, la comète de 1811, qui fut une des plus brillantes, n'émettait pas $\frac{1}{20}$ de la lumière de la lune, et celle-ci est elle-même complétement insensible sous le rapport calorifique. Quant à l'attraction, on a remarqué que la lune est sans action sur notre atmosphère, quoiqu'elle en exerce une puissante sur la mer, ainsi que nous l'expliquerons bientôt, tandis que la comète de 1811 ne produisit pas le plus léger effet sur les marées.

252. Des aérolithes et des étoiles filantes. Disons quelques mots des *aérolithes* et des *étoiles filantes*. On nomme aérolithes des masses pyriteuses amenées sur la terre par des *bolides* ou globes de feu qui éclatent avec fracas à une grande hauteur, souvent à plus de 8 myriamètres au-dessus de la surface terrestre. Leurs fragments se précipitent sur la terre, d'où résulte le phénomène connu sous le nom de chute de pierre, pluie de poussière, etc. Les bolides produisent souvent une commotion assez forte pour ébranler les fenêtres, les portes et même les maisons, comme dans un tremblement de terre. On a constaté qu'ils sont animés d'une vitesse considérable, analogue à celle des planètes. On ignore leur origine, mais il ne paraît pas probable que ce soient des produits terrestres. En effet, leur densité, égale à presque 3 fois 1/2 celle de l'eau, et leur composition chimique, toujours à peu près la même (silice, magnésie, fer métallique, manganèse, nickel....), ne permettent pas de supposer qu'ils se forment dans les régions supérieures de notre atmosphère. D'ailleurs, le fer ni les autres métaux que contiennent les aérolithes ne se trouvent pas à l'état métallique dans les produits terrestres, et l'on ne peut supposer à nos volcans une force d'impulsion assez considérable pour vaincre la résistance de l'air et projeter à 7 ou 8 myriamètres des masses aussi énormes que celles qu'on a vues tomber de cette hauteur.

Laplace avait pensé que ces masses pouvaient être lancées sur la terre par des volcans lunaires. Le calcul prouve qu'il suffirait pour cela d'une force de projection quadruple de celle d'un boulet lancé par 6 kilogrammes de poudre. Cette force, n'ayant aucune résistance atmosphérique à vaincre (187), suffirait pour détacher un corps de la lune et l'amener au point où la pesanteur terrestre l'attirerait ensuite sur notre globe.

L'opinion aujourd'hui la plus répandue, c'est que les aérolithes, comme les *étoiles filantes*, sont de petits corps planétaires qui circulent autour du soleil, et qui, se trouvant engagés dans l'atmosphère terrestre, s'y enflamment par le frottement. Les aérolithes, pénétrant profondément dans l'atmosphère, éclateraient et tomberaient à la surface de la terre ; tandis que les étoiles filantes, entrant dans notre atmosphère à de grandes hauteurs et avec une vitesse suffisante pour la traverser, ne feraient que s'enflammer en passant. Cette hypothèse acquiert un haut degré de probabilité par les observations qu'on a faites dans ces derniers temps sur les étoiles filantes périodiques. On voit, il est vrai, des étoiles filantes à toutes les époques de

l'année, dans toutes les régions du ciel, et marchant dans tous
les sens, au nombre moyen d'environ 16 par heure; mais il y a
surtout deux époques, le 10 août et le 16 novembre, remarquables par le nombre des étoiles filantes qu'on aperçoit et par
la direction toute particulière qu'elles suivent : elles semblent,
pour tous les lieux de la terre, partir d'un point commun du
ciel et se diriger du nord-est au sud-ouest. Ces étoiles filantes
périodiques seraient des amas de petits corps planétaires décrivant à peu près la même orbite autour du soleil. Le passage
de la terre, en vertu de son mouvement annuel, dans les régions
de l'espace occupées par ces petits corps expliquerait leurs réapparitions périodiques.

§ 4.

Phénomène des marées. — Flux et reflux. — Haute et basse mer. — Circonstances principales du phénomène; sa période. — Les marées sont
dues aux actions combinées de la lune et du soleil. — Marées des
syzygies et des quadratures.

253. Phénomène des marées. Flux et reflux. Nous trouvons l'explication du phénomène des *marées* dans l'attraction de la lune et du soleil sur les parties liquides de notre
globe, qui, à cause de leur fluidité, peuvent prendre un
mouvement isolé. Considérons le diamètre terrestre AB
(*fig.* 100), dont la direction passe par la lune; la masse
liquide située à l'extrémité A, du côté de la lune, sera plus
fortement attirée que le centre de la terre et se soulèvera
au-dessus de la surface de niveau. Quant à l'extrémité opposée B, elle sera moins attirée que le centre T de la terre ;
ce point, et avec lui toute la masse solide, tendra à se rapprocher de la lune plus que ne le font les molécules liquides situées en B, et par conséquent il y aura encore en
B une masse liquide plus élevée que la surface de niveau.
En A, du côté de la lune, c'est le liquide qui est attiré au-dessus de la surface terrestre, tandis qu'en B, du côté opposé, c'est la surface de la terre qui se rapproche de la lune
et laisse le liquide plus éloigné. Il en résulte que deux
masses d'eau, sous la forme de montagnes liquides opposées,

suivent la lune dans sa marche et parcourent la surface des mers pendant la rotation diurne de notre globe. Lorsqu'elles rencontrent les rivages, elles s'y précipitent en les recouvrant à une certaine hauteur et arrêtent les fleuves, qu'elles font refluer par un mouvement contraire à leur cours habituel : c'est le *flux* ou le *flot*. Les points de la mer situés vers les extrémités du diamètre CD, perpendiculaire à AB, sont attirés sensiblement comme le centre de la terre, et, par leur communication avec le flux qu'elles concourent à former, elles se dépriment et abandonnent les rivages qu'elles avaient recouverts : c'est le *reflux* ou le *jusant*.

254. Haute et basse mer; période du phénomène. On voit, en effet, la mer se soulever et s'avancer de plus en plus sur le rivage pendant environ 6 heures, pour rester quelques instants stationnaire : c'est le moment où elle est *haute* ou *pleine*. Bientôt on la voit redescendre peu à peu pendant 6 heures, et s'arrêter de nouveau; c'est l'instant de la *basse mer*. Aussitôt elle recommence à monter, et ainsi de suite indéfiniment. La durée qui sépare deux hautes mers consécutives n'est pas toujours exactement la même; elle participe aux retards des passages méridiens de la lune, et sa valeur moyenne est de 24^h $30'$ $28''$; elle surpasse le jour solaire de près d'une heure.

255. Les marées sont dues aux actions combinées de la lune et du soleil. L'attraction solaire exerce aussi sur le phénomène des marées une influence analogue à celle de la lune; mais, à cause du grand éloignement du soleil, son action n'est pas tout à fait la moitié de celle de la lune. C'est à midi et à minuit, heures du passage du soleil dans le méridien supérieur et inférieur, qu'il soulève le plus les eaux de la mer, et celles-ci s'abaissent au contraire à 6 heures du soir et du matin. Il doit donc y avoir, en réalité, quatre marées par jour, deux produites par les passages méridiens de la lune et deux autres par les passages méridiens du soleil. Dans les syzygies, les deux astres pas-

sant en même temps au méridien, leurs actions s'ajoutent,
et l'on n'a que deux marées dont les intensités sont les
sommes des effets produits par les deux astres. Dans les
quadratures, la haute mer de la marée lunaire a lieu en
même temps que la basse mer de la marée solaire, et réciproquement; par conséquent la marée, telle qu'on l'observe,
est la différence des deux marées partielles. En général,
on ne distingue que les marées lunaires; mais elles sont
augmentées dans les syzygies, et diminuées dans les quadratures de tout l'effet produit par l'attraction du soleil.
Dans les positions intermédiaires, les attractions des deux
astres se composent, et celle du soleil ne fait jamais
qu'augmenter ou diminuer l'intensité de la marée lunaire.
Il en résulte qu'en général les plus fortes marées ont lieu
à l'époque des syzygies et les plus faibles dans les quadratures.

256. Marées des syzygies et des quadratures. L'intensité des marées dépend de la distance de la lune à la terre :
on remarque en effet qu'elles sont plus fortes quand la
lune est à son périgée, et plus faibles quand elle est à son
apogée. Les changements de la distance du soleil à la
terre sont trop faibles pour que leur effet soit appréciable
sur les marées. Mais il n'en est pas de même de la position de cet astre par rapport au plan de l'équateur : la
théorie prouve qu'en général, l'attraction soit du soleil,
soit de la lune, sur les eaux de la mer, toutes choses égales
d'ailleurs, atteint son maximum quand l'axe est dans le
plan de l'équateur terrestre, et diminue rapidement à mesure que la latitude augmente. Aussi les marées des pleines
et des nouvelles lunes les plus rapprochées des équinoxes
sont en général les plus fortes de l'année, surtout quand il
arrive que la lune est en même temps à son périgée; elles
sont à peu près doubles des plus faibles, abstraction faite
de la puissance et de la direction des vents, qui peuvent
augmenter ou diminuer sensiblement le phénomène.

L'instant de la marée dans les syzygies n'est pas, comme

on pourrait le croire, à midi ou à minuit précis, heures des passages communs de la lune et du soleil dans le méridien. Il y a des retards qui tiennent à la configuration des côtes, et qu'on nomme en chaque lieu l'*établissement du port*. Ce retard est de 3ʰ· 30′ à Brest, de 6ʰ· à Saint-Malo, de 10ʰ· 30′ à Dieppe, etc. On remarque aussi que la plus grande marée n'arrive pas le jour même où elle est indiquée par le calcul, mais 36 heures après. Observons enfin que l'étendue des eaux doit contribuer à leur élévation en favorisant leurs mouvements déterminés par l'attraction du soleil et de la lune. Ainsi les marées sont presque insensibles dans la Méditerranée ; elles le sont tout à fait dans la mer Caspienne et dans la mer Noire.

257. La lune est sans action sur notre atmosphère. Son influence sur les changements de temps. La lune exerçant sur les mers une attraction que le phénomène des marées rend incontestable, on pourrait supposer qu'elle en a une semblable sur l'atmosphère ; mais l'observation la plus attentive n'a pu rien découvrir qui justifie cette supposition. Quant à l'opinion que les phases lunaires exercent une certaine influence sur les changements de temps, elle est généralement admise par les marins et les agriculteurs, quoiqu'elle ne repose sur aucune donnée. On ne conçoit pas, en effet, quelle relation pourrait exister entre le passage de la lune en certains points de son orbite, d'où dépendent ses phases, et les phénomènes atmosphériques capables d'amener un changement de temps. D'ailleurs, les observations météorologiques faites avec le plus grand soin prouvent qu'il n'existe aucune coïncidence entre les phases lunaires et le beau ou le mauvais temps. En comparant les jours où il pleut et ceux où il ne pleut pas, on a constaté que les jours des phases lunaires n'offrent rien absolument qui les distingue des autres. A la vérité, quand on opère sur un très-grand nombre d'années, il semble y avoir un maximum et un minimum de pluie pour deux jours de chaque lunaison : le jour où il pleuvrait le plus serait le jour du second octant, et celui où il pleuvrait le moins le jour du dernier quartier. Mais il y a loin de ce résultat à l'opinion vulgairement admise.

258. Lunes rousses. Il en est de l'influence de la lune sur les changements de temps comme d'une multitude d'autres effets

prétendus de notre satellite. Quand nous ignorons les causes de
faits qui nous frappent, nous leur en attribuons de chimériques,
et le préjugé une fois répandu, il persiste longtemps, lors même
que la science est parvenue à en démontrer l'absurdité. Ainsi
les jardiniers croient que la lune d'avril, qui est ordinairement
pleine en mai, et qu'on nomme *lune rousse,* a la propriété
de faire geler ou *roussir* les jeunes tiges des plantes, très-délicates à cette époque de l'année. Il est en effet constant que
les jeunes pousses gèlent pendant les nuits sereines, lors même
que le thermomètre placé à côté d'elles accuse 7° ou 8° au-
dessus de zéro, et qu'elles ne gèlent pas quand le ciel est couvert. On en conclut que c'est la lune qui produit cet effet, puisqu'il a lieu quand elle brille et qu'il cesse quand elle est cachée
par les nuages. Or on sait par expérience que tous les corps
tendent à prendre la même température quand ils sont placés
en regard les uns des autres, quoique séparés par des distances
plus ou moins considérables. Par conséquent, pendant la nuit,
les corps placés à la surface de la terre tendent à se mettre
en équilibre de température avec les hautes régions de l'espace
qui sont à 40° ou 50° au-dessous de zéro : de là un refroidissement de ces corps par le *rayonnement.* Mais tous les corps
ne rayonnent pas également : l'air, les métaux..... rayonnent
très-peu, tandis que les végétaux, et surtout les parties vertes
des feuilles, rayonnent considérablement. Ainsi le thermomètre
en contact avec l'air peut rester à 7° ou 8°, tandis que les plantes
s'abaissent au-dessous de zéro ; ce que l'on constate en effet en
plaçant le thermomètre en contact avec les plantes elles-mêmes.
Ce n'est donc point la lune qui altère les jeunes tiges des végétaux ; mais quand elle brille, le ciel est serein, le rayonnement a lieu et les plantes gèlent, tandis que si elle reste cachée par les nuages, ceux-ci arrêtent le rayonnement et les
plantes cessent de geler.

NOTE COMPLÉMENTAIRE.

259. La terre est une planète. Si nous réfléchissons aux résultats divers que nous a fait connaître l'observation des planètes, nous verrons que la terre nous offre avec ces astres une analogie si complète que nous devrons la considérer elle-même comme une véritable planète. En effet, le volume de notre globe, sensiblement égal à celui de Vénus, tient un milieu entre Mercure et Mars d'une part, puis Jupiter, Saturne, etc., de même que notre distance au soleil est soumise à la loi de Bode comme celles de toutes les planètes. Nous avons remarqué dans tous ces astres la forme arrondie et légèrement aplatie du globe terrestre, et la plupart nous ont offert des preuves non équivoques d'une atmosphère analogue à la nôtre. Le mouvement de rotation de chaque planète autour de son axe y produit des alternatives de jour et de nuit, et généralement tous les phénomènes qui chez nous semblent tenir au mouvement diurne du ciel, mais qui s'expliquent également, ainsi que nous l'avons vu au n° 28, par la rotation du globe terrestre sur lui-même en vingt-quatre heures. Enfin le mouvement de translation des planètes doit y développer des phénomènes analogues à l'inégalité de nos jours et au renouvellement de nos saisons, qui s'expliquent, ainsi que nous l'avons vu au n° 163, par le mouvement annuel de la terre autour du soleil supposé fixe.

Cette analogie de la terre avec les planètes, qui toutes jouissent d'un double mouvement, peut être considérée comme une nouvelle preuve du mouvement de rotation (28) et du mouvement de translation de notre globe (162). Mais nous allons donner, ainsi que nous l'avons annoncé au n° 166, une démonstration directe et géométrique de chacun de ces deux mouvements. Commençons par poser quelques principes de mécanique faciles à saisir.

260. Force centrifuge. Lorsqu'un corps quelconque est mis en mouvement par une *cause* instantanée et abandonné ensuite à lui-même, il continue de se mouvoir en ligne droite avec une vitesse *constante,* c'est-à-dire qu'il parcourt des espaces rectilignes égaux en temps égaux. Tel est le mouvement qu'on nomme *uniforme,* et l'on appelle vitesse de ce mouvement l'espace parcouru pendant l'unité de temps.

Lorsqu'un corps est astreint par une cause quelconque à se mouvoir suivant une ligne courbe, il se développe, à chaque instant du mouvement, une force qui provient de la tendance de la matière à se mouvoir en ligne droite : cette force se nomme *force centrifuge*. Concevons un corps attaché à l'extrémité d'un fil AO (*fig.* 95) et mis en mouvement autour d'un point fixe O; il décrira une circonférence ABC, et le fil AO sera constamment *tendu* en ligne droite. La *tension* éprouvée par le fil prouve l'existence d'une force qui tire le corps A et tend à l'éloigner du centre fixe O; de telle sorte que si, à un instant quelconque, on venait à détruire la résistance du fil, le corps, abandonné à lui-même, continuerait à se mouvoir suivant la direction rectiligne de la tangente AT au point de la circonférence où il deviendrait libre : on a une vérification de ce principe dans l'exemple bien connu de la fronde.

La force centrifuge augmente avec la vitesse du mobile, et décroît quand la distance du mobile au centre du mouvement devient plus considérable. Si l'on désigne par V la vitesse d'un mobile en un point du cercle qu'il décrit, et par R le rayon de ce cercle, on démontre aisément que la force centrifuge en ce point est exprimée par $\dfrac{V^2}{R}$.

Il est évident qu'au lieu de concevoir le mobile A retenu par un fil AO, on pourrait supprimer ce fil, et le remplacer par une force dirigée de A vers O, égale à la force centrifuge qui a une direction contraire. Cette force, égale à la force centrifuge, mais de direction opposée et lui faisant équilibre à chaque instant, est dite *force centrale*.

261. Preuve du mouvement de rotation de la terre. Cela posé, observons que la pesanteur, cette force en vertu de laquelle les corps terrestres sont retenus à la surface de notre globe et tendent à se précipiter vers son centre, n'a point exactement la même valeur en tous les lieux. On a constaté par les oscillations du pendule, observées successivement dans la plaine et sur de très-hautes montagnes, que la pesanteur diminue quand on s'éloigne du centre de la terre, et l'on a pu calculer la différence d'intensité de la pesanteur pour une différence connue de distance à ce point. Or, on sait que le rayon de l'équateur terrestre est plus grand que celui des pôles d'environ $\dfrac{1}{305}$ du premier, et l'on peut en général, pour deux latitudes données, calculer les longueurs des rayons terrestres correspondants. On peut donc connaître la différence d'intensité de la pesanteur telle qu'elle résulterait de la différence de distance au centre de la terre pour des latitudes quelconques.

Eh bien ! l'expérience a démontré de la manière la plus rigoureuse que la pesanteur éprouve, lorsqu'on s'avance du pôle vers l'équateur, une diminution bien plus considérable que celle qui aurait pour cause le simple changement de distance au centre de notre globe. Il y a donc à la diminution de la pesanteur *une cause* autre que ce changement de distance. Or, en admettant que la terre tourne *uniformément* autour de son axe, il faut considérer tout corps terrestre comme soumis à l'action de deux forces : la pesanteur le retient à la surface de la terre, et la force centrifuge, développée par la rotation terrestre, tend à l'en éloigner. Mais la vitesse de rotation de chaque point du globe terrestre étant connue, il est facile de calculer l'effet de la force centrifuge sur un corps placé à une latitude quelconque depuis le pôle, où il est nul, jusqu'à l'équateur, où il est le plus grand possible. On a donc pu déterminer par le calcul comment doit varier, lorsqu'on passe d'une latitude à une autre, l'effet de la pesanteur sur les corps terrestres, en tenant compte à la fois du changement de distance au centre de la terre et de l'altération produite par la force centrifuge. Cette fois, on a constamment trouvé un accord parfait entre les résultats du calcul et ceux de l'observation. Cet accord, constaté dans une multitude de circonstances et par des procédés très-variés, établit *rigoureusement* que l'altération observée dans les effets de la pesanteur est une conséquence nécessaire de la force centrifuge, telle que doit la produire le mouvement de rotation de la terre autour de son axe : donc ce mouvement est rigoureusement démontré.

262. Une conséquence de ce mouvement, que l'on peut considérer comme une nouvelle preuve de son existence, nous est offerte par la forme même de notre globe. En effet, on admet généralement que, dans l'origine, la terre aurait été d'abord à l'état liquide. Or, une masse liquide soumise à un mouvement de rotation sur un axe doit affecter une forme arrondie, mais aplatie vers les pôles et renflée à l'équateur, en vertu même de la force centrifuge combinée avec la pesanteur agissant sur chaque molécule de la masse en question. Le calcul a permis de déterminer quel serait l'aplatissement terrestre si l'on supposait la terre entièrement liquide, et tournant sur son axe avec la vitesse que nous lui connaissons. Les résultats obtenus ainsi par la théorie diffèrent si peu de ceux de l'observation que l'on ne peut douter de l'exactitude de la double hypothèse admise. On explique de la même manière l'aplatissement des différentes planètes.

263. Aberration de la lumière. Enfin, nous trouvons une démonstration directe et mathématique du mouvement de translation de la terre autour du soleil dans un phénomène connu sous le nom d'*aberration de la lumière*, et consistant dans un déplacement apparent commun à tous les astres. Pour le concevoir, admettons qu'un corps se meuve de A vers C (*fig.* 96) avec une vitesse uniforme, tandis qu'un autre vient le frapper dans la direction AB. Soient Ac et Ab deux longueurs proportionnelles aux vitesses du corps A dans la direction AC et du mobile qui vient le frapper suivant BA ; si l'on construit le parallélogramme *bAcd*, la diagonale Ad représentera en grandeur et en direction l'effet de la vitesse avec laquelle le corps A, supposé fixe en A, serait frappé par le mobile B. Ainsi, quand il tombe une forte pluie par un temps calme, on reçoit les gouttes verticalement tant que l'on reste immobile ; mais si l'on se met à courir, on les reçoit sur la figure, d'autant plus obliquement que l'on va plus vite.

Admettons que la terre décrive, en vertu de son mouvement de translation, un arc d'écliptique Ac pendant 1″, et que, pendant ce même temps, la lumière qui nous vient d'un certain astre AB parcoure Ab : nous nous jugerons immobiles en A, et nous serons affectés par le rayon lumineux AB exactement comme s'il suivait la direction AD et parcourait Ad en 1″. Or, la lumière décrit le rayon moyen de l'écliptique en 8′ 13″,2 = 493″,2, et, pendant ce temps, la terre parcourt un arc d'écliptique qu'on obtient en calculant le quatrième terme de la

proportion suivante : $\dfrac{365,25636}{360^{\circ}} = \dfrac{493',2}{x}$, d'où $x = 20'',253$.

Cela posé, soit Ab (*fig.* 97) une longueur égale au rayon moyen de l'écliptique, portée sur la direction de la droite AB qui joint notre œil à un astre quelconque B, et Ac la longueur d'un arc de cette courbe égale à 20″,25 : nous pourrons considérer la vitesse de la lumière comme représentée par Ab et celle de la terre par Ac ; par conséquent, si nous construisons le parallélogramme *Abdc*, la diagonale Ad, sera la direction apparente du rayon visuel émané de l'astre B, et cet astre nous paraîtra sur le prolongement de A*d*. Or, les deux triangles *b*A*d* et SA*c* sont visiblement égaux, et par conséquent l'angle BAD est lui-même de 20″,25. Donc *tout astre* B *doit nous paraître constamment en avant de son lieu réel de la quantité* 20″,25, *parallèlement à la direction du mouvement de la terre*. En d'autres termes, l'axe optique d'une lunette dirigée de A vers l'astre B devra être dévié de 20″,25 du lieu vrai de l'astre pour qu'on puisse l'apercevoir.

Le mouvement de rotation de la terre produit, à la rigueur, un déplacement analogue ; mais il est si faible, qu'on peut le négliger sans erreur sensible. En effet, si l'on désigne par *r* le rayon de l'équateur terrestre, la vitesse de rotation d'un point de ce cercle où elle est la plus grande sera de $2\pi r$ en un jour, tandis que la vitesse de translation pendant le même temps est de $\dfrac{2\pi r \cdot 24045}{365,256....}$. Si donc on prend celle-ci pour unité, la

première sera $\dfrac{365,256...}{24045} = 0,015....$; et comme $20,25 \times 0,015...$

$= 0,304...$, on voit que la déviation résultant du mouvement

de rotation ne surpasse jamais $\dfrac{3}{10}$ de seconde.

264. Preuve du mouvement de translation de la terre. Cela posé, considérons la terre en différentes positions de son orbite A, A_1, A_2, A_3... ; les rayons vecteurs menés à la même étoile B pourront être considérés comme parallèles, à cause de l'immense éloignement des étoiles ; les vitesses A*c*, A_1c_1, A_2c_2, A_3c_3 de la terre conserveront sensiblement la même longueur ; mais elles prendront successivement des positions fort différentes, puisqu'en chaque point elles seront dirigées dans le sens du mouvement de la terre. Or, tout se passe pour nous comme si la ligne AB restait fixe en passant constamment par le même point de l'écliptique et par la même étoile. Par conséquent, le rayon lumineux apparent AD nous paraîtra décrire dans l'espace un cône ayant pour axe AB et pour base une ellipse dont le centre est la position vraie de l'étoile B, et dont le grand axe est d'environ 40″ 1/2.

Si l'étoile B coïncide avec le pôle de l'écliptique, elle paraîtra décrire un cercle de 40″ 1/2 de diamètre, tandis que si elle est située dans le plan même de cette courbe, elle nous semblera décrire en une année une petite droite de 40″ 1/2 avançant et reculant également de chaque côté de la position moyenne.

Entre ces deux positions extrêmes, l'étoile nous paraîtra décrire, sur la sphère céleste, une ellipse dont le petit axe dépendra de la hauteur de l'astre au-dessus du plan de l'écliptique et sera toujours situé dans un plan perpendiculaire au premier et mené par la droite AB qui joint la terre à l'étoile.

Tel est le déplacement apparent des astres produit par l'aberration, dont la durée est exactement la même que celle de la révolution de la terre autour du soleil, c'est-à-dire une année. On peut, d'après la loi connue de ce déplacement, déterminer la position apparente d'un astre quelconque pour une époque donnée, et l'on a constaté de mille manières que les résultats de cette théorie sont toujours parfaitement d'accord avec ceux de l'observation la plus précise. Au contraire, l'oscillation annuelle des astres autour de leur position moyenne resterait sans explication possible, si l'on supposait la terre immobile. Le phénomène de l'aberration rend donc incontestable le mouvement de translation de notre planète autour du soleil.

265. Limite de la distance des étoiles à la terre. Il nous est facile maintenant de faire comprendre comment les astronomes sont parvenus à reconnaître combien est immense la distance qui nous sépare des étoiles (59). Rappelons-nous que, quand on connaît l'angle sous lequel on verrait d'un astre le rayon terrestre, c'est-à-dire la parallaxe de cet astre, il est aisé d'obtenir la distance de ce même astre à la terre. La parallaxe de la lune a pu être obtenue directement ; mais pour déterminer celle du soleil, il nous a fallu recourir aux passages de Vénus. On conçoit que si un astre était beaucoup plus éloigné que le soleil, sa parallaxe pourrait devenir complétement insensible. C'est ce qui a lieu, en effet, pour les étoiles : un observateur placé dans la plus voisine ne pourrait distinguer la terre, ou, s'il la voyait, ce ne serait que comme un point mathématique, sans aucune espèce de diamètre apparent. Mais nous pouvons opérer sur une base bien autrement étendue que le rayon terrestre. En effet, nous pouvons considérer la terre comme décrivant autour du soleil, dans l'espace d'une année, un cercle d'environ 15308490 myriamètres de rayon (128), et par conséquent le point de l'espace que nous occupons chaque jour est éloigné de plus de 30600000 myriamètres de celui où nous serons au bout de six mois.

Cela posé, choisissons à un certain moment une étoile E (*fig.* 101) située dans un plan perpendiculaire à l'écliptique, et passant par le point T, que la terre occupe actuellement, et par celui T′ qu'elle occupera dans six mois. Supposons que l'on mesure actuellement, avec tout le soin possible, l'angle STE, et dans six mois l'angle ST′E : on aura angle TET′ = 180° — (T + T′), et la moitié de cet angle SET est ce que l'on nomme la *parallaxe annuelle* de l'étoile E. Cet angle ayant pour base le rayon moyen de l'écliptique, dont la longueur est connue, donnera la distance ET de l'étoile à la terre.

Or, quelque soin que les astronomes aient apporté à la mesure de la parallaxe annuelle des étoiles, ils n'ont jamais pu obtenir de résultats positifs et concordants. Il faut en conclure que la parallaxe annuelle des étoiles, même les plus brillantes, de celles qui sont situées le plus près de la terre, est si petite, qu'elle échappe confondue dans les erreurs inhérentes aux observations les plus précises. Mais la perfection à laquelle on a porté ce genre d'observations ne permet pas de douter que, si cette parallaxe atteignait seulement une seule seconde, on ne l'eût généralement reconnue. Il est donc bien établi que, si l'on conçoit un immense triangle ayant pour base le rayon moyen de l'écliptique c'est-à-dire plus de 15 millions de myriamètres, ou plus de 24000 rayons terrestres, et pour sommet une certaine étoile, l'angle au sommet de ce triangle sera, même dans les circonstances les plus favorables, moindre que 1″. Or, si cet angle était égal à 1″, on trouve, par la trigonométrie, que TE serait sensiblement 206000 fois la longueur de ST. Donc cette distance ST est plus grande que 206000 × 24000 = 4944000000 rayons terrestres, ou bien plus grande que 206000 × 15300000 = 3151800000000 myriamètres.

Pour nous faire une idée de ce nombre prodigieux, rappelons-nous que la lumière parcourt environ 31000 myriamètres par seconde, et que, par conséquent, elle met plus de 100000000 secondes à nous venir de l'étoile la plus rapprochée de nous. Si l'on divise ce nombre par 31516000, qui exprime combien il y a de secondes dans une année, on trouve plus de 3 ans pour le temps que met la lumière à nous venir de l'étoile la plus voisine, avec une vitesse de 31000 myriamètres ou de 70000 lieues à la seconde.

Ce résultat n'exprime qu'une limite de distance en deçà de laquelle aucune étoile ne se trouve certainement placée, mais il ne donne rien de précis sur la véritable distance de ces astres. On est allé plus loin dans ces derniers temps. On conçoit en effet que si, dans notre marche annuelle, nous nous approchons successivement de deux étoiles qui nous paraissent voisines, leur distance nous paraîtra de plus en plus grande, tandis qu'elle diminuera quand nous nous en éloignerons. C'est en partant de ce principe que M. Bessel est parvenu à déterminer la parallaxe annuelle de l'étoile 61 du Cygne, et l'a trouvée égale à 0″,34. Or, cette valeur de la parallaxe correspond à une distance de la terre qui surpasse 600000 fois le rayon moyen de l'écliptique, et que la lumière mettrait dix ans à franchir. Pour Wega de la Lyre on a trouvé 0,113, et 1′ environ pour α du Centaure.

266. Le soleil s'avance vers la constellation d'Hercule. Les étoiles périodiques et les étoiles doubles ne sont pas les seules qui nous offrent des exemples de mouvement. On a cru pendant longtemps que les positions relatives des étoiles restaient constamment invariables; mais des observations précises, continuées pendant longtemps, ont démontré que certaines étoiles ont un mouvement propre apparent, et qu'elles finiront, à la longue, par sortir des constellations où nous les voyons aujourd'hui. Tous ces mouvements sont-ils réels, ou ne tiennent-ils pas, au moins en partie, à un déplacement de notre système, à un mouvement propre de translation du soleil, qui, nous rapprochant de certaines constellations et nous éloignant des constellations opposées, nous montre celles-là graduellement de plus en plus étendues, et celles-ci de plus en plus resserrées, à peu près comme, dans une forêt, les arbres vers lesquels on s'avance semblent progressivement s'écarter, tandis que les arbres situés à l'opposite semblent au contraire se rapprocher? Herschel a démontré le premier, et l'on a confirmé dans ces derniers temps par la discussion attentive des mouvements propres d'un très-grand nombre d'étoiles, qu'en effet le soleil jouit d'un mouvement réel de translation; que, sous ce rapport, cet astre immense doit être rangé parmi les étoiles; que les irrégularités en apparence inextricables des mouvements propres stellaires tiennent *en grande partie* au déplacement du système solaire, et que le point de l'espace vers lequel nous nous avançons chaque année est situé dans la constellation d'Hercule.

FIN.

TABLE ALPHABÉTIQUE.

FIN.

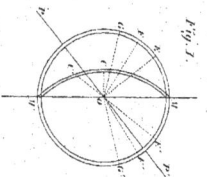

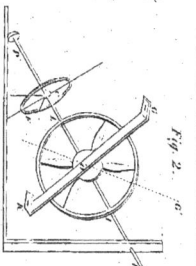

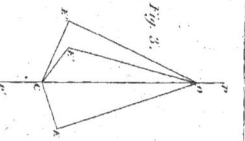

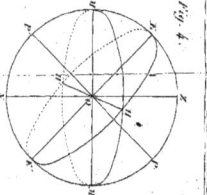

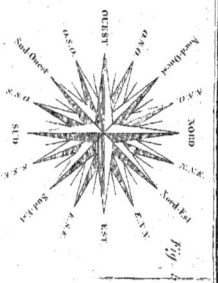

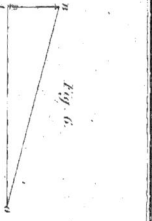

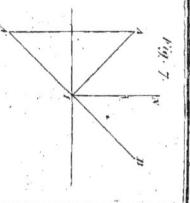

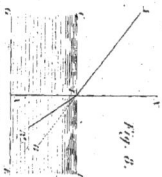

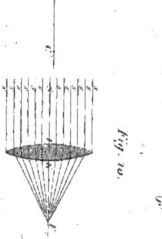

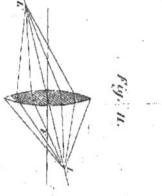

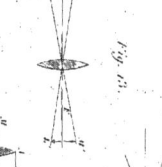

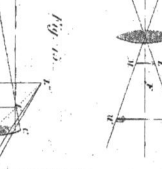

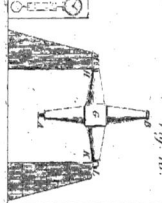

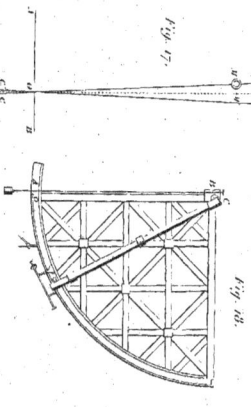

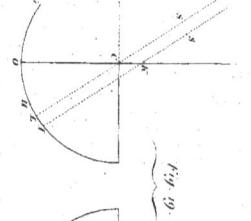

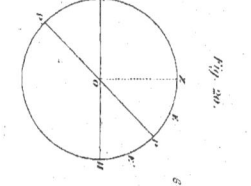

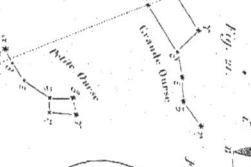

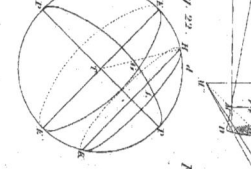

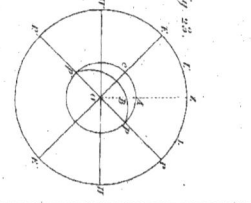

Cosmographie, par B. Amiot.

Planche 1.

Fig. 1.
Fig. 2.
Fig. 3.
Fig. 4.
Fig. 5.
Fig. 6.
Fig. 7.
Fig. 8.
Fig. 9.
Fig. 10.
Fig. 11.
Fig. 12.
Fig. 13.
Fig. 14.
Fig. 15.
Fig. 16.
Fig. 17.
Fig. 18.
Fig. 19.
Fig. 20.
Fig. 21.
Fig. 22.
Fig. 23.

Petite Ourse
Grande Ourse
Polaire

NORD
N.N.E.
N.E.
E.N.E.
EST
E.S.E.
S.E.
S.S.E.
SUD
S.S.O.
Sud-Est
Nord-Est
Sud-Ouest
Sud-Est
O.S.O.
OUEST
O.N.O.
N.N.O.
Nord-Ouest

J. Ducieux del.

Paris, Jules Delalain, Éditeur.

Paris, J. Delalain imp. r. de Serpente 1.

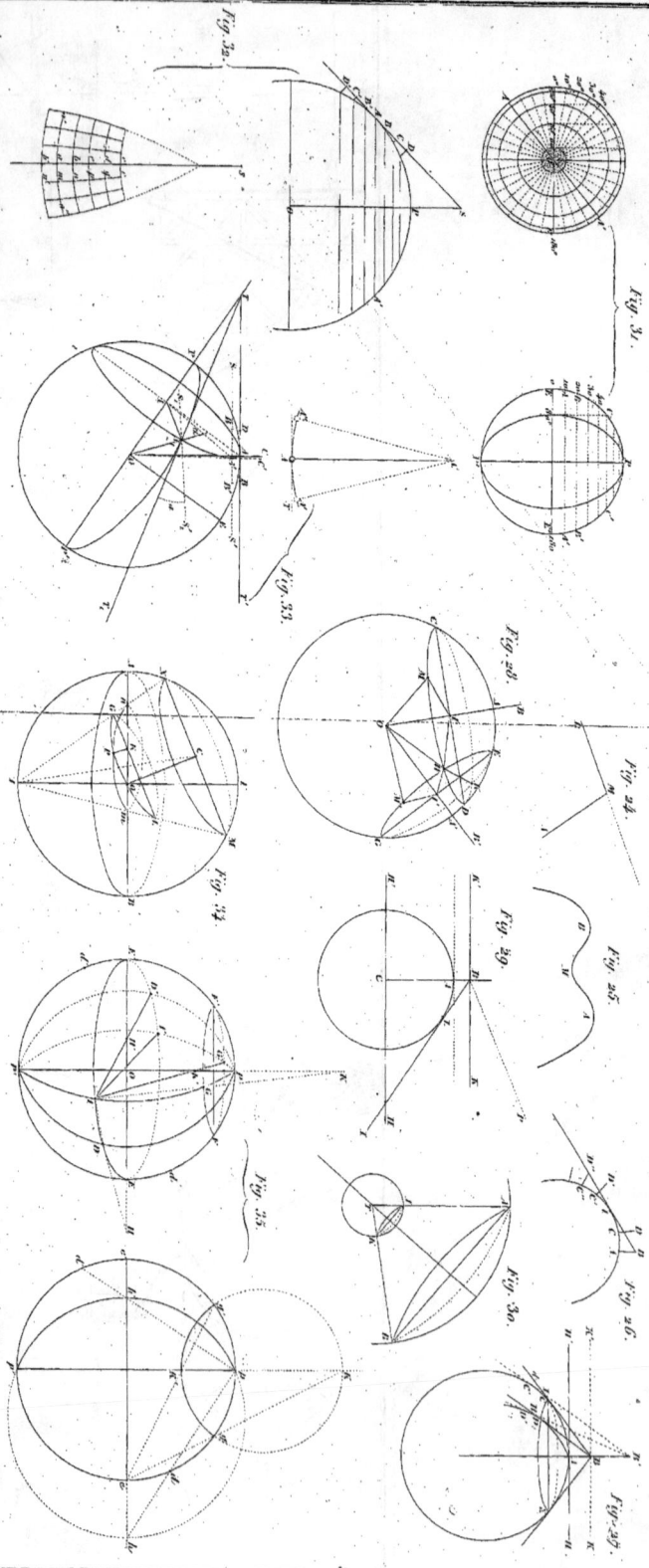

Fig. 31.

Fig. 32.

Fig. 31.

Fig. 33.

Fig. 28.

Fig. 24.

Fig. 34.

Fig. 29.

Fig. 25.

Fig. 35.

Fig. 30.

Fig. 26.

Fig. 27.

P. Lanctan, del.

Paris, Jules Delalain, Éditeur.

A. Blanchard sculp.

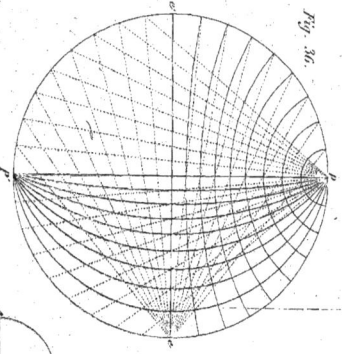

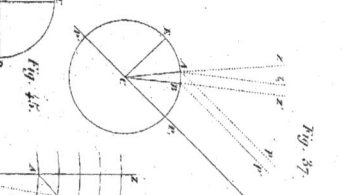

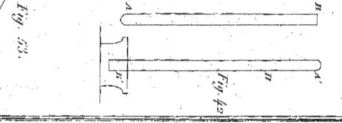

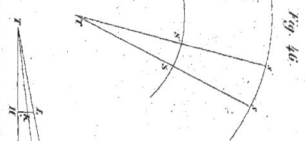

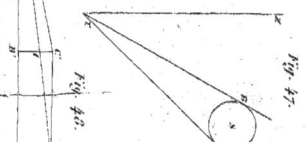

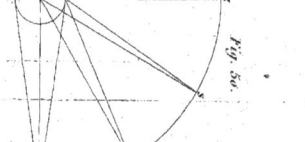

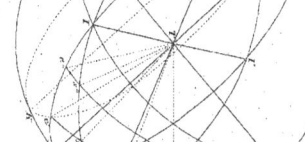

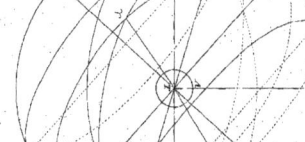

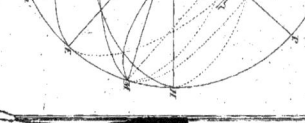

Fig. 36. Fig. 37. Fig. 38. Fig. 39. Fig. 40. Fig. 41.
Fig. 42. Fig. 43. Fig. 44. Fig. 45. Fig. 46. Fig. 47.
Fig. 48. Fig. 49. Fig. 50. Fig. 51. Fig. 52. Fig. 53.

P. Sinclame del.   Paris, Jules Delalain, Éditeur.   A. Blanchard.

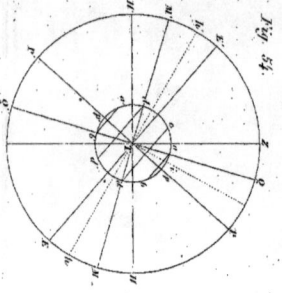

Fig. 54.

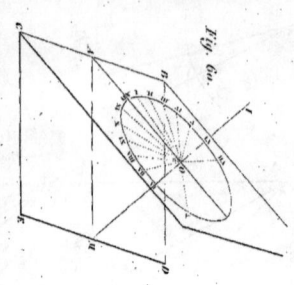

Fig. 60.

Fig. 55.

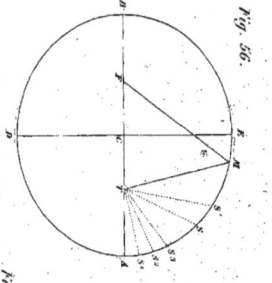

Fig. 56.

Fig. 61.

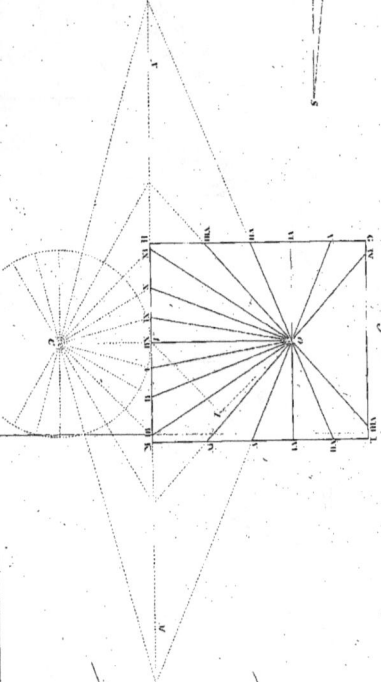

Fig. 57.

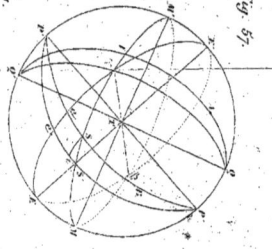

Fig. 58.

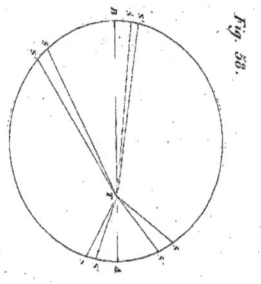

Fig. 62.

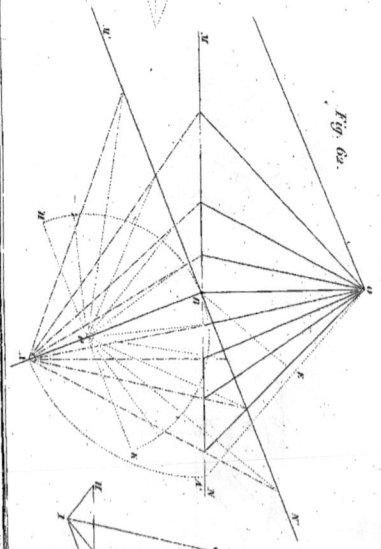

Fig. 59.

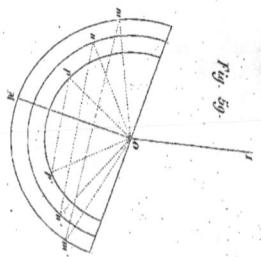

Fig. 63.

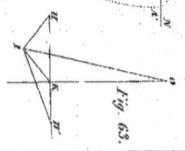

P. Boudien del.

Paris, Jules Delalain, Éditeur.

A. Blanchard sculp.

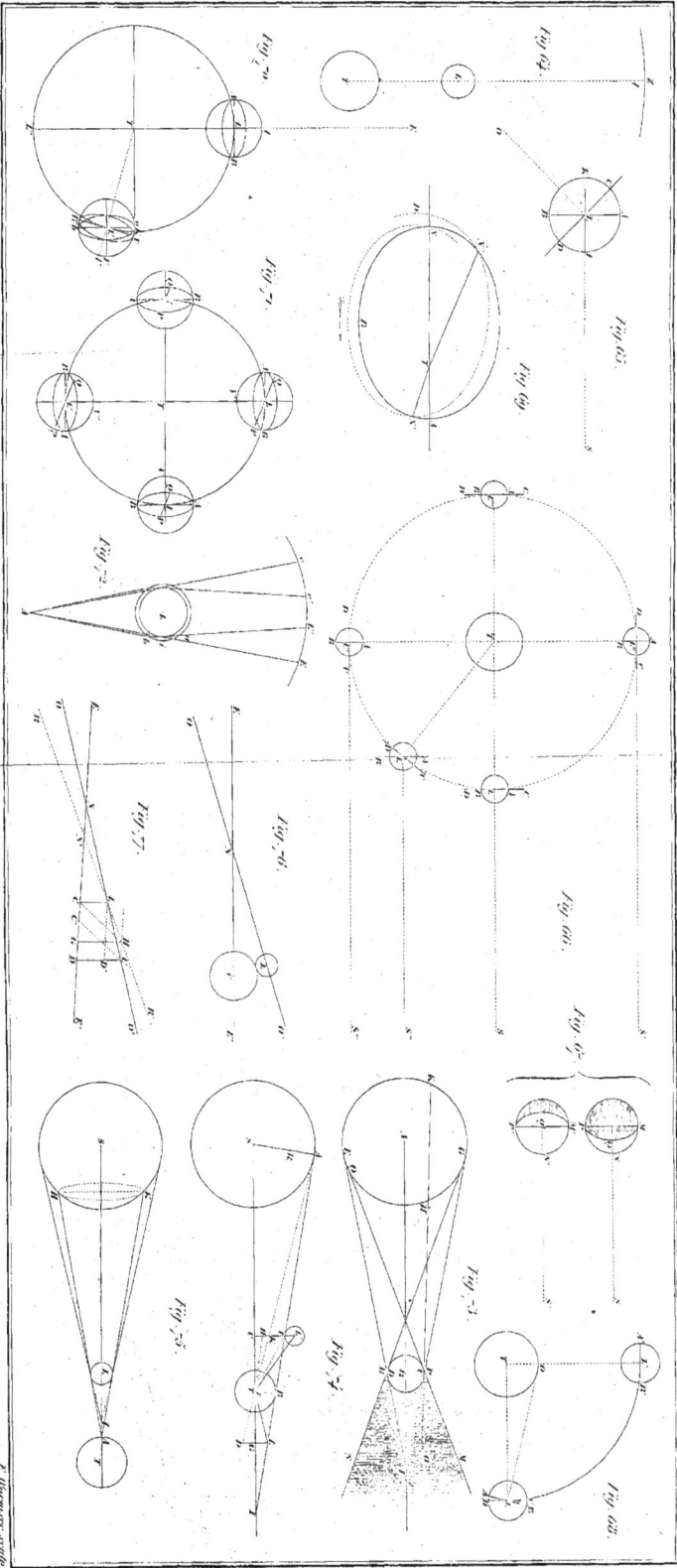

Fig. 78.

Fig. 81.

Fig. 83.

Fig. 84.

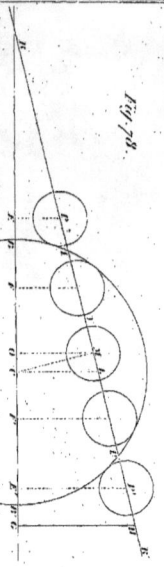

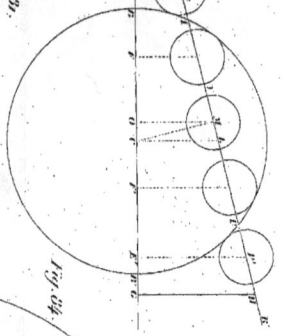

Fig. 79.

Fig. 80.

Petites planètes

Neptune

Uranus

Jupiter

Saturne

Fig. 85.

Fig. 87.

Fig. 86.

Fig. 88.

Fig. 89.

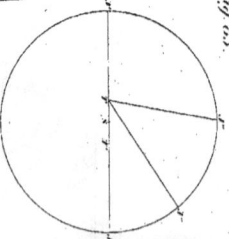

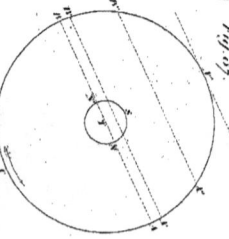

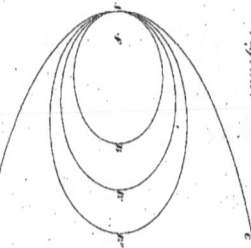

Paris, Jules Delalain, éditeur.

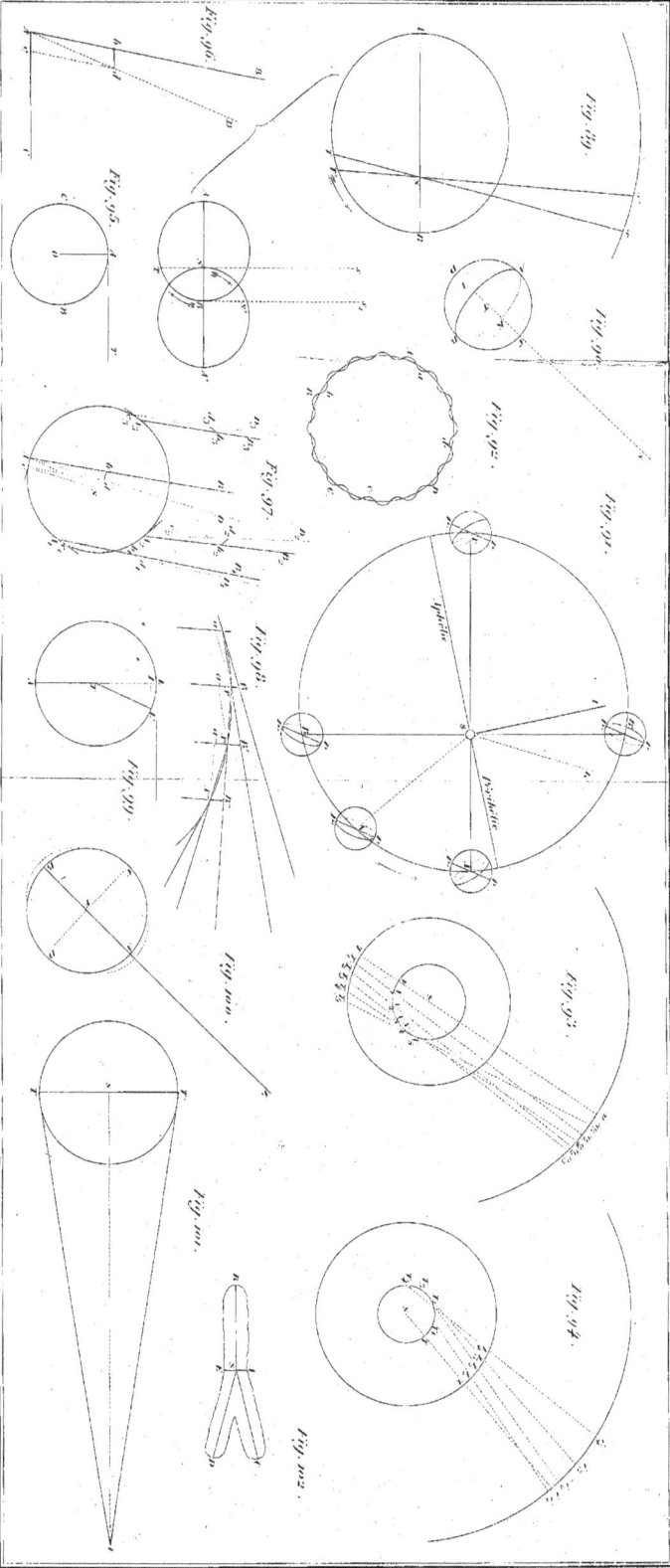

Fig. 89.

Fig. 90.

Fig. 95.

Fig. 96.

Fig. 91.

Fig. 92.

Fig. 97.

Fig. 98.

Fig. 99.

Fig. 93.

Fig. 94.

Fig. 100.

Fig. 101.

Fig. 102.

aphélie

périhélie

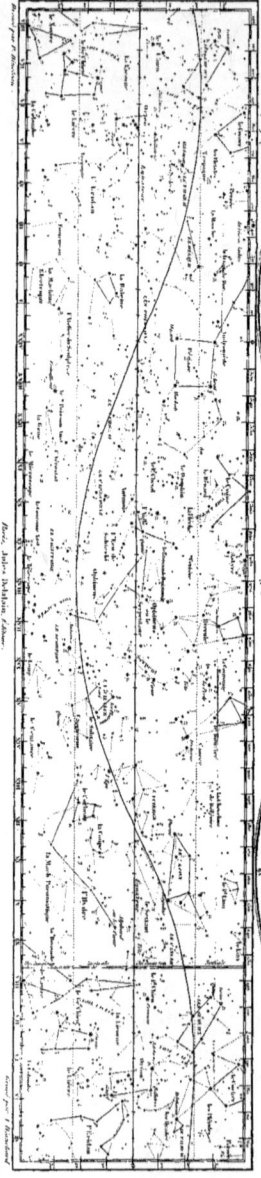

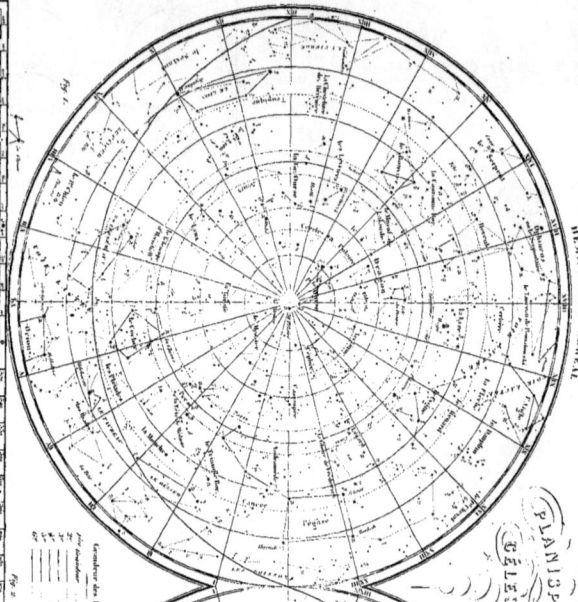

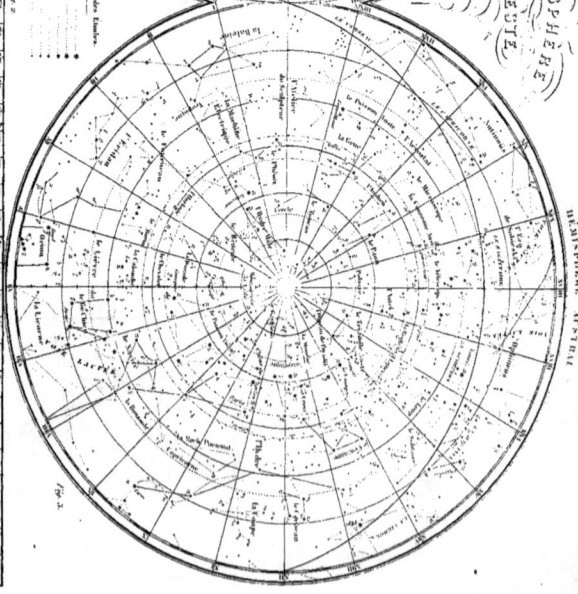

PLANISPHÈRE CÉLESTE.